Innenaufträge in SAP S/4HANA® – Customizing

Christian Sterlepper
Martin Munzel

Willkommen bei Espresso Tutorials!

Unser Ziel ist es, SAP-Wissen wie einen Espresso zu servieren: Auf das Wesentliche verdichtete Informationen anstelle langatmiger Kompendien – für ein effektives Lernen an konkreten Fallbeispielen. Viele unserer Bücher enthalten zusätzlich Videos, mit denen Sie Schritt für Schritt die vermittelten Inhalte nachvollziehen können. Besuchen Sie unseren YouTube-Kanal mit einer umfangreichen Auswahl frei zugänglicher Videos:

https://www.youtube.com/user/EspressoTutorials.

Kennen Sie schon unser Forum? Hier erhalten Sie stets aktuelle Informationen zu Entwicklungen der SAP-Software, Hilfe zu Ihren Fragen und die Gelegenheit, mit anderen Anwendern zu diskutieren:

http://www.fico-forum.de.

Eine Auswahl weiterer Bücher von Espresso Tutorials:

- Andreas Unkelbach, Martin Munzel:
  Abschlussarbeiten im Gemeinkosten-Controlling in SAP S/4HANA® *http://5360.espresso-tutorials.de*
- Christoph Theis, Stefan Eifler:
  Werteflüsse in die SAP®-Ergebnisrechnung (CO-PA) unter S/4HANA® *http://5394.espresso-tutorials.de*
- Michael Kroschwitz:
  Embedded Analytics in SAP S/4HANA®
  http://5458.espresso-tutorials.de
- Tom King:
  Materialbewertung und das Material-Ledger in SAP S/4HANA®
  http://5711.espresso-tutorials.de
- Rudolf Poppenberger:
  Konzernbewertung mit SAP S/4HANA® Material-Ledger
  https://es-tu.de/nQAf
- Stefan Eifler:
  Schnelleinstieg in die SAP®-Ergebnisrechnung (CO-PA) –
  2., erweiterte Auflage *https://es-tu.de/WAuw52*

Qualifizieren Sie Ihre Mitarbeiter

ohne Reisekosten und externe Referenten

- 800+ E-Books und Videos in den Sprachen DE, EN, FR, PT, JP, ES
- Über 40 Lernpfade erleichtern die Einarbeitung in neue SAP-Themen
- Laufende Aktualisierung mit neuen Inhalten
- Zugang via Webbrowser oder App (iOS/Android)
- Staffelpreise ab 5 Lizenzen

Die Lernplattform:
https://et.training

7-Tage-Testzugang kostenfrei und unverbindlich:
https://et.training/testzugang

Individuelles Angebot für Firmen:
https://www.espresso-tutorials.de/firmenkunden/

Bibliografische Information der Deutschen Bibliothek
Die Deutsche Nationalbibliothek verzeichnet diese Publikation in der Deutschen Nationalbibliografie; detaillierte bibliografische Daten sind im Internet über https://portal.dnb.de abrufbar.

Christian Sterlepper, Martin Munzel
Innenaufträge in SAP S/4HANA® – Customizing

ISBN:	978-3-960122-73-9
Lektorat:	Bernhard Edlmann
Korrektorat:	Die Korrekturstube
Coverdesign:	Philip Esch
Coverfoto:	iStockphoto.com | Christine_Kohler Nr. 1346090279
Satz & Layout:	Johann-Christian Hanke

1. Auflage 2024

URL: *www.espresso-tutorials.de*

Feedback:
Wir freuen uns über Fragen und Anmerkungen jeglicher Art. Bitte senden Sie diese an: *info@espresso-tutorials.com*.

Inhaltsverzeichnis

Vorwort 9

1 Verwendung von Innenaufträgen **15**

1.1 Innenaufträge als temporäre Objekte 15
1.2 Was sind statistische Innenaufträge? 17
1.3 Was sind erlösführende Innenaufträge? 18
1.4 Statusverwaltung zur Steuerung des Lebenszyklus 19
1.5 Abgrenzung der Innenaufträge von Projekten 20
1.6 Einordnung der Innenaufträge in das Controlling-Modul/ SAP-Anwendungskomponenten 21

2 Organisationseinheiten und Grundeinstellungen **25**

2.1 Buchungskreis 25
2.2 Kontenplan/Sachkonto 30
2.3 Geschäftsjahr 33
2.4 Geschäftsbereich 35
2.5 Segment 36
2.6 Kostenrechnungskreis 36
2.7 Profitcenter 42
2.8 Funktionsbereich 42
2.9 Andere Organisationseinheiten 46
2.10 Fazit 47

3 Voraussetzungen und Grundeinstellungen **49**

3.1 Auftragsarten 49
3.2 Nummernkreise 57
3.3 Statusverwaltung 59
3.4 Bildschirmgestaltung 68
3.5 Selektion und Sammelbearbeitung 74

4 Innenauftragsszenarien/Nutzungsmöglichkeiten 85
4.1 Innenauftragsszenarien im Überblick 85
4.2 Investitionsauftrag 87
4.3 Abgrenzungsauftrag 96
4.4 Erlösführender Innenauftrag 104

5 Planung 107
5.1 Manuelle Planung in SAP ERP 108
5.2 Easy Cost Planning und Execution Services 119
5.3 Planung mit SAP Fiori 135
5.4 Planung in SAP BPC optimized for SAP S/4HANA 147
5.5 Planung mit SAP Analytics Cloud 148

6 Budgetierung und Verfügbarkeitskontrolle 151
6.1 Grundlagen 151
6.2 Verfügbarkeitskontrolle aktivieren 152

7 Obligo und Mittelbindung 159
7.1 Was ist Obligo? 159
7.2 Was ist eine Mittelbindung? 159
7.3 Obligoverwaltung aktivieren 160
7.4 Obligoverwaltung in Auftragsart aktivieren 161
7.5 Einstellungen für die Mittelbindung 161
7.6 Neue Obligoverwaltung in SAP S/4HANA 167

8 Istbuchungen 171
8.1 Allgemeine Einstellungen 171
8.2 Periodische Verrechnungen 176
8.3 Verzinsung 193
8.4 Ergebnisermittlung 206
8.5 Abrechnung 226

9 Reporting **247**
9.1 Überblick 247
9.2 Reporting in SAP Fiori 249
9.3 Klassisches Reporting 264

10 Einsatz von Innenaufträgen in drei Beispielfirmen **267**
10.1 Grundüberlegungen 267
10.2 Einsatz der Innenaufträge bei einem Produktionsunternehmen 268
10.3 Einsatz der Innenaufträge bei einem Großhändler 269
10.4 Einsatz der Innenaufträge bei einem Dienstleistungsunternehmen 270

11 Zusammenfassung **271**

A Die Autoren **272**

B Index **275**

C Disclaimer **281**

Vorwort

Dieses Buch beinhaltet die wesentlichen Aspekte der Verwendung von Innenaufträgen in SAP S/4HANA. Sein Ziel ist es, Ihnen die relevanten Funktionalitäten zu erläutern, sodass Sie Innenaufträge bzw. die Prozesse, die mit diesen in Verbindung stehen, verstehen, implementieren oder optimieren können.

An wen richtet sich dieses Buch?

Dieses Buch richtet sich an interne und externe SAP-Berater im Bereich des Finanzwesens und des Controllings, zudem an alle SAP-Anwender in einem Unternehmen, die mit Innenaufträgen arbeiten und im Umfeld des internen oder externen Rechnungswesens tätig sind.

Aufbau des Buches

Das Buch ist in zehn Hauptkapitel gegliedert. Im Einzelnen geht es dabei um folgende Themen:

Kapitel 1: Verwendung von Innenaufträgen

Hier gehen wir auf die betriebswirtschaftlichen Grundlagen der Innenaufträge ein. Wir klären, wie Sie statistische oder erlösführende Aufträge verwenden oder welche Rolle die Statusverwaltung spielt. Zudem zeigen wir auf, wo sich die Innenaufträge in den Komponenten des Controllings einordnen lassen.

Kapitel 2: Organisationseinheiten und Grundeinstellungen

Dieses Kapitel beinhaltet die wichtigsten Organisationseinheiten, die als Basis für die Verwendung der Innenaufträge benötigt werden. Sie erhalten eine Beschreibung der Funktionalität und der Abgängigkeiten der Organisationseinheiten untereinander und erfahren, wie Sie das zugehörige Customizing in SAP S/4HANA einstellen.

Kapitel 3: Voraussetzungen und Grundeinstellungen

Wir gehen darauf ein, welche Voraussetzungen Sie schaffen müssen, um Innenaufträge einsetzen zu können. Die Punkte Auftragsarten, Nummernkreise, Statusverwaltung und Bildschirmgestaltung kommen zur Sprache. Darüber hinaus stellen wir dar, wie sich eine Selektionsvariante in der SAP GUI gegenüber einer Ansicht in SAP Fiori verhält.

Kapitel 4: Innenauftragsszenarien/Nutzungsmöglichkeiten

Das vierte Kapitel umfasst die Innenauftragsszenarien des Investitionsauftrags, des Abgrenzungsauftrags und der erlösführenden Innenaufträge. Zudem zeigen wir Ihnen, welche Customizing-Aktivitäten durchzuführen sind.

Kapitel 5: Planung

Hier stellen wir Ihnen die unterschiedlichen Werkzeuge vor, die Sie zur Planung einsetzen können. Dieser Abschnitt unterteilt sich in die Themengebiete manuelle Planung in SAP ERP, Planung mit SAP Fiori, SAP BPC optimized for S/4HANA und Planung mit SAP Analytics Cloud. Das Easy Cost Planning ist eine transaktionale Planungsmöglichkeit, die auf der Template-Technik basiert. Die Planung in SAP Fiori wird mit Fiori-Apps durchgeführt und bedient sich der neuen Datenbasis von SAP S/4HANA. Wir gehen im Detail darauf ein, wie Sie ein Plandatenübernahmeprogramm einrichten, um die Plandaten von den alten Planungstabellen (SAP ERP) mit der neuen Plandatentabelle ACDOCP (SAP S/4HANA) zu synchronisieren. Zuletzt erhalten Sie einen Überblick über SAP BPC und die Planungsmöglichketen in SAP Analytics Cloud.

Kapitel 6: Budgetierung und Verfügbarkeitskontrolle

Anhand der Funktionalitäten Budgetierung und Verfügbarkeitskontrolle stellen Sie sicher, dass einmal genehmigte Budgets für Aufträge nicht überschritten werden.

Kapitel 7: Obligo und Mittelbindung

Im siebten Kapitel erläutern wir Obligo und Mittelbindung. Wir zeigen Ihnen die notwendigen Customizing-Schritte und wie Sie die Aktivierung der Funktionalitäten durchführen. Ferner erklären wir Ihnen die Unterschiede zwischen der klassischen und der neuen Obligoverwaltung in SAP S/4HANA.

Kapitel 8: Istbuchungen

Abgesehen von der Erläuterung der allgemeinen Einstellungen geben wir Ihnen einen kurzen Überblick über die Möglichkeiten zur periodischen Verrechnung. Ausführlich gehen wir auf die Themen Verzinsung, Ergebnisermittlung und Abrechnung ein.

Kapitel 9: Reporting

Zu Beginn dieses Kapitels zeigen wir Ihnen die Reporting- bzw. Analysefunktionen in SAP S/4HANA. Des Weiteren zeigen wir Ihnen, wie Sie die Fiori-Apps bestmöglich verwenden, um ein Innenauftragsreporting aufzubauen. Hierbei gehen wir im Detail auf die Themen Innenauftragsgruppen, Reporting mit Web-Dynpro-Apps, die Möglichkeiten des Abfragebrowsers und das Reporting von Einzelposten ein. Das Kapitel schließt mit einer Beschreibung des klassischen Reportings mit dem Report Writer und Rechercheberichten.

Kapitel 10: Einsatz von Innenaufträgen in drei Beispielfirmen

Abgerundet wird das Buch durch eine exemplarische Beschreibung des Einsatzes von Innenaufträgen bei einem Produktionsunternehmen, einem Großhändler und einem Dienstleistungsunternehmen. Ferner unterstützen wir Sie mithilfe verschiedener Fragestellungen bei der Entscheidungsfindung, wie Sie die Funktionalitäten der Innenaufträge optimal in Ihrem Unternehmen implementieren und einsetzen.

Wie arbeiten Sie mit dem Buch?

Dank seiner klaren Kapitelgliederung passt sich dieses Buch perfekt Ihren Bedürfnissen und Interessen an, da Sie sich jederzeit bestimmte Teilgebiete zu einem Thema heraussuchen können. Wenn Sie beispielsweise nähere Informationen zur Planung brauchen, springen Sie einfach in das Kapitel 5, um die benötigten Informationen zu erhalten. Falls die Thematik Innenaufträge dagegen neu für Sie sein sollte, können Sie selbstverständlich auch den gesamten Inhalt der Reihe nach durcharbeiten. Die Kapitel sind so angelegt, dass sie aufeinander aufbauen. Grundsätzlich werden zu Beginn eines jeden Kapitels die grundlegenden Fakten erläutert und anschließend auf das Customizing eingegangen. Für die schnelle Recherche eines spezifischen Teilgebiets im Zusammenhang mit Innenaufträgen können Sie im Index nachschlagen, der sich am Ende des Buches befindet.

Begleitvideos zum Buch

Begleitend zu unserem Buch haben wir einige Video-Tutorials erstellt, auf die wir an den entsprechenden Stellen hinweisen. Sie können diese Videos kostenfrei abrufen.

- Als Kunde unserer SAP-Lernplattform: Rufen Sie den Link *https://es-tu.de/oD85jR* auf, um direkt zur Playlist zu gelangen.
- Sie haben kein Abonnement für die SAP-Lernplattform: Melden Sie sich über folgenden Link für die Freigabe der Videos auf unserer Lernplattform an: *https://es-tu.de/ZvRG2q*.

Danksagungen

Dies ist die Neuauflage eines Teils eines Buches, das vor einigen Jahren beim Rheinwerk Verlag erschienen ist. Ich bedanke mich bei Eva Tripp für ihre unbürokratische Genehmigung, diesen Text wiederverwenden zu dürfen.

Ebenso danke ich meinem Mitautor Christian Sterlepper dafür, dass er den Inhalt auf den neuesten Stand gebracht hat.

Martin Munzel
März 2024

Ein großes Dankeschön möchte ich Martin Munzel aussprechen, der mir die Möglichkeit gegeben hat, an diesem Buch mitzuwirken. Auch meinem Lektor Bernhard Edlmann will ich hiermit herzlich danken, da er mich bei allen Fragestellungen, die im Zusammenhang mit diesem Buchprojekt aufgekommen sind, exzellent unterstützt hat. Zudem möchte ich dem gesamten Espresso-Tutorials-Team für die Zusammenarbeit danken.

Auch bei meinen Kollegen bedanke ich mich an dieser Stelle, da sie mir stets als Sparringspartner zur Verfügung und mir somit mit Rat und Tat zur Seite gestanden haben.

Ganz besondere Wertschätzung gebührt meiner Familie, insbesondere meiner Frau, die mich beständig unterstützt hat, und natürlich meinen beiden kleinen Söhnen, die immer wieder spontan für Heiterkeit im Büro gesorgt haben.

Christian Sterlepper
März 2024

In den Text sind Kästen eingefügt, um wichtige Informationen besonders hervorzuheben. Jeder Kasten ist zusätzlich mit einem Piktogramm versehen, das diesen genauer klassifiziert:

Hinweis

Hinweise bieten praktische Tipps zum Umgang mit dem jeweiligen Thema.

Beispiel

Beispiele dienen dazu, ein Thema besser zu illustrieren.

! Achtung

Warnungen weisen auf mögliche Fehlerquellen oder Stolpersteine im Zusammenhang mit einem Thema hin.

Video

Schauen Sie sich ein Video zum jeweiligen Thema an.

Die Form der Anrede

Um den Lesefluss nicht zu beeinträchtigen, verwenden wir im vorliegenden Buch bei personenbezogenen Substantiven und Pronomen zwar nur die gewohnte männliche Sprachform, meinen aber gleichermaßen Personen weiblichen und diversen Geschlechts.

Hinweis zum Urheberrecht

Sämtliche in diesem Buch abgedruckten Screenshots unterliegen dem Copyright der SAP SE. Alle Rechte an den Screenshots hält die SAP SE. Der Einfachheit halber haben wir im Rest des Buches darauf verzichtet, dies unter jedem Screenshot gesondert auszuweisen.

1 Verwendung von Innenaufträgen

In diesem Kapitel erhalten Sie einen Überblick über die betriebswirtschaftlichen Grundlagen von Innenaufträgen. Zudem erläutern wir Ihnen, wie sich die Innenaufträge in die Komponenten des Controllings einordnen. Darüber hinaus behandeln wir in diesem Teil des Buches die Abgrenzung der Innenaufträge von Projekten.

Primär verwendet man Innenaufträge dafür, Kosten für einen bestimmten Zeitraum abzubilden. Grundsätzlich werden mit diesen Controlling-Objekten interne Projekte ohne Hierarchiestruktur realisiert.

Hier lernen Sie die wichtigsten Grundlagen der Innenaufträge im Gemeinkosten-Controlling kennen.

Video zur Verwaltung von Innenaufträgen

In der Videosammlung »Innenaufträge in SAP S/4HANA – Customizing«, die Sie über den frei zugänglichen Bereich unserer SAP-Lernplattform aufrufen, lernen Sie im 1. Teil, »Anlegen eines Innenauftrags«, mehr zum Thema »Innenaufträge verwalten«. Wie Sie den Zugang zum Video erhalten, haben wir im Vorwort beschrieben.

1.1 Innenaufträge als temporäre Objekte

Bei *Innenaufträgen* handelt es sich um Controlling-Objekte im Gemeinkosten-Controlling, die anders als Kostenstellen grundsätzlich temporärer Natur sind. Während Kostenstellen die Unternehmensstruktur abbilden, die zumindest über ein Geschäftsjahr relativ konstant bleibt, sind Innenaufträge dafür gedacht, die zeitlich beschränkte Entstehung von Kosten (ggf. auch Erlösen) zuzuordnen, die auf keine bestimmte Kostenstelle gebucht werden können oder sollen.

Hierzu gehören beispielsweise Sondereffekte, die keinem alleinigen Verantwortlichen in der Kostenstellenhierarchie belastet werden können, aber auch Initiativen, an denen mehrere Kostenstellen beteiligt sind. Zum Beispiel wollen Sie auswerten, wie hoch die Ausgaben für eine energetische Sanierungsmaßnahme an einem Gebäude sind; über die Abrechnung oder eine periodische Umbuchung verrechnen Sie die Kosten dann an die beteiligten Kostenstellen.

Ferner haben Innenaufträge manchmal einen eher technischen Charakter, wie bei der Abgrenzung von aperiodischen Zahlungen, etwa dem Urlaubsgeld oder anderen Sonderzahlungen.

Einsatz von Innenaufträgen

Innenaufträge können Sie z. B. in folgender Weise einsetzen:

- Bei einem Messestand sammeln Sie die gesamten aufgelaufenen Primärkosten sowie Leistungsverrechnungen von den beteiligten Kostenstellen, um die Gesamtkosten für den Stand zu ermitteln.
- Außerordentliche Umstrukturierungsmaßnahmen können Sie als Innenaufträge abbilden, da diese in der Regel in der Kostenstellenrechnung nicht geplant wurden und ansonsten das Ergebnis verzerren würden.

Abbildung 1.1 zeigt ein Beispiel für die Verrechnung von Messekosten anhand eines typischen Gemeinkostenauftrags.

Dieses Beispiel zeigt, dass Kosten für Messeaufträge mithilfe von Innenaufträgen transparenter dargestellt werden.

Verwenden Sie keine Aufträge, so buchen Sie sämtliche Messekosten auf Ihre Marketingkostenstelle und erkennen hinterher nicht mehr, wie hoch jeweils die Kosten der einzelnen Messeauftritte waren. Verwenden Sie hingegen Aufträge, können Sie je Messeauftritt die Kosten im Detail auswerten. Diese Aufträge lassen sich dann mittels sekundärer *Abrechnungskostenarten* an die Marketingkostenstelle verrechnen, um die Messekosten dort kumuliert darzustellen.

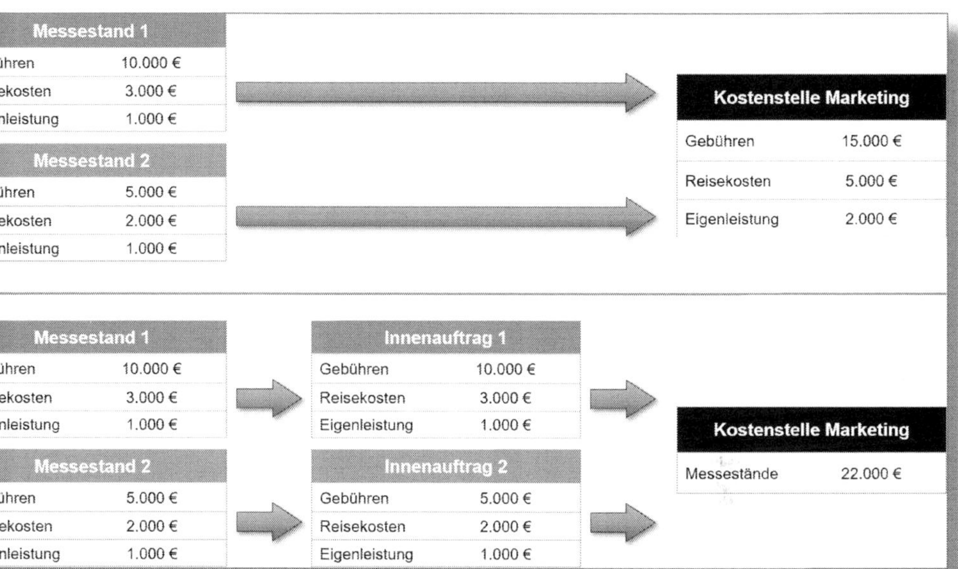

Abbildung 1.1: Darstellung von Messekosten mittels Innenaufträgen bzw. Gemeinkostenauftrag

1.2 Was sind statistische Innenaufträge?

Eine Sonderstellung nehmen die *statistischen Innenaufträge* ein. Dabei handelt es sich um keine echten Controlling-Objekte, sondern sie sind immer einer Kostenstelle zugeordnet. Sie können auf statistische Innenaufträge zwar Kosten kontieren, diese werden aber nur statistisch auf den Auftrag gebucht, während die Istbuchung auf der zugeordneten Kostenstelle erfolgt. Auch wenn die Kosten ergebniswirksam der Kostenstelle belastet werden, können Sie gleichwohl die Kosten auswerten, die auf dem statistischen Auftrag gebucht wurden. Eine solche Vorgehensweise ist immer dann sinnvoll, wenn die Kosten für einen Auftrag zwar zu hundert Prozent einer einzelnen Kostenstelle zugeordnet werden sollen, Sie aber trotzdem eine detailliertere Auswertungsmöglichkeit unterhalb der Kostenstelle benötigen.

Nutzung von statistischen Innenaufträgen

Denkbare Beispiele für die Anwendung von statistischen Innenaufträgen sind u. a.:

- Ihr Fuhrpark besteht organisatorisch aus einer Kostenstelle und verwaltet u. a. Leasingfahrzeuge. Um die angefallenen Kosten je Fahrzeug darzustellen, können Sie statistische Innenaufträge einsetzen.
- In der Forschung und Entwicklung arbeiten Sie mit nur einer Kostenstelle. Sie wollen aber nachverfolgen, wie viel Aufwand auf die einzelnen Forschungsprojekte entfallen ist. Auch hier können Sie statistische Aufträge verwenden, um die Forschungsprojekte abzubilden.

Das Konzept der statistischen Buchungen ist somit notwendig, um Kosten aus zwei verschiedenen Blickwinkeln darzustellen, sie gleichzeitig aber nicht doppelt im Ist zu erfassen. Im klassischen SAP ERP können Sie statistische Buchungen in Berichten anhand des Werttyps getrennt von den Istbuchungen darstellen. Die Auswertung der statistischen Buchungen in S/4HANA führen Sie über das Setzen der Dimension »Innenauftrag ist statistische Kontierung« in SAP Fiori durch.

1.3 Was sind erlösführende Innenaufträge?

Neben reinen Kostenaufträgen können Sie auch *erlösführende Innenaufträge* einsetzen, um etwa kleinere Kundenprojekte abzuwickeln. Diese lassen sich mit Kundenaufträgen im SD verknüpfen, um Erlöse auf die Aufträge zu buchen. Es ist auch möglich, für noch nicht fakturierte Aufträge mithilfe der Ergebnisermittlung zum Periodenende Ware in Arbeit zu ermitteln.

Erlösführende Aufträge

Beispiele für erlösführende Innenaufträge sind:

- Sie haben eine fachliche Schulung der Mitarbeiter eines Kunden durchgeführt und entsprechend fakturiert. Der Innenauftrag dient dabei zum einen dazu, sämtliche aufgelaufenen Kosten zu sammeln, und zum anderen dazu, diese den Erlösen gegenüberzustellen, um die Marge dieses Projekts zu ermitteln.
- Sie erhalten im Rahmen eines Förderprojekts Zuschüsse von öffentlichen Institutionen oder anderen Wirtschaftsunternehmen. Diese werden auf einem Innenauftrag gesammelt. Dieser hat in diesem Fall den Zweck nachzuweisen, wie die Mittel verwendet wurden. Zum Beispiel lässt sich ein Forschungsprojekt für die Entwicklung eines neuen Produkts anhand eines erlösführenden Innenauftrags abbilden. Die staatliche Forschungszulage sowie die Kosten können anhand des Innenauftrags transparent dargestellt werden.

1.4 Statusverwaltung zur Steuerung des Lebenszyklus

Um den temporären Charakter der Innenaufträge abzubilden, setzen Sie die Statusverwaltung ein. Jeder Innenauftrag hat einen Lebenszyklus, und der Status beschreibt, wo in diesem Zyklus der Auftrag sich gerade befindet; davon abhängig sind unterschiedliche betriebswirtschaftliche Vorgänge erlaubt.

Auftragsstatus

Die folgenden Status kann ein Auftrag üblicherweise durchlaufen:

- *Eröffnet* bedeutet, dass Sie auf dem Auftrag planen, aber nicht im Ist buchen dürfen.
- *Freigegebene Aufträge* erlauben sowohl Änderungen am Plan als auch Istbuchungen.

- Ist ein Auftrag *technisch abgeschlossen*, können Sie noch Buchungen erfassen, den Plan aber nicht mehr ändern.
- An *abgeschlossenen Aufträgen* sind keinerlei Änderungen mehr möglich.

1.5 Abgrenzung der Innenaufträge von Projekten

Innenaufträge sind reine Controlling-Objekte, die über keinerlei Anbindung an die Logistik verfügen. Sie sind deshalb nur begrenzt dafür geeignet, komplexe Projekte abzubilden, insbesondere solche, bei denen in großem Umfang Material geplant, beschafft und versendet wird. Derartige Vorgänge lassen sich mit Innenaufträgen nicht steuern, und Sie sollten dann auf Projekte zurückgreifen. *Projekte* sind Bestandteil des Projektsystems (Modul PS) und bieten ebenjene Anbindung an die Logistik, die bei größeren Vorhaben vonnöten ist.

! Public-Cloud-Version umfasst keine Innenaufträge

Bitte berücksichtigen Sie bei Ihrer Entscheidungsfindung zwischen den Deployment-Optionen von S/4HANA, dass die Public-Cloud-Version keine Innenaufträge unterstützt. Dort ersetzen Projekte die Innenaufträge. Projekte haben einen größeren Funktionsumfang als Innenaufträge, jedoch folgt hieraus eine höhere Komplexität bei deren Einrichtung und Verwendung.

Das Projektsystem wird hier nicht behandelt, ausführliche Informationen dazu finden Sie aber in dem Buch »Projektcontrolling mit SAP PS« (Munzel/Munzel, Espresso Tutorials, 2017): *http://5156.espresso-tutorials.de*.

1.5.1 Unterschiedliche Auftragsarten

Wie Sie bereits gesehen haben, können Innenaufträge unterschiedlichen Zwecken dienen, und es ist auch gut möglich, dass Sie sie für mehrere Zwecke parallel einsetzen. Um für bestimmte Aufträge unterschiedliche Funktionalitäten zu erlauben oder Stammdatenfelder ein- bzw. auszublenden, definieren Sie *Auftragsarten*. Jeder Auftrag gehört zu genau einer Auftragsart; damit ist er zum einen eindeutig klassifiziert und bietet zum anderen genau die für seinen Zweck vorgesehenen Funktionen. In Abschnitt 3.1 gehen wir nochmals detailliert auf die Auftragsarten ein.

1.6 Einordnung der Innenaufträge in das Controlling-Modul/SAP-Anwendungskomponenten

Die Aufgabe des internen Rechnungswesen ist es, entscheidungsrelevante Informationen für die Unternehmenssteuerung bereitzustellen. Das Controlling dient der Koordination, Steuerung und Optimierung aller Prozesse innerhalb eines Unternehmens. In SAP S/4HANA werden die Buchungen des externen und internen Rechnungswesens in Echtzeit auf Einzelpostenebene in die zentrale Tabelle ACDOCA *(Universal Journal)* geschrieben. Hierbei werden die Kosten und Erlöse den Kontierungsobjekten wie Kostenstellen, Projekten oder Innenaufträgen zugeordnet.

Die SAP-Anwendungskomponenten werden nachfolgend beschrieben. Zudem veranschaulicht Abbildung 1.2 die Einordnung der Innenaufträge in die Komponenten.

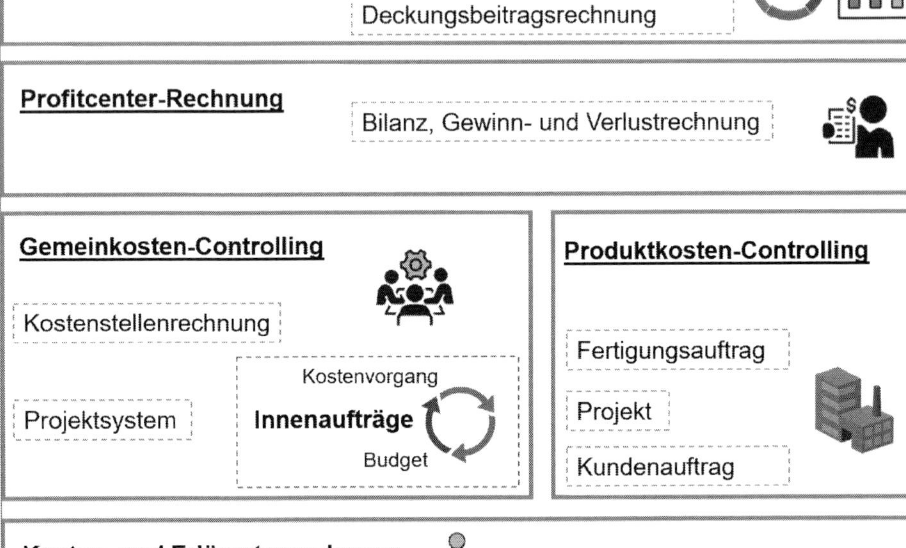

Abbildung 1.2: SAP-Anwendungskomponenten

- **Kostenstellenrechnung:** Die Kostenstellenrechnung konzentriert sich auf die im Unternehmen angefallenen Kosten, ordnet diese Kosten den Teilbereichen in Form von Kostenstellen zu, die sie verursacht haben. Die Kostenstellenrechnung dient unternehmensinternen Steuerungszwecken.
- **Produktkosten-Controlling:** Die Ermittlung der Kosten, die durch die Herstellung eines Produkts oder der Erbringung einer Leistung entstehen, wird durch das Produktkosten-Controlling abgebildet. Durch diese Kostenermittlung kann die Preisuntergrenze für ein Produkt errechnet werden. Auf deren Basis kann wiederum ein Verkaufspreis kalkuliert werden.

- **Ergebnis- und Marktsegmentrechnung:** Die Ergebnis- und Marktsegmentrechnung wird in SAP S/4HANA *Margenanalyse* genannt. Sie analysiert den Deckungsbeitrag über ein Marksegment oder denjenigen einer strategischen Geschäftseinheit. Es ist möglich, die Marksegmente nach Kunden, Produkten und Aufträgen zu klassifizieren. Die Margenanalyse dient der Preisfindung, der Kundenselektion, der Wahl des Absatzweges und der Beurteilung der Rentabilität von Produkten.
- **Gemeinkosten-Controlling:** Gemeinkosten sind Ausgaben, die in einem direkten oder indirekten Unternehmensbereich entstehen. Diese Kosten sind nicht direkt, ohne Zwischenbuchung, über Aufträge oder Kostenstellen der Leistungserstellung (und damit dem Erzeugnis) zurechenbar. Das Gemeinkosten-Controlling umfasst die Bestandteile der Kostenstellenrechnung, Projekte und Innenaufträge. Buchungen werden auf diese Kostenträger gebucht und führen zu einem aussagekräftigen Gemeinkosten-Controlling.
- **Profitcenter-Rechnung:** Die Profitcenter-Rechnung ist in SAP S/4HANA Bestandteil des neuen Hauptbuches bzw. des Universal Journal. Mit ihrer Hilfe können die Bilanz sowie die Gewinn- und Verlustrechnung erstellt werden.
- **Kosten- und Erlösartenrechnung:** Die Kostenartenrechnung erfasst, welche Kosten in einem bestimmten Zeitraum in welcher Höhe entstanden sind. Die Erlösartenrechnung wiederum bezieht sich auf die abgegebenen Leistungen. Dies können innerbetriebliche und außerbetriebliche Leistungen sein. In S/4HANA kommt es zu einer Verschmelzung von Kostenart und Sachkonto. Die bisher übliche Trennung von Sachkonto im Finanzwesen und Kostenart im Controlling entfällt. Dies bedeutet, dass in S/4HANA im Sachkontenstammsatz nun nicht mehr nur zwischen Bilanz- und GuV-Konto unterschieden wird, sondern auch nach Sekundärkosten. Weitere Informationen zu diesem Thema finden Sie in Abschnitt 2.2.

2 Organisationseinheiten und Grundeinstellungen

Organisationseinheiten repräsentieren die grundlegende Struktur Ihres Unternehmens. An ihnen richten Sie Ihre Prozesse aus. In diesem Kapitel erklären wir Ihnen die wichtigsten Organisationseinheiten in SAP S/4HANA, die in den Bereichen Finanzwesen und Controlling benötigt werden, um die Innenaufträge zu nutzen.

Dabei gehen wir zunächst auf die elementaren Strukturen wie den *Buchungskreis*, den *Kontenplan*, das *Geschäftsjahr* und den *Kostenrechnungskreis* ein. Das Profitcenter (in Verbindung mit dem Segment) und der Funktionsbereich sind Bestandteil der Stammdaten von Innenaufträgen und werden bei Buchungen weitervererbt bzw. abgeleitet.

Der Vollständigkeit halber erläutern wir Ihnen im Anschluss noch einige Organisationseinheiten, die nicht zum Finanzwesen oder zum Controlling gehören, Ihnen aber im SAP-Kontext immer wieder begegnen werden. Dazu gehören z. B. das Werk, die Verkaufsorganisation oder die Einkaufsorganisation.

Der Schluss des Kapitels beinhaltet ein Fazit. Zudem geben wir Ihnen einige Hinweise an die Hand, die es wert sind, sie bei der Implementierung von Organisationseinheiten zu berücksichtigen.

2.1 Buchungskreis

Der Buchungskreis repräsentiert in SAP S/4HANA eine selbstständig bilanzierende Einheit und ist damit die kleinste organisatorische Einheit des externen Rechnungswesens. In einem internationalen Unternehmen, dessen Geschäftsaktivitäten über mehrere Länder verteilt sind, wird in der Regel für jedes Land mindestens einer angelegt. Pro Buchungskreis lässt sich ein gesetzlicher Einzelabschluss (Monatsabschluss und Jahresabschluss) mit kompletter Bilanz sowie Gewinn- und Verlustrechnung (GuV) erstellen. Das Definieren mindestens eines Buchungskreises ist obligatorisch – ohne einen Rahmen für die Finanzbuchhaltung können Sie auch keine logistischen Prozesse abbilden. Sie haben die Möglichkeit, im Customizing einen vorhandenen Buchungskreis zu kopieren und im Nachhinein die Buchungskreiseinstellungen anzupassen.

Wir empfehlen, den eigenen Buchungskreis von einem existierenden mit Berücksichtigung eines Landes-Templates zu kopieren, z. B. einen deutschen Buchungskreis vom Buchungskreis »DE01 – Country Template DE«. Durch die Kopie des SAP-Standardbuchungskreises DE01 übernehmen Sie automatisch die zugehörigen Landeseinstellungen.

! Vorsicht beim SAP-Standardbuchungskreis 0001

Sie sollten auf keinen Fall den von SAP ausgelieferten Buchungskreis 0001 als eigenen Buchungskreis anpassen, da dieser von SAP für verschiedene Buchungskreisupdates verwendet wird.

Ins Customizing gelangen Sie über das Anwendungsmenü WERKZEUGE • CUSTOMIZING • IMG • PROJEKTBEARBEITUNG • SAP REFERENZ-IMG (Transaktion *SPRO*).

Kopieren Sie den Buchungskreis im Customizing-Menü, und passen Sie ihn an. Der einschlägige Pfad ist SAP CUSTOMIZING-EINFÜHRUNGSLEITFADEN • UNTERNEHMENSSTRUKTUR • DEFINITION • FINANZWESEN • BUCHUNGSKREIS BEARBEITEN, KOPIEREN, LÖSCHEN, PRÜFEN • AKTIVITÄT: BUCHUNGSKREIS KOPIEREN, LÖSCHEN, PRÜFEN (Transaktion *EC01*, siehe Abbildung 2.1).

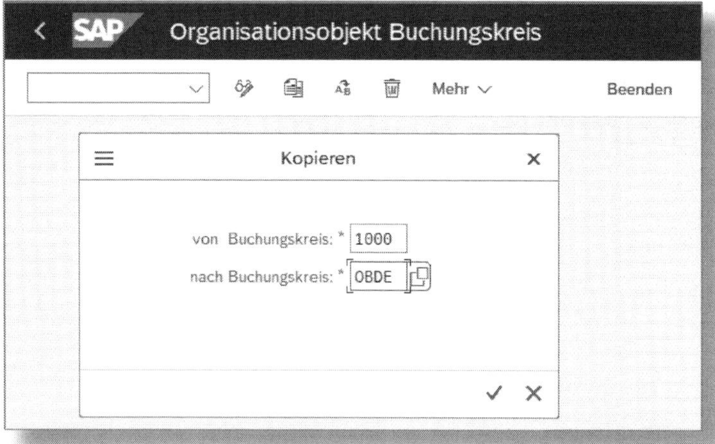

Abbildung 2.1: Buchungskreis kopieren

Für dieses Beispiel haben wir den BUCHUNGSKREIS *OBDE* (Otto Bikes Germany) angelegt. Alle abhängigen Einstellungen werden mit Bezug auf diesen Buchungskreis vorgenommen.

Wenn Sie auf das Symbol für die Kopierfunktion klicken, können Sie einen vorhandenen Buchungskreis kopieren. Während des Kopiervorgangs werden Sie gefragt, ob Sie buchungskreisabhängige Daten ebenfalls in den neuen Buchungskreis überführen möchten.

Für die Bearbeitung der Adressdaten wählen Sie bitte die Menüpunkte MEHR • ADRESSE (siehe Abbildung 2.2).

Alle kopierten Einstellungen zum Buchungskreis können Sie sich über das Customizing-Menü FINANZWESEN • GRUNDEINSTELLUNGEN FINANZWESEN • GLOBALE PARAMETER PRÜFEN UND ERGÄNZEN anschauen und eventuell ändern (siehe Abbildung 2.3).

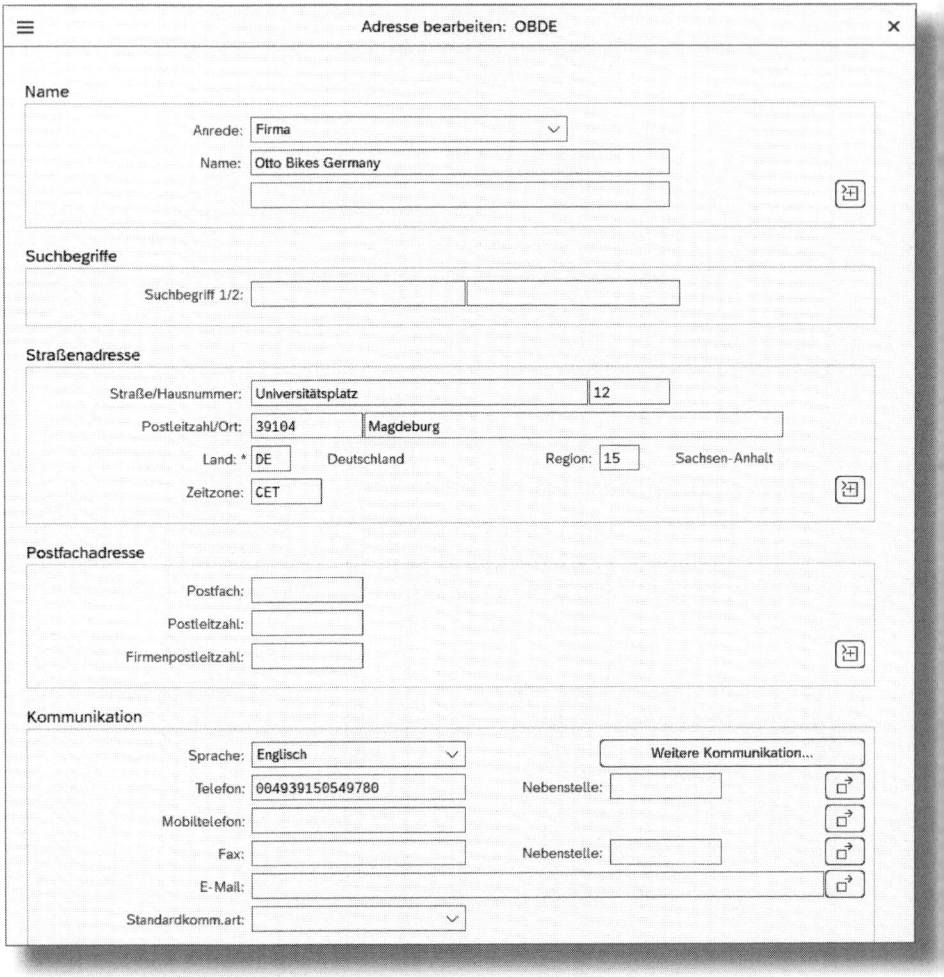

Adresse bearbeiten: OBDE

Name

Anrede: Firma

Name: Otto Bikes Germany

Suchbegriffe

Suchbegriff 1/2:

Straßenadresse

Straße/Hausnummer: Universitätsplatz 12

Postleitzahl/Ort: 39104 Magdeburg

Land: * DE Deutschland Region: 15 Sachsen-Anhalt

Zeitzone: CET

Postfachadresse

Postfach:

Postleitzahl:

Firmenpostleitzahl:

Kommunikation

Sprache: Englisch Weitere Kommunikation...

Telefon: 004939150549780 Nebenstelle:

Mobiltelefon:

Fax: Nebenstelle:

E-Mail:

Standardkomm.art:

Abbildung 2.2: Adresse bearbeiten

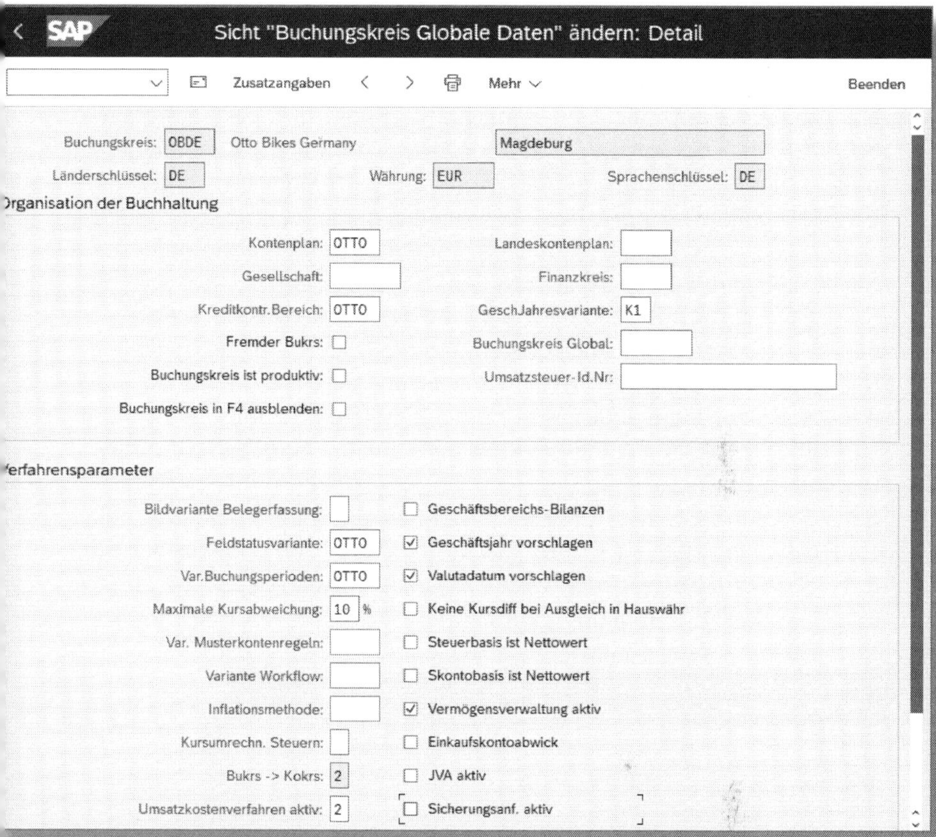

Abbildung 2.3: Globale Parameter zum Buchungskreis ändern

Die *Organisationseinheiten* aus dem Bereich ORGANISATION DER BUCHHALTUNG und die VERFAHRENSPARAMETER erklären wir in den weiteren Kapiteln dieses Buches.

2.2 Kontenplan/Sachkonto

Der *Kontenplan* bildet das strukturierte Verzeichnis aller *Sachkonten* (Hauptbuchkonten) und gibt damit den Rahmen für eine ordnungsgemäße Darstellung von Buchhaltungsdaten vor. Jedem Buchungskreis muss zwingend ein Kontenplan zugeordnet werden. Der zugeordnete Kontenplan wird *operativer Kontenplan* genannt, d. h., auf dessen Konten werden die Buchungen im Tagesgeschäft durchgeführt. Der operative Kontenplan wird sowohl von der Buchhaltung als auch vom Controlling verwendet. Bei der Definition des Kontenplans entscheiden Sie, wie viele Stellen die Sachkontennummer haben soll und ob die Integration mit den für das Controlling relevanten Kostenarten manuell oder automatisch erfolgen soll. Diese Entscheidung sollte auf jeden Fall mit der Controlling-Abteilung abgestimmt werden (siehe Abschnitt 2.6).

Die Einstellungen zum Kontenplan nehmen Sie über folgenden IMG-Pfad vor: FINANZWESEN • HAUPTBUCHHALTUNG • STAMMDATEN • SACHKONTEN • VORARBEITEN • KONTENPLANVERZEICHNIS BEARBEITEN (Transaktion *OB13*, siehe Abbildung 2.4).

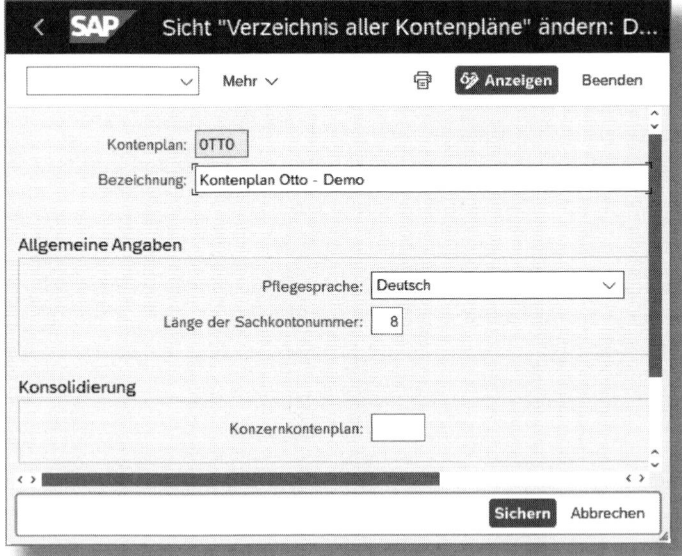

Abbildung 2.4: Kontenplanverzeichnis bearbeiten

Kontenplan und Buchungskreis

Ein Kontenplan kann mehreren Buchungskreisen zugeordnet werden. Falls Sie Änderungen zu einem Kontenplan vornehmen, beachten Sie bitte, dass die Änderungen auch für alle anderen Buchungskreise gelten, die denselben Kontenplan nutzen.

Dem Buchungskreis OBDE wurde durch die Buchungskreiskopie der Kontenplan *OTTO* zugeordnet. Sie können den Kontenplan über den Customizing-Pfad FINANZWESEN • HAUPTBUCHHALTUNG • STAMMDATEN • SACHKONTEN • VORARBEITEN • BUCHUNGSKREIS EINEM KONTENPLAN ZUORDNEN einsehen (Transaktion *OB62*, siehe Abbildung 2.5).

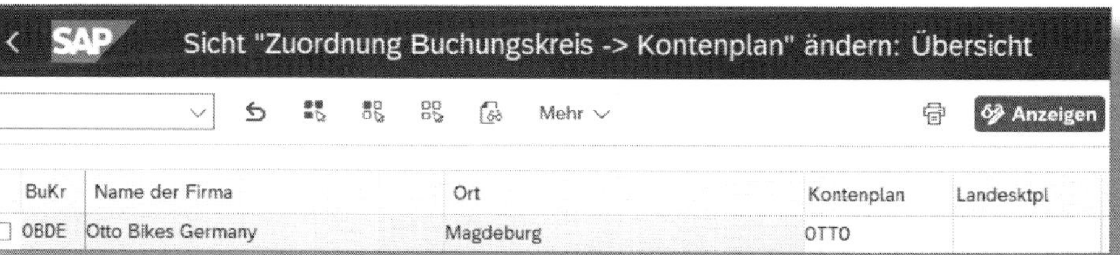

Abbildung 2.5: Zuordnung eines Kontenplans zum Buchungskreis

Darüber hinaus können Sie noch die Zuordnung des Kontenplans zum Buchungskreis ändern, dazu müssen Sie aber zuerst alle Buchungskreisdaten löschen. Dies können Sie über den Pfad FINANZWESEN • HAUPTBUCHHALTUNG • VORBEREITUNG PRODUKTIVSTART • NEUINSTALLATION • LÖSCHEN VON TESTDATEN • LÖSCHEN VON BEWEGUNGSDATEN • BUCHUNGSKREISDATEN LÖSCHEN (Transaktion *OBR1*) tun.

In SAP S/4HANA wurden Informationen aus dem externen und dem internen Rechnungswesen zusammengeführt. Der CO-Beleg und der FI-Beleg sind nun über das Universal Journal miteinander verbunden. Hierbei ist der Beleg aus dem Modul Finanzwesen führend. Wenn Sie in SAP S/4HANA beispielsweise eine sekundäre Kostenart erstellen möchten, müssen Sie nun ein Sachkonto anlegen und dieses Sachkonto als sekundäre Kostenart ausprägen. Dies bedeutet, dass Sachkonten nicht nur reine Bilanz- und GuV-Konten abbilden; es erfolgt zusätzlich eine Differenzierung der Sachkontenart nach primären und sekundären Kostenarten.

Durch die Verschmelzung der Module Finanzwesen und Controlling in SAP S/4HANA haben sich die Voraussetzungen für die Stammdatenpflege der Sachkonten verändert:

- Die Kostenarten basieren auf der Sachkontenlogik. Dies heißt, dass im Stammsatz keine Kontierungsvorschläge und keine Zeitabhängigkeiten mehr gepflegt werden können.
- Sämtliche Bilanz- und GuV-Konten sind im Kontenplan enthalten.
- Kostenarten werden zu Sachkonten und mit einer einheitlichen Semantik klassifiziert.
- Sekundäre Kostenarten werden wie bisher nur aus dem Controlling heraus bebucht.

Primäre und sekundäre Kostenarten

Kostenarten, die einem Konto in der Finanzbuchhaltung entsprechen, nennt man *primäre Kostenarten*. Es gibt auch *sekundäre Kostenarten*, die für Leistungsverrechnungen im Controlling verwendet werden. Sie werden mit der Sachkontoart »Sekundärkosten« angelegt. Zudem kann über den Kostenartentyp definiert werden, ob es sich z. B. um eine Umlage oder einen Gemeinkostenzuschlag handelt.

Somit werden das Konto und die Kostenart im Kontenplan zusammengeführt. Die Kontoart *Nicht betriebliche Aufwendungen und Erträge* bezieht sich auf Erfolgskonten, deren Erträge oder Aufwendungen nicht aus dem primären Unternehmenszweck resultieren, z. B. Erträge aus Finanzinvestitionen bei einem Fertigungsunternehmen. Eine weitere Kontoart sind die *Primärkosten oder Erlöse*. Primärkosten sind betriebliche Aufwendungen wie beispielsweise die Gehaltskosten. Die Kontoart *Sekundärkosten* werden z. B. für die Gemeinkostenverrechnung durch Umlagen oder Gemeinkostenzuschläge verwendet. *Bestandskonten* klassifizieren die Konten, die der Unternehmensbilanz entstammen. Durch das *Geldkonto*, auch *Bankabstimmkonto* genannt, lässt sich der Zahlungsprozess vereinfachen. Indem man das Bankabstimmkonto mehreren Hausbankkonten zuordnet, reduziert sich die Anzahl der benötigten Bankbestandskonten.

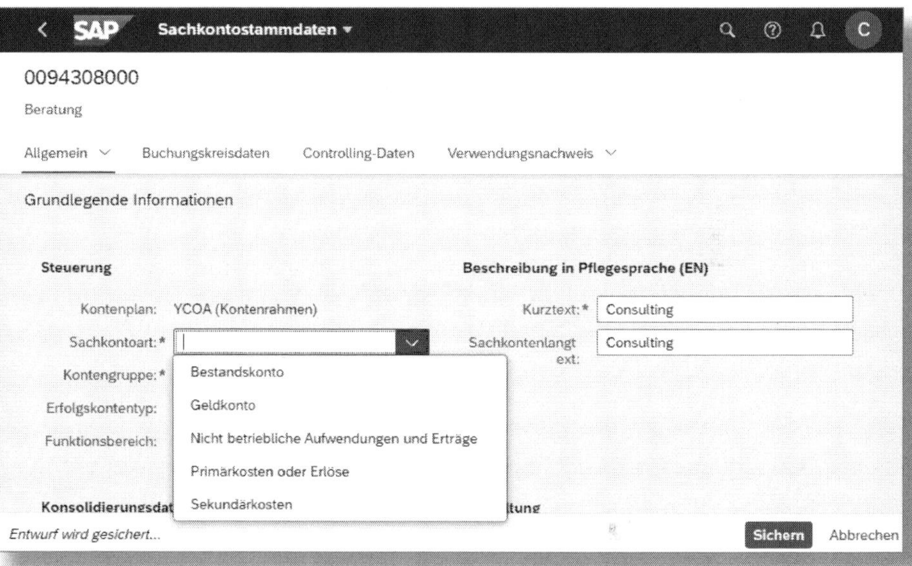

Abbildung 2.6: Sachkontoart pflegen

Abbildung 2.6 zeigt die Fiori-App »Sachkontenstammdaten verwalten«. In der Rubrik STEUERUNG können Sie die gewünschte Sachkontoart hinterlegen. Zudem lässt sich die Pflege der Sachkontoart mit der Transaktion *FS00* durchführen.

2.3 Geschäftsjahr

Damit Geschäftsvorgänge bestimmten Zeiträumen zugeordnet werden können, muss ein Geschäftsjahr mit Buchungsperioden festgelegt werden. Dazu definieren Sie eine *Geschäftsjahresvariante*. Die Zuordnung einer Geschäftsjahresvariante zu einem Buchungskreis ist obligatorisch.

Das Geschäftsjahr kann sich mit dem Kalenderjahr decken, muss es aber nicht. Zum Beispiel kann ein Geschäftsjahr von Oktober eines Kalenderjahres bis September des Folgejahres dauern, damit die Jahresabschlusstätigkeiten nicht mit den Feiertagen Ende Dezember zusammenfallen.

Die Geschäftsjahresvarianten können jahresunabhängig oder jahresabhängig definiert werden. Jahresunabhängig bedeutet, dass in jedem Jahr die Periodenanzahl sowie das Start- und Enddatum der Perioden gleich sind (z. B. wenn die Perioden den Kalendermonaten entsprechen). Bei einer jahresabhängigen Geschäftsjahresvariante können die Perioden dagegen von Jahr zu Jahr unterschiedlich sein (z. B. finden Sie in britischen Unternehmen oft Geschäftsjahre, in denen die Perioden Kalenderwochen oder vier Kalenderwochen entsprechen).

Beim Anlegen der Geschäftsjahresvariante definieren Sie *Buchungsperioden* und *Sonderperioden*. Die Sonderperioden sind für Jahresabschlussbuchungen gedacht, die extra als solche ausgewiesen werden und in keiner der normalen Perioden zu sehen sein sollen.

Die Buchungsperioden werden bei der Buchung vom Buchungsdatum abgeleitet. Eine Ausnahme davon bilden die Sonderperioden. Diese müssen beim Buchen explizit angegeben werden und können nicht automatisch aus dem Buchungsdatum ermittelt werden.

Viele Standardgeschäftsjahresvarianten sind im System vordefiniert und können verwendet werden. Falls Sie eine eigene Geschäftsjahresvariante anlegen wollen, beachten Sie bitte: Der Periode, die dem Monat Februar entspricht, müssen Sie 29 Tage zuordnen, um Schaltjahre zu berücksichtigen.

In unserem Beispiel haben wir dem Buchungskreis OBDE die Standardgeschäftsjahresvariante *K1* zugeordnet (das Geschäftsjahr entspricht dem Kalenderjahr, zwölf normalen Perioden von Januar bis Dezember und einer Sonderperiode). Diese Zuordnung wurde gleich bei der Buchungskreiskopie übernommen.

Die Einstellungen zu den Geschäftsjahresvarianten erreichen Sie unter folgendem Pfad im Customizing: FINANZWESEN • GRUNDEINSTELLUNGEN FINANZWESEN • BÜCHER • GESCHÄFTSJAHR UND BUCHUNGSPERIODEN • GESCHÄFTSJAHRESVARIANTE PFLEGEN (Transaktion *OB29*, siehe Abbildung 2.7).

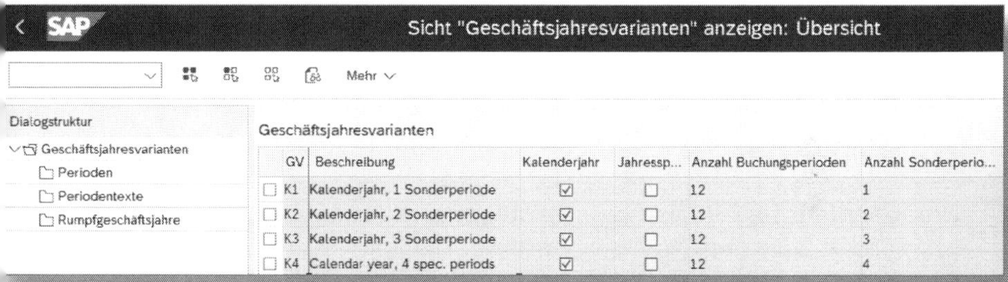

Sicht "Geschäftsjahresvarianten" anzeigen: Übersicht

Mehr

Dialogstruktur
- Geschäftsjahresvarianten
  - Perioden
  - Periodentexte
  - Rumpfgeschäftsjahre

Geschäftsjahresvarianten

GV	Beschreibung	Kalenderjahr	Jahressp...	Anzahl Buchungsperioden	Anzahl Sonderperio...
K1	Kalenderjahr, 1 Sonderperiode	☑	☐	12	1
K2	Kalenderjahr, 2 Sonderperiode	☑	☐	12	2
K3	Kalenderjahr, 3 Sonderperiode	☑	☐	12	3
K4	Calendar year, 4 spec. periods	☑	☐	12	4

Abbildung 2.7: Geschäftsjahresvariante pflegen

2.4 Geschäftsbereich

Der *Geschäftsbereich* ist eine organisatorische Einheit des externen Rechnungswesens und dient der Segmentberichterstattung. Er bildet einen Tätigkeits- oder Verantwortungsbereich ab. Sie legen Geschäftsbereiche unabhängig von anderen Organisationseinheiten wie z. B. dem Buchungskreis an. Mehrere Buchungskreise können denselben Geschäftsbereich verwenden.

Mithilfe von Geschäftsbereichen erstellen Sie Abschlüsse für interne Zwecke (pro Geschäftszweig). Die Abschlüsse können auf einen Buchungskreis begrenzt oder buchungskreisübergreifend pro Geschäftsbereich angelegt sein. Da nicht alle Buchungspositionen den Geschäftsbereichen zuzuordnen sind, ist es nicht möglich, komplette Bilanzen zu erzeugen.

! Der Geschäftsbereich sollte nicht mehr verwendet werden

Der Geschäftsbereich wird von der SAP nicht mehr weiterentwickelt und bietet keine funktionalen Vorteile gegenüber dem Profitcenter. Wir empfehlen, den Geschäftsbereich nicht mehr zu verwenden. Darüber hinaus ist zu beachten, dass der Geschäftsbereich in der Public-Cloud-Version nicht verfügbar ist.

2.5 Segment

Das *Segment* ist ein Kontierungsobjekt und ermöglicht es, eine vollständige Bilanz und GuV zu erstellen. Dieses Organisationselement wird z. B. zur Darstellung der Segmentberichterstattung nach IFRS oder US-GAAP verwendet. Somit erfüllt es die gesetzlichen Anforderungen des externen Rechnungswesens. Das Profitcenter hingegen verkörpert oft eine Division oder eine Produktlinie innerhalb eines Buchungskreises.

Segmente definieren Sie im Customizing unter dem Pfad UNTERNEHMENSSTRUKTUR • DEFINITION • FINANZWESEN • SEGMENT DEFINIEREN.

2.6 Kostenrechnungskreis

Ein Kostenrechnungskreis ist eine Organisationseinheit, für die eine vollständige, in sich geschlossene Kostenrechnung durchgeführt werden kann. Sie legen einen Kostenrechnungskreis unter folgendem Pfad im Customizing an: UNTERNEHMENSSTRUKTUR • DEFINITION • CONTROLLING • KOSTENRECHNUNGSKREIS PFLEGEN. Im Pop-up-Fenster, das dann erscheint, wählen Sie erneut KOSTENRECHNUNGSKREIS PFLEGEN (Transaktion *OX06*, siehe Abbildung 2.8).

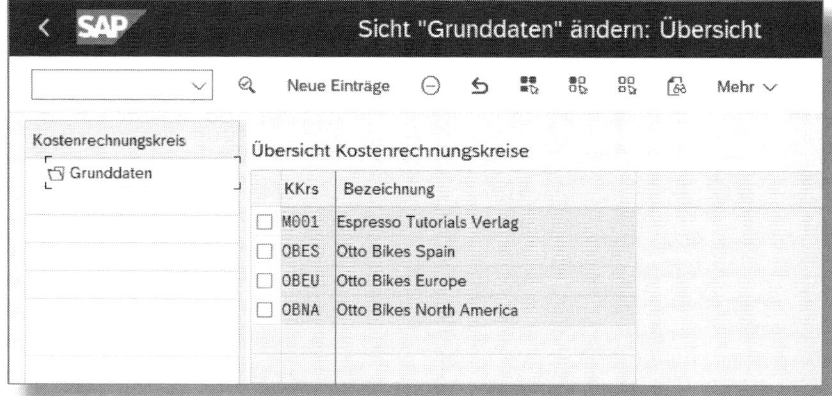

Abbildung 2.8: Kostenrechnungskreis anlegen

Klicken Sie auf die Schaltfläche NEUE EINTRÄGE, um einen neuen Kostenrechnungskreis anzulegen.

Innerhalb eines Kostenrechnungskreises stehen Ihnen folgende Stammdaten zur Verfügung:

- Kostenarten
- Kostenstellen
- Profitcenter
- weitere Controlling-Objekte, wie Innenaufträge, Projekte, Kostenträger, Ergebnisobjekte, Fertigungsaufträge etc.

Wie in Abschnitt 2.2 beschrieben, werden die Konten des Kontenplans sowohl in der Finanzbuchhaltung als auch im Controlling verwendet. Konten, die mit einer Nebenkontierung wie z. B. einer Kostenstelle bebucht werden sollen, müssen dazu nicht mehr zusätzlich als *Kostenart* im Kostenrechnungskreis angelegt werden. In SAP S/4HANA wird die Kostenart als Sachkonto angelegt. Hierfür verwenden Sie die Transaktion *FS00* oder die Fiori-App »Sachkontenstammdaten verwalten«. Im Sachkontenstamm prägen Sie die Kontoart als »Sekundärkosten« aus, wenn Sie diese Kostenart für beispielsweise eine Umlage verwenden möchten.

Einem Kostenrechnungskreis können Sie einen oder mehrere Buchungskreise zuordnen – ein Buchungskreis kann aber nicht zu mehr als einem Kostenrechnungskreis gehören.

Zuordnung Buchungskreis – Kostenrechnungskreis

Wir empfehlen grundsätzlich, nur einen Kostenrechnungskreis anzulegen und diesem alle Buchungskreise zuzuordnen. Dies ermöglicht Ihnen den Vergleich der verschiedenen Buchungskreise innerhalb der Controlling-Komponente bzw. in einem Reporting-Bericht.

Nur wenn Kostenrechnungskreis und Buchungskreis denselben Kontenplan und dieselbe Geschäftsjahresvariante verwenden, können beide Organisationseinheiten miteinander verknüpft werden. In der Rubrik WÄHRUNGSEINSTELLUNG pflegen Sie die Währung, in der Regel ist die Konzernwährung (WÄHRUNGSTYP *30*) einzutragen.

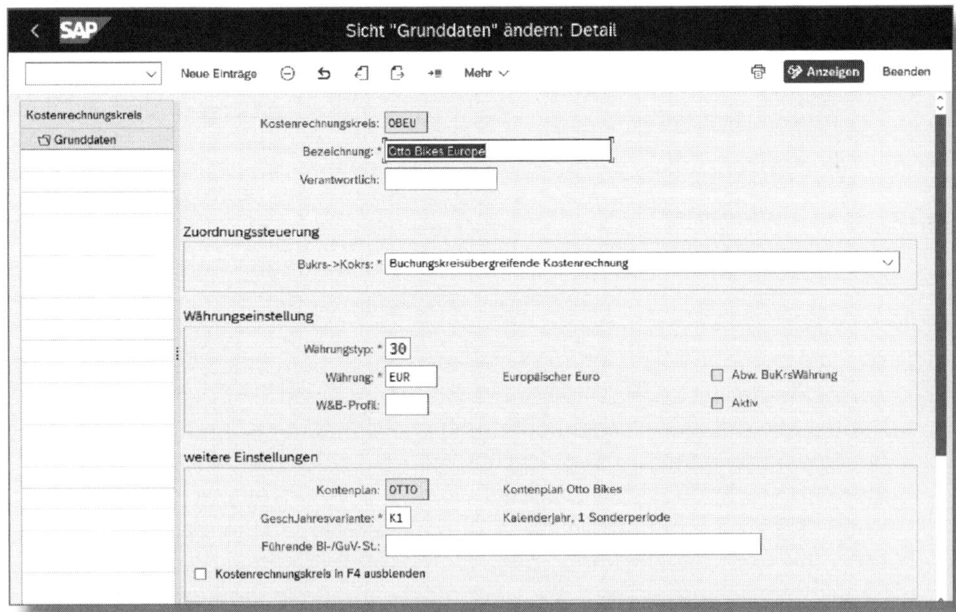

Abbildung 2.9: Detaildaten zum Kostenrechnungskreis

Beim Anlegen des Kostenrechnungskreises (siehe Abbildung 2.9) haben Sie die Möglichkeit, über die Menüführung KOKRS • BUKRS den Kostenrechnungskreis analog zu einem Buchungskreis aufzusetzen. Von dem Buchungskreis, den Sie hier zuordnen, werden alle notwendigen Parameter in den Kostenrechnungskreis übertragen.

In unserem Beispiel haben wir für den Buchungskreis OBDE eine buchungskreisübergreifende Kostenrechnung angelegt. Der neue Kostenrechnungskreis lautet *OBEU – Otto Bikes Europe*.

Nachdem Sie die Grunddaten gepflegt haben, müssen Sie noch weitere Einstellungen zum Kostenrechnungskreis vornehmen. Gehen Sie dazu im Customizing-Leitfaden zu CONTROLLING • CONTROLLING ALLGEMEIN • ORGANISATION • KOSTENRECHNUNGSKREIS PFLEGEN. Im Pop-up-Fenster wählen Sie erneut KOSTENRECHNUNGSKREIS PFLEGEN (Transaktion *OKKP*, siehe Abbildung 2.10).

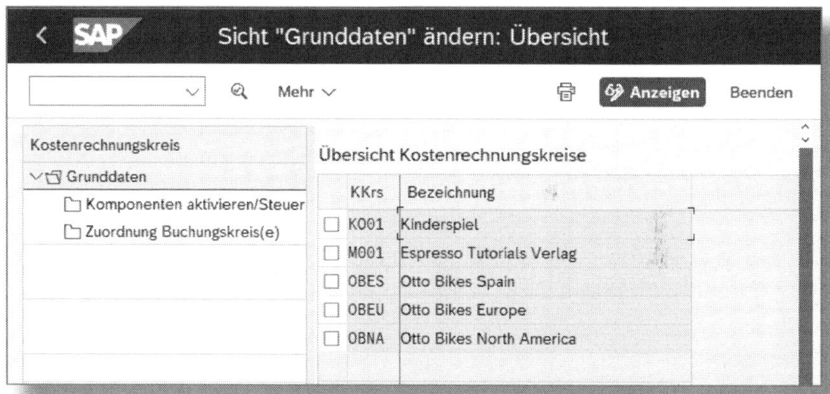

Abbildung 2.10: Grunddaten zum Kostenrechnungskreis

Doppelklicken Sie nun auf Ihren Kostenrechnungskreis OBEU. Sie sehen fast das gleiche Bild wie in Abbildung 2.9, mit dem Unterschied, dass Sie hier auch eine Kostenstellen-Standardhierarchie festlegen können. Geben Sie einen Namen für die Standardhierarchie ein. Nun ist gewährleistet, dass Sie die Kostenstellenrechnung in Verbindung mit Innenaufträgen nutzen können.

Als nächsten Schritt müssen Sie dem Kostenrechnungskreis mindestens einen Buchungskreis zuordnen. Doppelklicken Sie dazu im linken Bildschirmteil (siehe Abbildung 2.10) auf ZUORDNUNG BUCHUNGSKREIS(E). Klicken Sie auf NEUE EINTRÄGE (siehe Abbildung 2.11), und fügen Sie einen oder mehrere Buchungskreise hinzu.

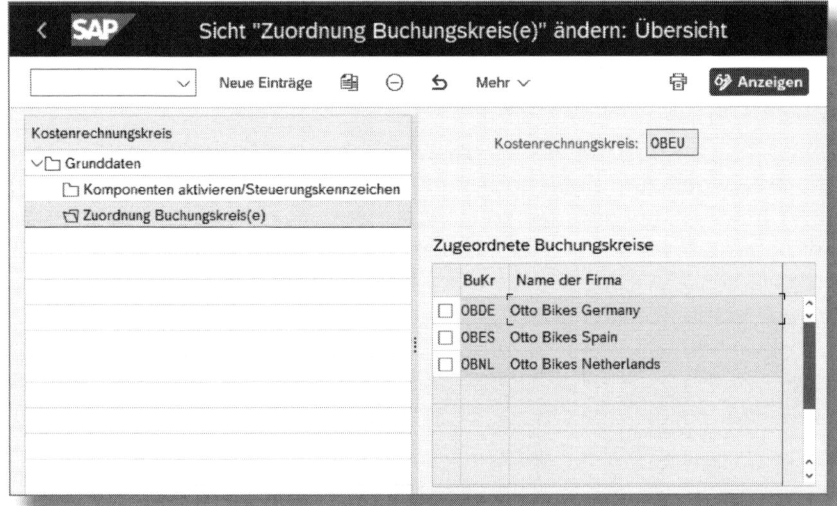

Abbildung 2.11: Zuordnung Buchungskreis zum Kostenrechnungskreis

Im Beispiel wurden die Buchungskreise *OBDE*, *OBES* und *OBNL* dem Kostenrechnungskreis OBEU zugeordnet.

Speichern Sie zunächst Ihre Einträge (falls Sie das nicht tun, bricht das System im nächsten Schritt ab, denn Sie können keine Komponenten aktivieren, ohne zuvor einen Buchungskreis zugeordnet zu haben). Klicken Sie als Nächstes auf KOMPONENTEN AKTIVIEREN, um wesentliche Funktionen im Controlling aktiv zu schalten. Klicken Sie erneut auf die Schaltfläche NEUE EINTRÄGE (siehe Abbildung 2.11). Nun legen Sie fest, welche Teilkomponenten des Controllings Sie für den Kostenrechnungskreis nutzen wollen. Dazu geben Sie oben an, ab welchem

GESCHÄFTSJAHR die Einstellungen gültig sein sollen. Wählen Sie dann die Komponenten aus (siehe Abbildung 2.12). Die Komponente AUFTRAGSVERWALTUNG finden Sie in der Rubrik KOMPONENTEN AKTIVIEREN. Aktivieren Sie die Auftragsverwaltung, indem Sie im Drop-down-Menü die Einstellung KOMPONENTE AKTIV anklicken. Dies ist die Grundvoraussetzung, um die Innenaufträge im Controlling uneingeschränkt zu verwenden. Mit dieser Einstellung werden die Aufträge in Bezug zum Auftragsstamm verprobt und sind als Kontierungsobjekte im SAP System verfügbar.

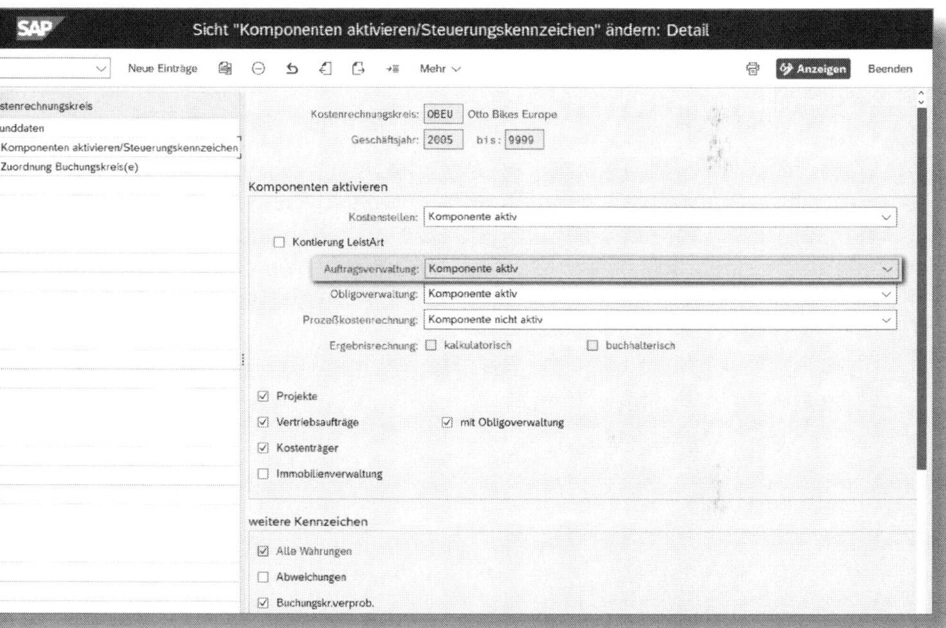

Abbildung 2.12: Komponenten aktivieren im Kostenrechnungskreis

Im Beispiel wurden für den Kostenrechnungskreis OBEU die KOSTENSTELLENrechnung, die AUFTRAGSVERWALTUNG, das PROJEKTsystem, die VERTRIEBSAUFTRÄGE und die KOSTENTRÄGERrechnung aktiviert.

2.7 Profitcenter

Die *Profitcenter-Rechnung* in SAP S/4HANA dient der internen Berichterstattung nach dem Gesamtkosten- oder Umsatzkostenverfahren sowie der Segmentberichterstattung im Sinne der IFRS. Sie erlaubt die Gliederung des Gesamtunternehmens in eigenständige, ergebnisverantwortliche Teilbereiche, um z. B. die Segmente laut IFRS abzubilden (siehe Abschnitt 2.5). Profitcenter werden ähnlich wie Kostenstellen innerhalb eines Kostenrechnungskreises in einer *Standardhierarchie* gegliedert. Ausgehend vom höchsten Knoten, der Standardhierarchie, können Sie *Profitcenter-Gruppen* als weitere Hierarchieknoten anlegen. Diese dienen nur zur Strukturierung der Hierarchie und sind nicht direkt bebuchbar.

Wenn Sie die Profitcenter-Rechnung nutzen wollen, müssen Sie alle Controlling-Objekte (also Innenaufträge oder Kostenstellen etc.) im entsprechenden Kostenrechnungskreis einem Profitcenter zuordnen. Alle Buchungen auf diesen Controlling-Objekten werden damit automatisch auch in der Profitcenter-Rechnung fortgeschrieben.

Da wir in SAP S/4HANA eine gemeinsame Datenbasis haben (Universal Journal – Tabelle ACDOCA), ist gewährleistet, dass die gesamte GuV in die Profitcenter-Rechnung fortgeschrieben wird. Bei Einsatz des neuen Hauptbuches (somit auch in SAP S/4HANA) sollten Sie nur noch die neue Profitcenter-Rechnung verwenden. Nutzen Sie also die alte Profitcenter-Rechnung (EC-PCA), so werden die Werte in das Ledger 8A fortgeschrieben (Tabelle GLPCT und Tabelle GLPCA) und nicht in das Universal Journal.

Sie können das Profitcenter in den Stammdaten der Innenaufträge einsehen bzw. ein Profitcenter hinterlegen, wenn Sie einen neuen Auftrag anlegen (siehe Abbildung 2.13).

2.8 Funktionsbereich

Funktionsbereiche benötigen Sie nur dann, wenn Sie Ihr Ergebnis nach dem *Umsatzkostenverfahren (UKV)* ausweisen wollen. Mithilfe der

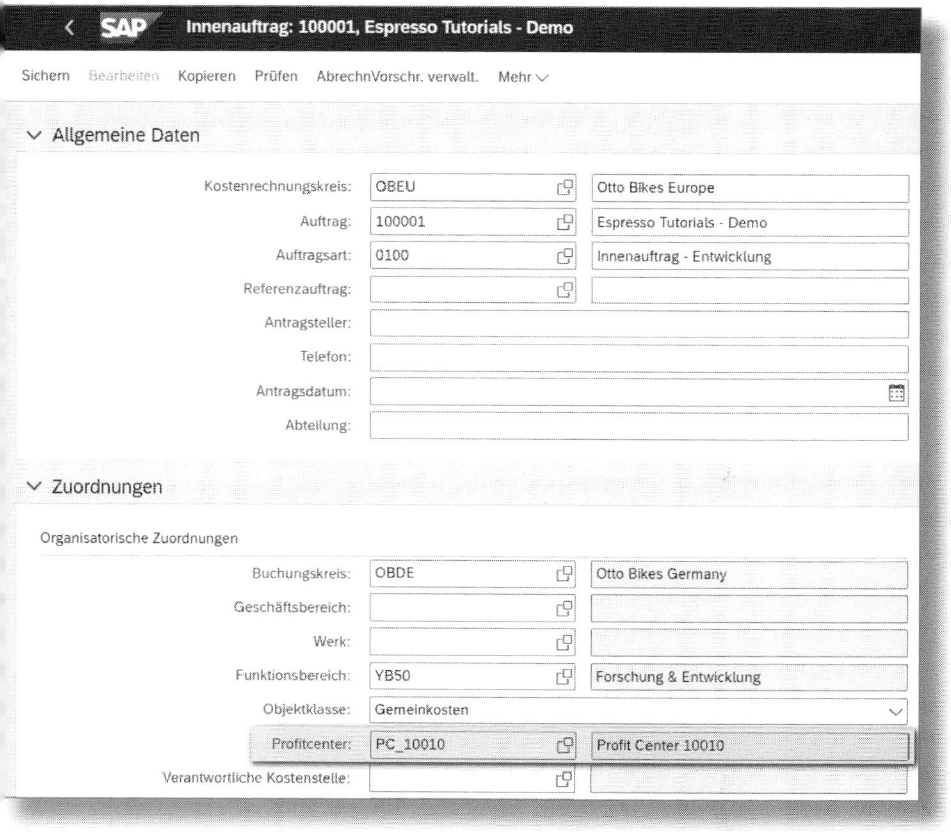

Abbildung 2.13: Pflege des Profitcenters in den Stammdaten des Innenauftrags

Funktionsbereiche werden periodisch anfallende Kosten dargestellt, die zur Realisierung des Umsatzes angefallen sind. Mit dem neuen Hauptbuch ist der Funktionsbereich bereits integriert und bedarf keiner separaten Aktivierung.

Voraussetzung für die Anwendung des Umsatzkostenverfahrens mit Funktionsbereichen ist das Anlegen von Funktionsbereichen. Diesen Punkt finden Sie im Customizing unter dem Pfad FINANZWESEN • GRUNDEINSTELLUNGEN FINANZWESEN • FUNKTIONSBEREICH FÜR UMSATZKOSTENVERFAHREN • FUNKTIONSBEREICH DEFINIEREN (siehe Abbildung 2.14).

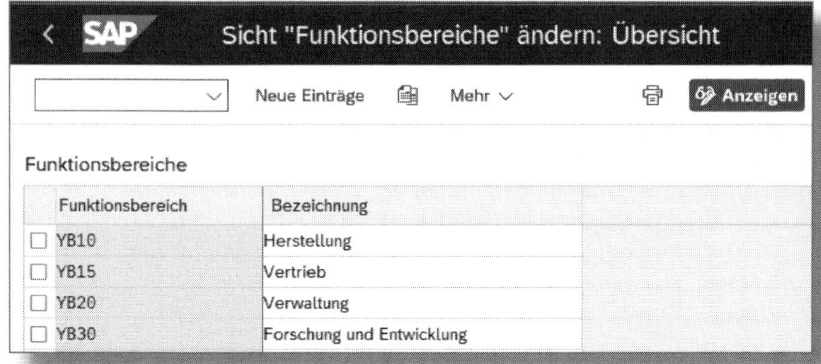

Abbildung 2.14: Funktionsbereiche anlegen

Es existieren vier Möglichkeiten, um den Funktionsbereich zu ermitteln bzw. vom SAP System ableiten zu lassen, nämlich:

- **manuelle Eingabe:** Sie zwingen damit die Sachbearbeiter in der Buchhaltung, bei jeder Buchung einen Funktionsbereich auszuwählen und einzugeben. Der Vorteil dieser Vorgehensweise ist, dass Sie keine weiteren Ableitungen oder Zuordnungen definieren müssen. Ihr Nachteil ist, dass Sie die Wahrscheinlichkeit von Eingabefehlern erhöhen.
- **Ableitung über Substitution:** In einer *Substitution* definieren Sie Regeln, nach denen der Funktionsbereich ermittelt werden soll (wird beispielsweise der Materialverbrauch auf eine Fertigungskostenstelle gebucht, ist der Funktionsbereich »Fertigungskosten«). Die Substitution greift automatisch bei einer Buchung.
- **Zuordnung von Konten zum Funktionsbereich:** Sie können festlegen, dass bestimmte Konten immer zum selben Funktionsbereich gehören. Diese Methode ist nur sinnvoll für Konten, die nicht in unterschiedlichen Funktionen auftauchen können, wie z. B. »Umsatzerlöse«, »Steuern« oder »Sonstige Ausgaben«.
- **Zuordnung zu Controlling-Objekten:** Das System erlaubt Ihnen, für Controlling-Objekte wie den Innenauftrag einen Funktionsbereich vorzugeben. Sie können den Funktionsbereich in

der Auftragsart des Innenauftrags pflegen. Die Vorbelegung ist unter nachfolgenden Pfad im Customizing zu erreichen: CONTROLLING • INNENAUFTRÄGE • AUFTRAGSSTAMMDATEN • AUFTRAGSARTEN DEFINIEREN (siehe Abbildung 2.15). Sobald Sie den Funktionsbereich in der Auftragsart gepflegt haben, wird bei jedem neu angelegten Innenauftrag (abhängig von der Auftragsart) der Funktionsbereich automatisch in die Stammdaten geschrieben. Sie können den Funktionsbereich noch ändern, wenn es die Situation erfordert, dies sollte jedoch nur in Einzelfällen notwendig sein.

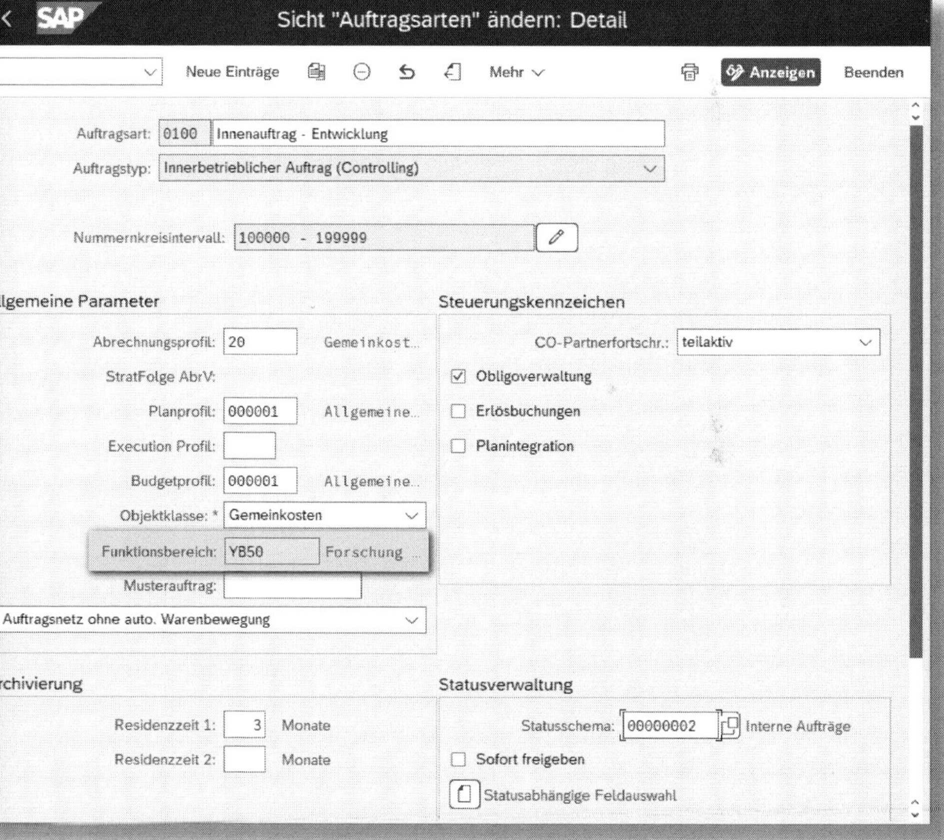

Abbildung 2.15: Vorbelegung des Funktionsbereichs in der Auftragsart

Falls Sie mehrere der genannten Möglichkeiten nutzen, um den Funktionsbereich zu ermitteln, prüft das System als Erstes, ob es eine Zuordnung des Controlling-Objekts zum Funktionsbereich gibt. Als Nächstes schaut es nach, ob das gebuchte Konto bereits einen Funktionsbereich enthält. Ist dies der Fall, wird der zuvor ermittelte Wert anhand des Controlling-Objekts überschrieben. Analog überschreibt eine Substitution die vorherigen Schritte. Eine manuelle Eingabe hat Vorrang vor allen anderen Methoden.

2.9 Andere Organisationseinheiten

Die wichtigsten Organisationseinheiten im Finanzwesen und Controlling haben wir nun ausführlich beschrieben. Zur besseren Übersicht nennen wir hier in Kürze noch einige Strukturen des SAP-Systems, die nicht zum Finanzwesen und Controlling gehören, aber sehr häufig im SAP-Kontext verwendet werden:

- **Werk:** die grundlegende Organisationseinheit für die Logistik. Auf Basis eines Werks bauen Sie die Grundeinstellungen für Materialwirtschaft, Produktion, Instandhaltung etc. auf.
- **Verkaufsorganisation:** Einheit im Vertrieb, aufgrund derer Waren verkauft, geliefert und fakturiert werden.
- **Sparte:** bietet die Möglichkeit, im Vertrieb Waren und Dienstleistungen nach Verantwortungsbereichen weiter zu gliedern.
- **Vertriebsweg:** erlaubt es Ihnen, verkaufsfähige Waren und Dienstleistungen danach zu unterscheiden, auf welchem Weg sie zum Kunden gelangen (z. B. Großhandel, Einzelhandel oder Direktverkauf).

2.10 Fazit

Sie haben nun die wichtigsten SAP-Organisationseinheiten kennengelernt, die für die Verwendung von Innenaufträgen relevant sind. Darunter sind der Buchungskreis und der Kostenrechnungskreis die einzigen, die eindeutig festgelegt sind und bei deren Definition Sie keinen Spielraum haben. Alle anderen Organisationseinheiten sind aber so generisch, dass Sie erst eine geeignete Struktur finden müssen, die für Ihr Unternehmen passt.

Falls Sie eine Neueinführung oder eine Reorganisation von SAP S/4HANA planen, sollten Sie sich zu Beginn des Projekts genug Zeit nehmen, um Ihre Organisationsstruktur sorgfältig zu definieren. Organisationseinheiten, die Sie einmal im Produktivsystem angelegt und bebucht haben, können Sie nur sehr schwer wieder entfernen. Spätere Reorganisationen wie z. B. das Zusammenführen von mehreren Kontenplänen oder Kostenrechnungskreisen lassen sich nur mithilfe des Service *System Landscape Optimization (SLO)* von SAP unter beträchtlichem Zeit- und Kostenaufwand durchführen.

Wir zeigen Ihnen nun, welche obligatorischen Customizing-Einstellungen Sie für Innenaufträge vornehmen sollten. Wir beginnen mit den Voraussetzungen und Grundeinstellungen.

3 Voraussetzungen und Grundeinstellungen

In diesem Kapitel zeigen wir Ihnen, wie Sie Auftragsarten anlegen und so einstellen, dass sie Ihren Anforderungen genügen. Im nächsten Schritt lernen Sie die Einstellungen für Nummernkreise und zur Statusverwaltung kennen. Sie erfahren außerdem, welche Möglichkeiten Sie haben, um den Bildschirmaufbau von Innenaufträgen individuell zu gestalten. Darüber hinaus versetzen wir Sie in die Lage, Innenaufträge dynamisch zu selektieren, um diese zu reporten oder zu bearbeiten.

Um mit Innenaufträgen arbeiten zu können, müssen Sie mindestens die folgenden Einstellungen zur Organisationsstruktur vorgenommen haben:

- Buchungskreis inklusive Geschäftsjahresvariante und Kontenplan anlegen (siehe Abschnitt 2.1)
- Kostenrechnungskreis anlegen und dem Buchungskreis zuordnen (siehe Abschnitt 2.6)
- Aktivierung der Auftragsverwaltung (siehe Abschnitt 2.6)

Wenn Sie diese Schritte abgeschlossen haben, können Sie mit den Einstellungen für Stammdaten fortfahren.

3.1 Auftragsarten

3.1.1 Auftragsarten definieren

Innenaufträge sind nach *Auftragsarten* klassifiziert. Die Auftragsarten dienen dazu, ähnliche Aufträge zu identifizieren. Jede Auftrag wird einer Auftragsart und jeder Auftragsart wiederum ein (ggf. eigener) Nummernkreis zugeordnet.

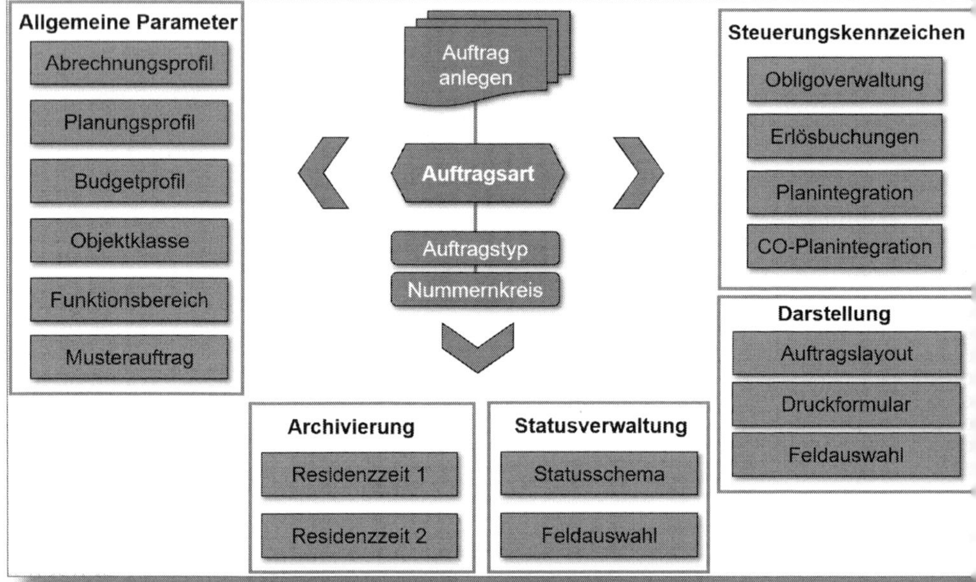

Abbildung 3.1: Auftragsart

Über die Auftragsart werden bestimmte Parameter (siehe Abbildung 3.1) an den Auftrag übergeben. Auftragsarten definieren den Zweck des Innenauftrags, legen die Art der Auftragsbearbeitung fest und sind im gesamten Mandanten gültig. Aus diesem Grund können Sie eine Auftragsart in jedem beliebigen Kostenrechnungskreis einsetzen.

Sie definieren neue Auftragsarten im Customizing über den Pfad CONTROLLING • INNENAUFTRÄGE • AUFTRAGSSTAMMDATEN • AUFTRAGSARTEN DEFINIEREN (Transaktion *KOT2_OPA*).

Wie Sie in Abbildung 3.2 sehen, sind die Auftragsarten wiederum verschiedenen *Auftragstypen* zugeordnet. Im Grunde sind die Innenaufträge, mit denen wir uns in diesem Kapitel beschäftigen, nur eine Spielart der verschiedenen Auftragstypen, die im System zur Verfügung stehen.

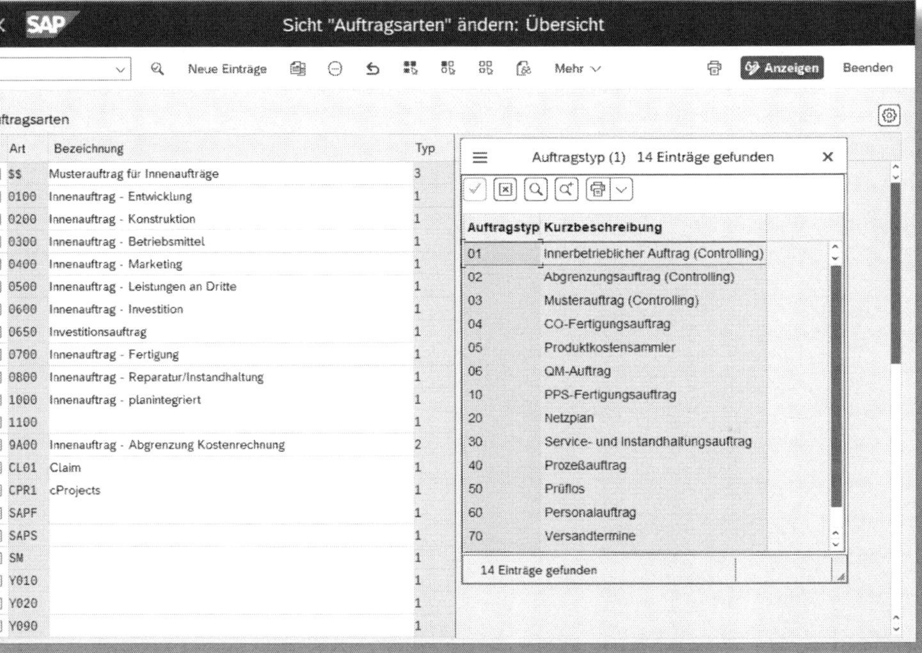

Abbildung 3.2: Auftragsstammdaten und Auftragstypen

Zu den Innenaufträgen gehören die Auftragstypen *01 (Innerbetrieblicher Auftrag)*, *02 (Abgrenzungsauftrag)* und *03 (Musterauftrag)*. Die Typen *04*, *05*, *10* und *40* werden im Produktkosten-Controlling eingesetzt, alle anderen Typen sind für Anwendungen in den verschiedenen Logistikmodulen vorgesehen, worauf wir in diesem Buch nicht näher eingehen.

Der Auftragstyp bestimmt, welche Funktionalitäten in einem Auftrag erlaubt sind (z. B. das Hinterlegen einer Fertigungsmenge, einer Stückliste und eines Arbeitsplans beim Fertigungsauftrag) und welche Stammdatenfelder zur Verfügung stehen.

Wenn Sie eine neue Auftragsart anlegen, wählen Sie den AUFTRAGSTYP aus und vergeben unter AUFTRAGSART einen Schlüssel sowie eine Bezeichnung (siehe Abbildung 3.3).

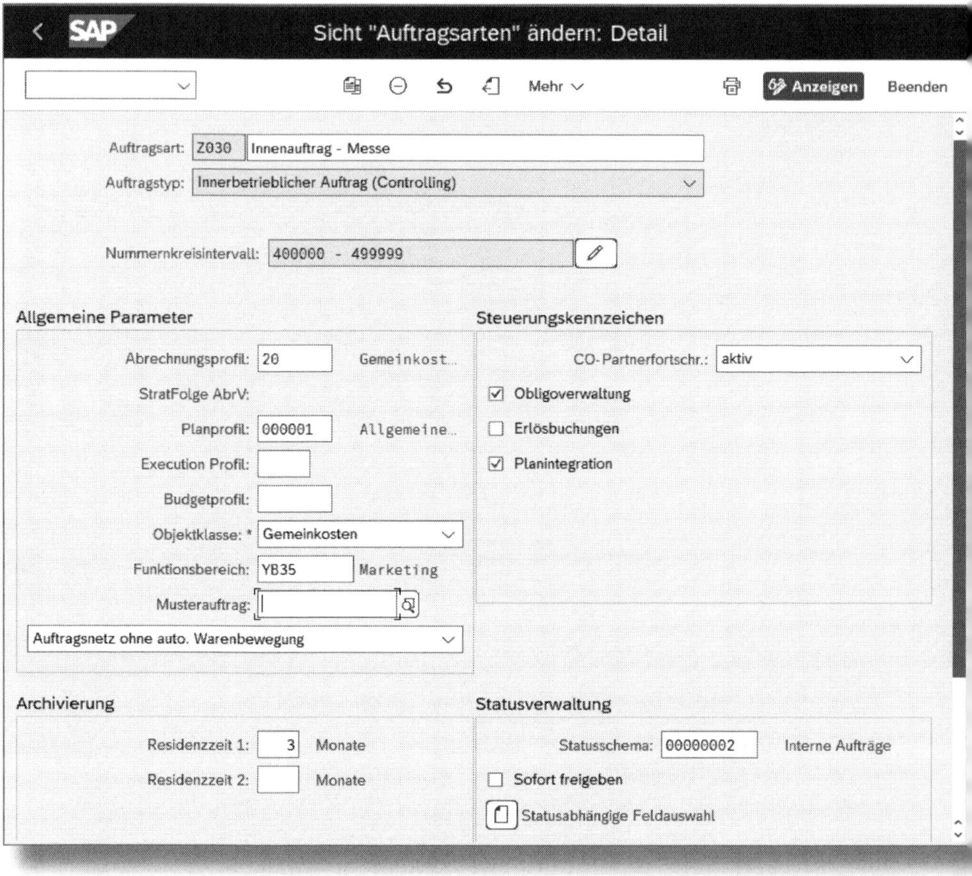

Abbildung 3.3: Auftragsart anlegen

Im Beispiel haben wir eine Auftragsart erstellt, um Messeaufträge abzubilden. Sie können an dieser Stelle auch bereits ein NUMMERNKREISINTERVALL zuordnen (weitere Informationen zu Nummernkreisen finden Sie im Abschnitt 3.2).

☛ Zuordnung von Nummernkreisen in einer Mehrsystemlandschaft

Wenn Sie eine Mehrsystemlandschaft im Einsatz haben, sollten Sie in Ihrem Entwicklungssystem den Auftragsarten keine Nummernkreise zuordnen. Sonst kommt im Zielsystem die Zuordnung der Auftragsarten zu den Nummernkreisen durcheinander, sobald Sie die Auftragsart transportieren. Sie müssen diese dann manuell wieder neu zuordnen und dabei sicherstellen, dass niemand zur selben Zeit neue Aufträge anlegt – diese würden dann im falschen Nummernkreis landen.

In den folgenden Abschnitten gehen wir näher auf die einzelnen Bereiche des Fensters aus Abbildung 3.3 ein.

3.1.2 Allgemeine Parameter festlegen

Sie können nun einige Voreinstellungen vornehmen, die in alle Aufträge dieser Auftragsart direkt beim Anlegen eingetragen werden. Der Anwender kann diese später noch ändern (falls Sie dies über die Feldauswahl zulassen, die wir etwas weiter unten erläutern). Im Block ALLGEMEINE PARAMETER hinterlegen Sie ein ABRECHNUNGSPROFIL für den Fall, dass Sie den Auftrag abrechnen wollen, und ordnen ggf. eine Strategiefolge für die Ermittlung der Abrechnungsvorschrift (STRATFOLGE ABRV) zu. Für die Planung (siehe Kapitel 5) tragen Sie ein PLANPROFIL ein, und falls Sie die Funktionalität Execution Services nutzen wollen, verwenden Sie das EXECUTION PROFIL. Auf Grundlage des Kalkulationsergebnisses werden dann Folgeprozesse, wie z. B. eine Bestellung oder ein Warenausgang, angestoßen. Das BUDGETPROFIL benötigen Sie, wenn Sie Budgets zu Ihrem Auftrag verwalten wollen. Die OBJEKTKLASSE wird in Einzelposten fortgeschrieben und dient der Klassifizierung des Innenauftrags für weitere Auswertungen, wie etwa für die Analyse von Kostenflüssen. Die Klassen, die zur Auswahl stehen, sind vom System fest vorgegeben: Fertigung, Investition, Gemeinkosten und Vertrieb. Einen FUNKTIONSBEREICH müssen Sie eintragen, wenn Sie das Umsatzkostenverfahren nutzen (weitere Informationen zu Funktionsbereichen finden Sie in Abschnitt 2.8). Sie haben außerdem die Möglichkeit, einen MUSTERAUFTRAG zu hinterlegen, der als Vorlage für alle Innenaufträge dieser Art dient (siehe weiter unten in diesem Abschnitt). Der Parameter AUFTRAGSNETZ OHNE AUTO. WARENBEWEGUNG ist nur für Fertigungsaufträge relevant.

3.1.3 Steuerungskennzeichen einstellen

Unter den STEUERUNGSKENNZEICHEN legen Sie fest, wie Bewegungsdaten zum Auftrag fortgeschrieben werden: Wenn die CO-Partnerfortschreibung (CO-PARTNERFORTSCHR.) *aktiv* ist, werden Summensätze bei Verbuchungen zwischen zwei Innenaufträgen fortgeschrieben. In diesem Fall können Sie eine Binnenumsatzeliminierung auf Auftragsebene durchführen, erhöhen damit aber die Zahl der im System erzeugten Belege. Entsprechend können Sie das Belegaufkommen reduzieren, wenn Sie diesen Parameter deaktivieren. Sie müssen OBLIGOVERWALTUNG aktivieren, falls Sie Obligo zu Aufträgen dieser Art fortschreiben wollen (siehe Kapitel 7). Für den Fall, dass Sie Innenaufträge dieser Auftragsart wie ein Kleinprojekt einsetzen und Erlöse auf ihnen verbuchen wollen, müssen Sie den Parameter ERLÖSBUCHUNGEN aktiv setzen. PLANINTEGRATION schließlich bedeutet, dass Leistungsaufnahmen, die Sie zum Auftrag planen, automatisch auf den sendenden Kostenstellen bzw. Geschäftsprozessen als Bedarf fortgeschrieben werden.

3.1.4 Residenzzeit für die Archivierung

Die Parameter RESIDENZZEIT 1 und RESIDENZZEIT 2 im Block ARCHIVIERUNG bestimmen, wie lange Aufträge im System verbleiben müssen, bevor sie archiviert werden. Die Archivierung verläuft in drei Schritten: Zunächst wird für abgeschlossene Aufträge eine Löschvormerkung gesetzt, dann für Aufträge mit Löschvormerkung ein Löschkennzeichen, und im dritten Schritt werden Aufträge mit Löschkennzeichen aus der Datenbank gelöscht. Unter RESIDENZZEIT 1 ist die Mindestdauer zwischen dem Setzen der Löschvormerkung und des Löschkennzeichens zu verstehen, unter RESIDENZZEIT 2 die Zeitspanne zwischen dem Setzen des Löschkennzeichens und dem endgültigen Löschen.

3.1.5 Statusverwaltung

Unter STATUSVERWALTUNG können Sie bei Bedarf ein STATUSSCHEMA angeben (tun Sie dies nicht, wird das Standardschema verwendet). Aktivieren Sie den Parameter SOFORT FREIGEBEN, werden Aufträge beim Anlegen sofort automatisch freigegeben. Weitere Informationen zur Statusverwaltung finden Sie in Abschnitt 3.3. Dort erläutern wir auch genauer die Unterschiede zwischen dem SYSTEMSTATUS und dem ANWENDERSTATUS. Überdies zeigen wir Ihnen anhand eines Beispiels, wie Sie das STATUSSCHEMA customizen, sodass keine Bestellung angelegt werden kann, wenn der Innenauftrag noch im Initialstatus ist.

3.1.6 Drucklayout hinterlegen

Im Block DARSTELLUNG STAMMDATEN schließlich hinterlegen Sie ein AUFTRAGSLAYOUT (siehe Abbildung 3.4), über das Sie steuern, welche Stammdaten zu Innenaufträgen dieser Art dargestellt werden und wie sie angeordnet sein sollen.

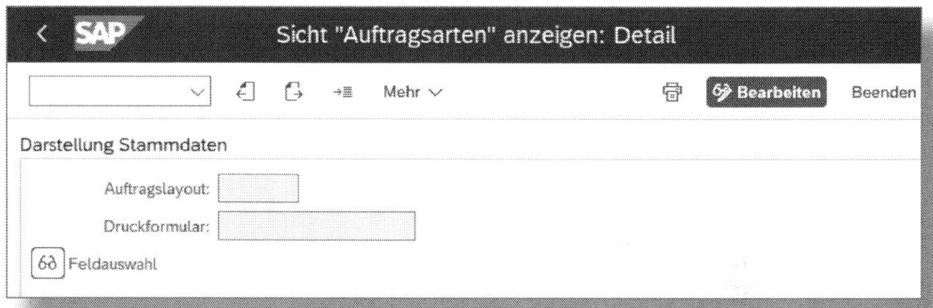

Abbildung 3.4: Auftragslayout zuordnen

In Abbildung 3.4 sehen Sie das Feld AUFTRAGSLAYOUT. Dieser Bildabschnitt befindet sich im Customizing der Auftragsart im unteren Bildbereich. Wie Sie ein Auftragslayout definieren, erklären wir in Abschnitt 3.4.1.

Sie haben außerdem die Möglichkeit, ein DRUCKFORMULAR einzutragen, um die Stammdaten eines Innenauftrags auszudrucken. Dies ist z. B. eine übliche Vorgehensweise, um für einen Investitionsauftrag eine Bedarfsanmeldung zu erzeugen, die vom Anwender ausgefüllt und unterschrieben werden muss. Das Druckformular selbst erstellen Sie in SAPscript über CONTROLLING • INNENAUFTRÄGE • AUFTRAGSSTAMMDATEN • AUFTRAGSDRUCK VORBEREITEN (Transaktion *SE71*). SAPscript ist eine umfangreiche Funktionalität in SAP ERP bzw. SAP S/4HANA, die häufig zum Einsatz kommt, wenn Formulare gedruckt werden müssen. Im Rahmen dieses Handbuches können wir allerdings nicht näher auf sie eingehen.

3.1.7 Feldauswahl festlegen

Über den Button FELDAUSWAHL (siehe Abbildung 3.4) stellen Sie ein, welche der möglichen Stammdatenfelder für Innenaufträge dargestellt werden (siehe Abbildung 3.5).

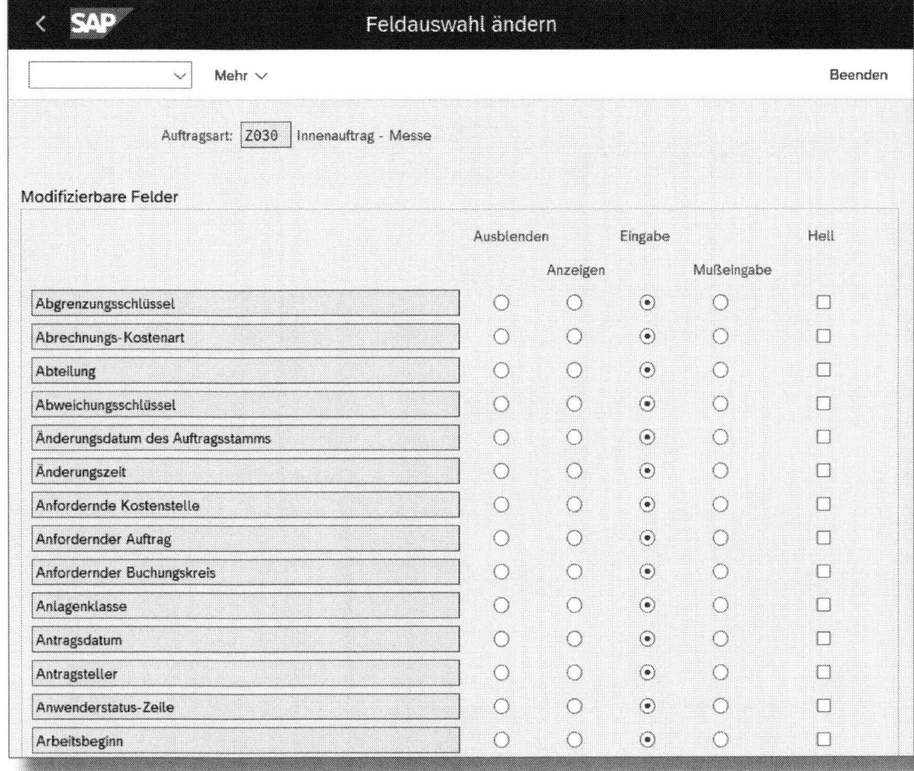

Abbildung 3.5: Feldauswahl für Auftragsstammdaten

Sie entscheiden je Feld, ob es gar nicht angezeigt wird (Ausblenden), ob es sichtbar, aber nicht eingabebereit ist (Anzeigen), ob Einträge möglich sind (Eingabe) oder ob es gar ein Muss-Feld ist (Mußeingabe). Wenn Sie den Parameter Hell aktivieren, wird das Feld zusätzlich hervorgehoben. Bitte beachten Sie, dass Sie an dieser Stelle lediglich einstellen, welche Felder überhaupt dargestellt werden und eingabebereit sind; in welcher Anordnung sie in der Anwendung sichtbar sind, steuern Sie über das Auftragslayout, das wir in Abschnitt 3.4.1 erläutern.

Darstellung von Auftragsstammdaten

Grundsätzlich sollten Sie so wenige Felder anzeigen wie möglich – so verwirren Sie den Anwender nicht mit Feldern, die er gar nicht benötigt. Sie sollten aber auch bedenken, dass Sie Auftragsarten durch die Feldauswahl spezialisieren, d. h., Sie können dann jede Auftragsart in der Regel nur für einen Zweck einsetzen und benötigen für neue Anwendungszwecke jedes Mal eine neue Auftragsart. Dies kann in vielen Fällen wiederum wünschenswert sein, da Sie dann Aufträge für unterschiedliche Zwecke in Auswertungen anhand der Auftragsart oder des Nummernkreises auseinanderhalten können.

Über den Menüpfad Controlling • Innenaufträge • Auftragsstammdaten • Alt- und Fremddaten übernehmen (Transaktion *OK09*) können Sie Stammdaten für Innenaufträge aus Testdateien hochladen. Im Rahmen dieses Buches werden wir weder auf diese Funktionalität noch auf die Datenmigration im Allgemeinen weiter eingehen.

3.2 Nummernkreise

Wie bereits erwähnt, werden die Auftragsstammdaten anhand ihrer Auftragsarten Nummernkreisen zugeordnet. Das heißt, Sie können für jede Auftragsart festlegen, in welchem *Nummernkreis* die zugeordneten Aufträge angelegt werden sollen. Dabei haben Sie die Möglichkeit, zwischen interner (die Nummer wird vom System automatisch vergeben) oder externer Nummernvergabe (Sie geben die Nummer manuell ein) zu wählen. Sie pflegen die Nummernkreise für Innenauftragsstammdaten über den Pfad CONTROLLING • INNENAUFTRÄGE • AUFTRAGSSTAMMDATEN • NUMMERNKREISE FÜR AUFTRÄGE PFLEGEN (Transaktion *KONK*).

Für Innenaufträge ordnen Sie jede Auftragsart einer Gruppe zu und diese Gruppe dann einem Nummernintervall. In unserem Beispiel haben wir die Auftragsarten *Z010*, *Z020* und *Z030* der Gruppe *08* zugewiesen (siehe Abbildung 3.6).

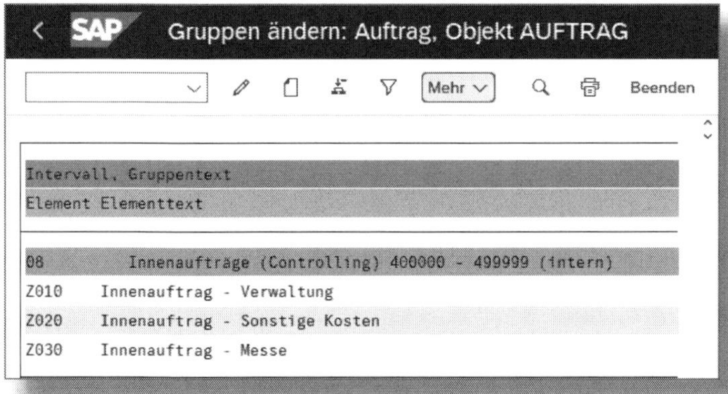

Abbildung 3.6: Nummernkreise pflegen

Wenn Sie in der Transaktion *KONK* auf die Gruppe doppelklicken oder im Einstiegsbild der Transaktion auf die Schaltfläche INTERVALLE klicken, gelangen Sie zur Intervallpflege (siehe Abbildung 3.7).

Hier können Sie das Intervall anpassen und die externe oder interne Nummernvergabe pflegen. In unserem Beispiel besitzt der Nummernkreis 08 die INTERNE Nummernvergabe. Dies bedeutet, dass das SAP-System automatisch die nächste freie Nummer innerhalb des Intervalls vergibt, sobald ein Auftrag angelegt wird. Bei der externen Nummernvergabe muss die Auftragsnummer manuell angegeben werden.

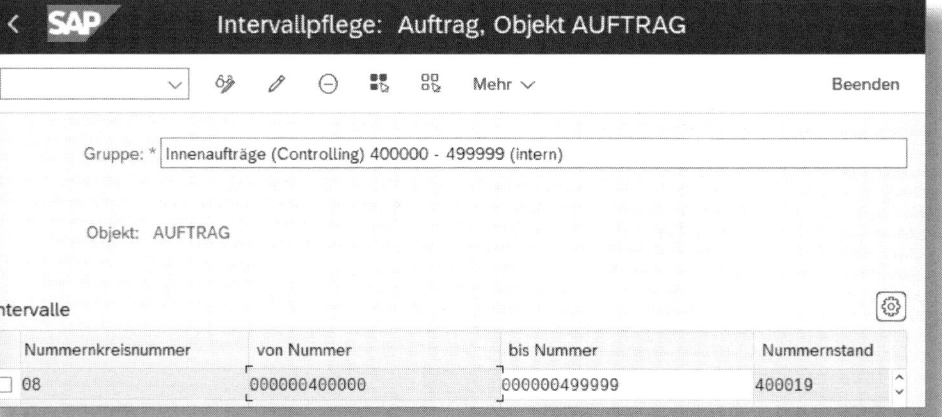

Abbildung 3.7: Intervallpflege

> **Nummernkreise gelten kostenrechnungskreisweit**
>
> Bitte beachten Sie, dass die Nummernkreise für Innenaufträge kostenrechnungskreisweit gelten und buchungskreisübergreifend sind. Falls Sie also je Buchungskreis und Auftragsart eigene Nummernintervalle verwalten wollen, müssen Sie je Anwendungszweck und Buchungskreis eine eigene Auftragsart anlegen.

3.3 Statusverwaltung

3.3.1 Statusschema anlegen

Status dienen dazu, im Lebenszyklus eines Auftrags unterschiedliche betriebswirtschaftliche Vorgänge zuzulassen oder zu verbieten. Der initiale *Systemstatus* ist »Eröffnet«. Er bewirkt u. a., dass Sie keine Istbuchungen zu dem Auftrag erfassen können. Das wird erst möglich, wenn Sie in den Status, »Freigegeben«, wechseln.

Sobald der Auftrag weitgehend bearbeitet ist, Sie aber z. B. noch den Kunden fakturieren werden, können Sie ihn technisch abschließen. Damit sind keine Kosten-, wohl aber Erlösbuchungen erlaubt, und Sie können keine Planwerte mehr verändern. Mit dem Status »Abgeschlossen« schließlich ist der Auftrag endgültig zu Ende, danach können Sie weder Änderungen noch Buchungen vornehmen. Um einen Überblick zu bekommen, welche Vorgänge beim aktuellen Status erlaubt oder verboten sind, sehen Sie den Auftrag in den Transaktionen *KO02* oder *KO04* ein. Sie gelangen über SPRINGEN • STATUS, Registerkarte BETRIEBSW. VORGÄNGE, oder über die Registerkarte STEUERUNG ❶ (siehe Abbildung 3.8) und die Schaltfläche ERLAUBTE VORGÄNGE ❷ zu einer Übersicht über alle erlaubten Vorgänge.

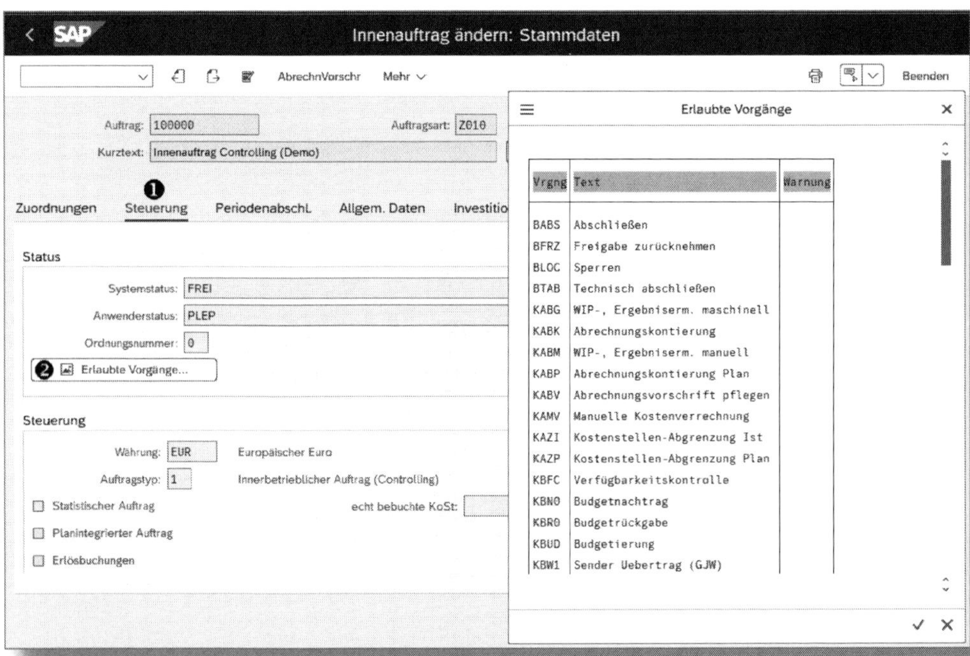

Abbildung 3.8: Erlaubte Vorgänge – Innenauftrag (SAP GUI)

In SAP Fiori finden Sie die erlaubten Vorgänge in der App »Innenaufträge verwalten (F1604)«. Scrollen Sie zum Punkt STATUS ❶ (siehe Abbildung 3.9) und klicken auf die Schaltfläche ZULÄSSIGE VORFÄLLE ANZEIGEN ❷.

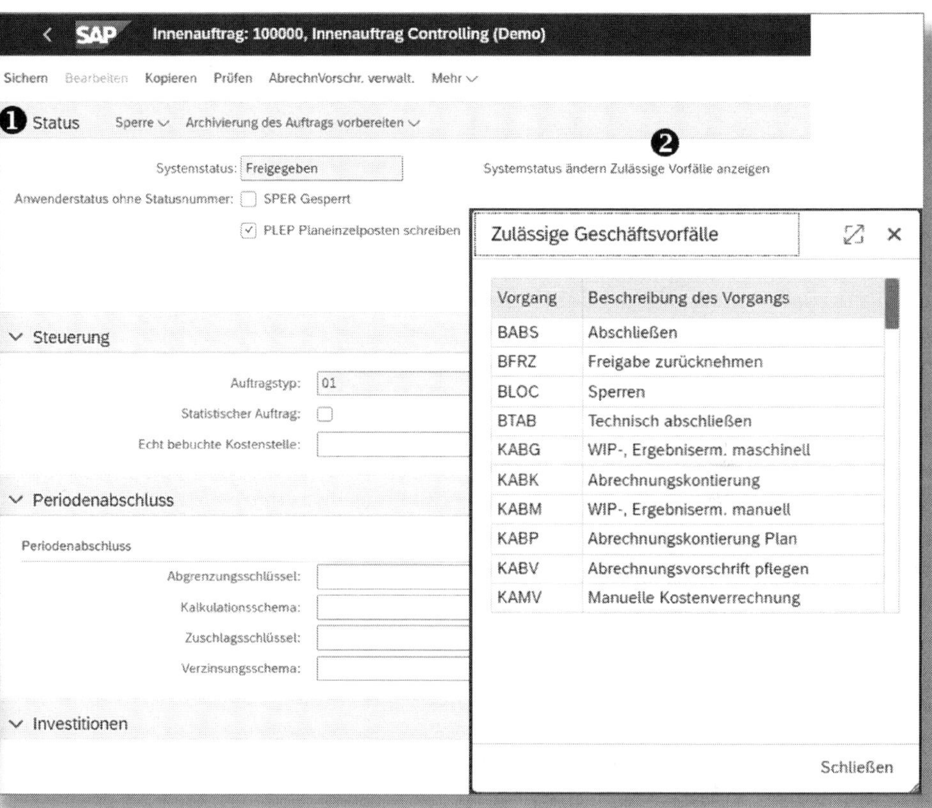

Abbildung 3.9: Erlaubte Vorgänge – Innenauftrag (SAP Fiori)

Zusätzlich zu den Systemstatus, die vorgegeben sind, können Sie auch eigene *Anwenderstatus* definieren, in denen Sie selbst festlegen, welche betriebswirtschaftlichen Vorgänge erlaubt sind. Hierfür legen Sie im Customizing über CONTROLLING • INNENAUFTRÄGE • AUFTRAGSSTAMMDATEN • STATUSVERWALTUNG • STATUSSCHEMATA DEFINIEREN (Transaktion *OK02*) ein *Statusschema* an. Wir zeigen Ihnen anhand eines Beispiels, wie Sie ein Statusschema erstellen, mit dem Sie das Anlegen von Bestellungen im Initialstatus verhindern (dies ist nämlich im Standardstatusschema erlaubt, jedoch nicht immer erwünscht). Darüber hinaus legen wir einen Status an, mit dem der Auftrag nach der Freigabe wieder gesperrt werden kann. Die nachfolgende Grafik illustriert nochmals die Anforderung bzw. das Prozessbeispiel (siehe Abbildung 3.10).

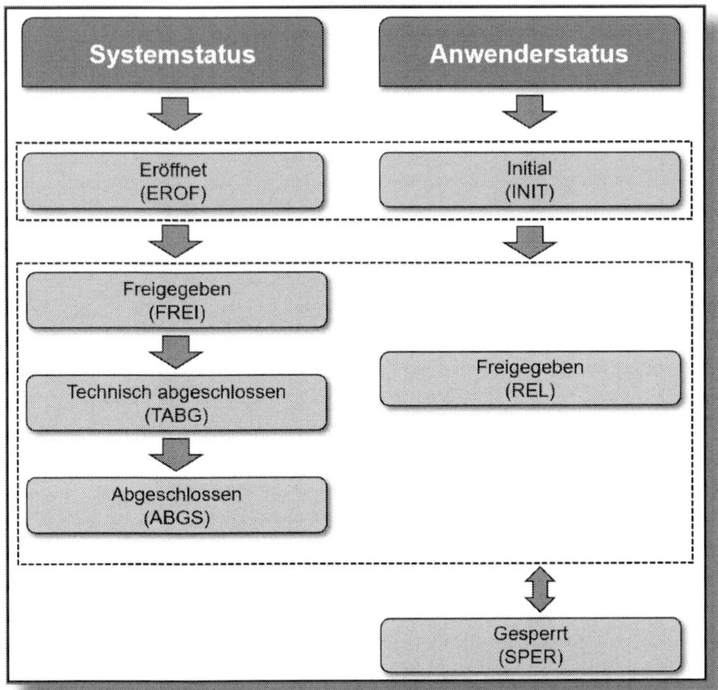

Abbildung 3.10: Zusammenspiel des System- und Anwenderstatus

Sobald ein neuer Innenauftrag angelegt wird, wird der Systemstatus ERÖFFNET gesetzt. Zeitgleich soll ebenfalls der Anwenderstatus INITIAL aktiv sein. Dieser Anwenderstatus verbietet, wie zuvor beschrieben, das Anlegen von Bestellungen. Wenn die Freigabe erfolgt, soll der Anwender- und Systemstatus auf FREIGEGEBEN springen. In diesem Status dürfen Bestellungen auf dem Auftrag erfasst werden. Darüber hinaus soll es möglich sein, den Auftrag zu sperren, indem manuell der Anwenderstatus GESPERRT gesetzt werden kann. Nachfolgend beschreiben wir das erforderliche Customizing.

Dazu erzeugen wir zunächst ein neues STATUSSCHEMA, vergeben einen Schlüssel sowie einen Text und wählen die PFLEGESPRACHE. Wir legen drei neue Status an: *INIT*, *REL* und *SPER* (siehe Abbildung 3.11).

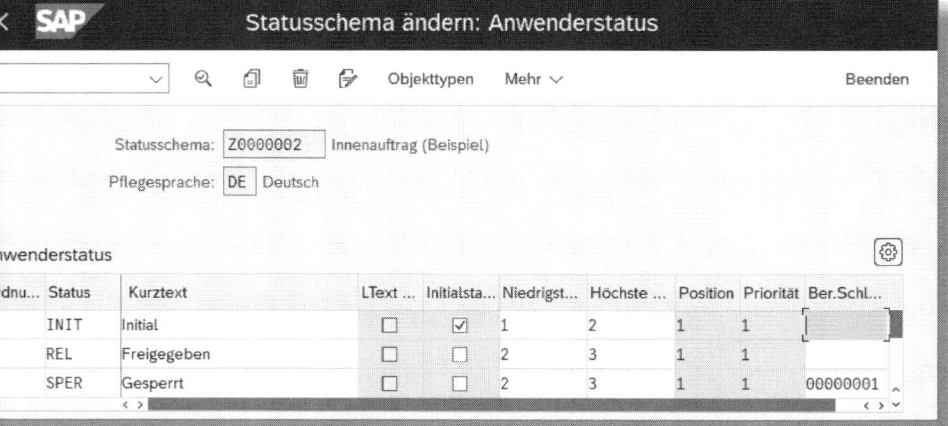

Abbildung 3.11: Status pflegen

Für jeden Status vergeben wir eine Ordnungsnummer in der ersten Spalte (ORDNU…), diese dient zur eindeutigen Identifizierung. In der Spalte INITIALSTATUS legen wir mit einem Häkchen fest, dass INIT der Initialstatus ist, also automatisch als erster Status gilt. Anhand der Spalten NIEDRIGSTE ORDNUNGSNUMMER und HÖCHSTE ORDNUNGSNUMMER verwalten wir die logische Reihenfolge der Status. Diese Einträge geben an, welcher Status der niedrigste bzw. höchste ist, in den man vom aktuellen Status aus wechseln darf.

Im Beispiel gilt für den Status INIT (Ordnungsnummer 1), dass man minimal in Status 1 (also denselben Status) und maximal in den Status mit der Ordnungsnummer 2 (also REL) wechseln darf. Dies bedeutet, dass Sie vom Initialstatus in den Folgestatus umschalten dürfen.

Für den Status REL gilt hingegen, dass Sie minimal auf Ordnungsnummer 2 und maximal in Status 3 (also SPER) springen dürfen. Damit haben wir festgelegt, dass Sie von Status REL nicht wieder in INIT zurückschalten können. Jedoch wäre es möglich, den Auftrag durch Status SPER zu sperren. Das Sperrkennzeichen im Anwenderstatus kann in unserem Beispiel nur derjenige User setzen, der den Berechtigungsschlüssel *00000001* (letzte Spalte BER.SCHL…) besitzt. Dieser wird über das Berechtigungsobjekt B_USERSTAT gesteuert.

Im nächsten Schritt legen wir fest, für welche Objekttypen das Statusschema gelten soll.

Die Statusverwaltung ist ein Konzept, das in unterschiedlichen Anwendungsbereichen von SAP S/4HANA eingesetzt wird. Sie müssen deshalb zunächst kennzeichnen, dass sich das Schema auf Innenaufträge beziehen soll. Klicken Sie hierzu auf den Button OBJEKTTYPEN (siehe Abbildung 3.12).

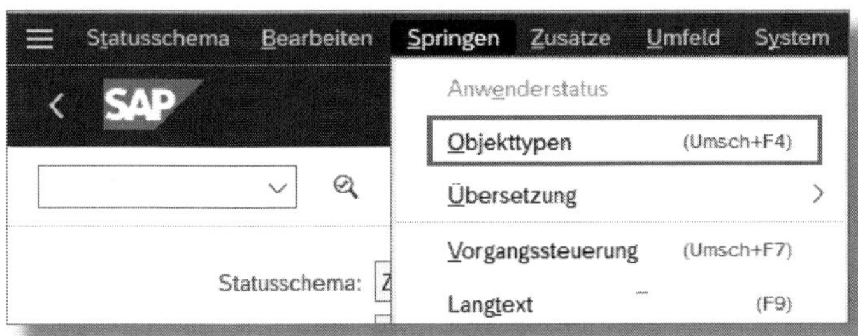

Abbildung 3.12: Zu den Objekttypen navigieren

Sie sehen dann eine Auswahlliste aller möglichen Objekttypen; wählen Sie den entsprechenden aus (in unserem Beispiel ist der Typ INNENAUFTRAG die richtige Wahl). Kehren Sie dann über den Button ANWENDERSTATUS wieder zurück (siehe Abbildung 3.13).

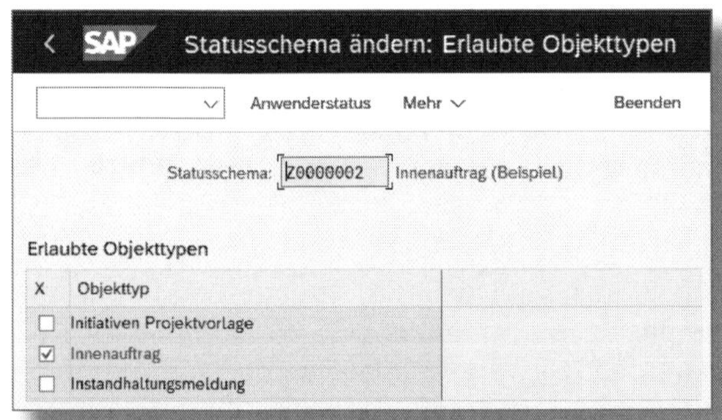

Abbildung 3.13: Objekttypen erlauben

3.3.2 Betriebswirtschaftliche Vorgänge über den Status steuern

Nun legen Sie fest, welche betriebswirtschaftlichen Vorgänge Sie über das Statusschema erlauben bzw. verbieten wollen. Führen Sie hierzu in der Übersicht (siehe Abbildung 3.11) einen Doppelklick auf den entsprechenden Status aus. Sie sehen dann eine Liste aller Vorgänge, die Sie im Zusammenhang mit einem Innenauftrag beeinflussen können (siehe Abbildung 3.14).

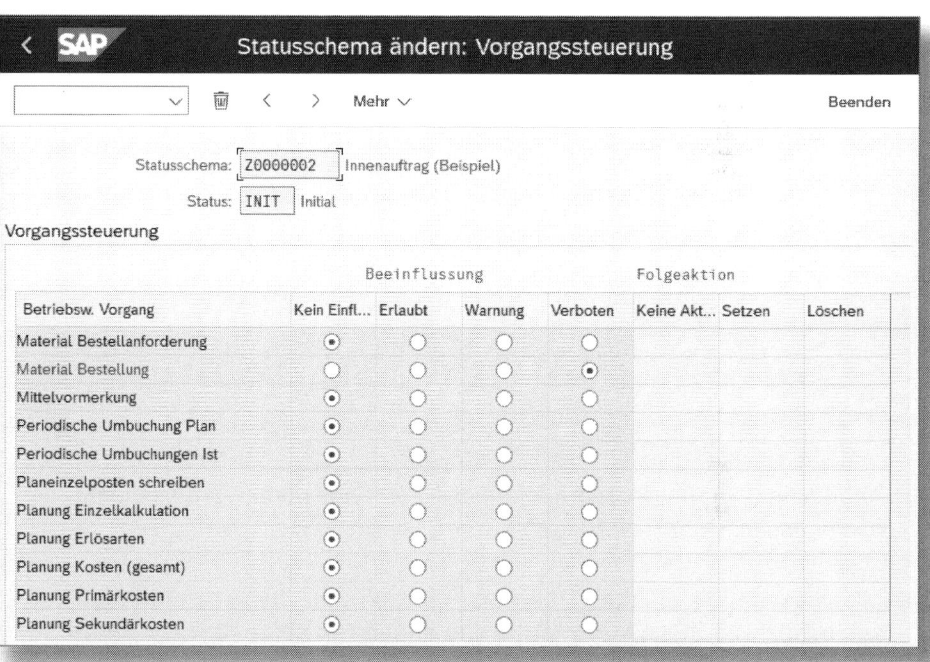

Abbildung 3.14: Betriebswirtschaftliche Vorgänge durch Statusschema beeinflussen – Status INIT

Im Spaltenblock BEEINFLUSSUNG haben Sie die Möglichkeit, den jeweiligen Vorgang zu erlauben, mit einer Warnung zu versehen oder ganz zu verbieten. Die Standardeinstellung ist KEIN EINFLUß. Im Block FOLGEAKTION können Sie außerdem festlegen, dass eine bestimmte Aktion (wie z. B. das Freigeben des Auftrags) den betreffenden Status automatisch setzt.

Im dargestellten Beispiel ist der betriebswirtschaftliche Vorgang Material Bestellung für den Status Initial verboten.

Darüber hinaus setzt das SAP-System automatisch den betriebswirtschaftlichen Vorgang REL – Freigegeben, sobald Sie den Innenauftrag freigegeben haben. Hierzu aktivieren Sie im Vorgang Freigeben den Radiobutton Setzen in der Rubrik Folgeaktion (siehe Abbildung 3.15).

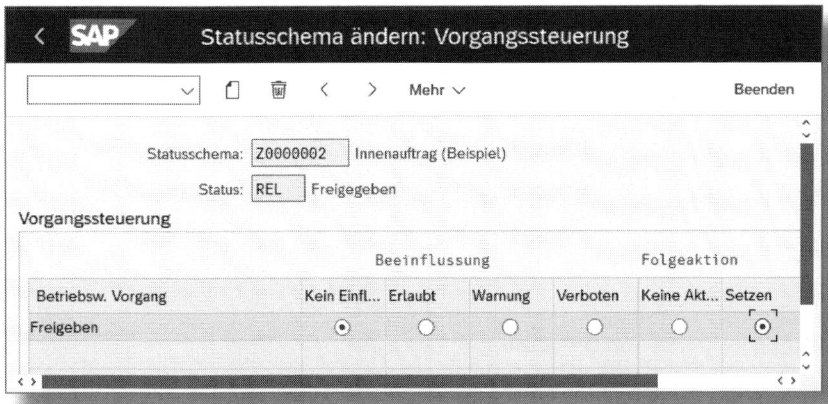

Abbildung 3.15: Betriebswirtschaftliche Vorgänge durch Statusschema beeinflussen – Status REL

Mit diesen Einstellungen ist das erforderliche Customizing abgeschlossen, Sie müssen nur noch das soeben erstellte Statusschema der gewünschten Auftragsart zuordnen (siehe Abschnitt 3.3.3).

Das SAP-System verhält sich nun beim Anlegen und Freigeben des Innenauftrags folgendermaßen:

Der Status Initial wird automatisch beim Anlegen des Innenauftrags gesetzt. Solange der Innenauftrag diesen Status besitzt, ist keine Kontierung durch eine Bestellung möglich. Wenn Sie den Auftrag freigeben, springen Anwenderstatus und Systemstatus auf Freigegeben.

Nun können auch Bestellungen auf dem Auftrag erfasst werden. Eine Sperrung des Auftrags (gesteuert durch den Anwenderstatus) ist für diejenigen Benutzer möglich, die mit den entsprechenden Berechtigungen ausgestattet sind. Somit haben wir die Anforderungen, die bereits in Abbildung 3.10 beschrieben worden sind, erfolgreich umgesetzt.

3.3.3 Statusschema zuordnen

Sie haben nun ein Statusschema erstellt. Um es in Innenaufträgen zu verwenden, können Sie es in den Auftragsstammdaten als Voreinstellung vorgeben, indem Sie es im Feld STATUSSCHEMA eintragen (siehe Abbildung 3.16). Alternativ lässt sich die Verknüpfung des Statusschemas mit der Auftragsart auch über den Pfad CONTROLLING • INNENAUFTRÄGE • AUFTRAGSSTAMMDATEN • STATUSVERWALTUNG • STATUSVERWALTUNG IN AUFTRAGSARTEN FESTLEGEN (Transaktion *KOT2_OPA_STSMA*) herstellen.

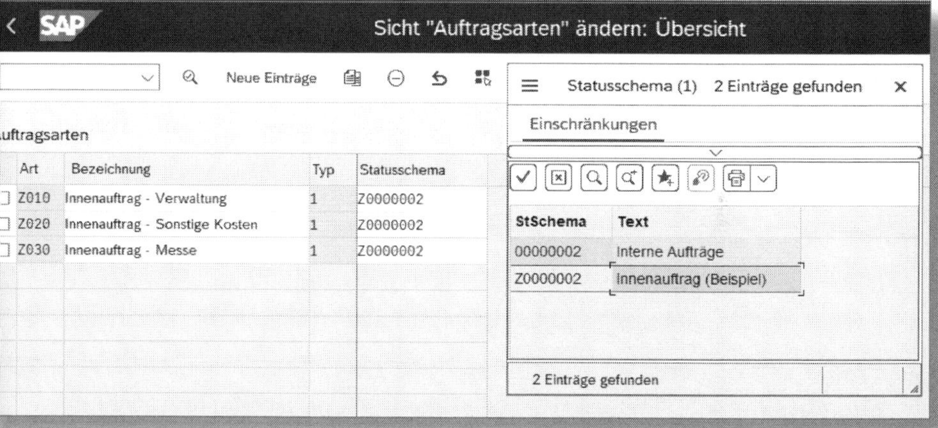

Abbildung 3.16: Zuordnung des Statusschemas

Wie aus Abbildung 3.16 ersichtlich, haben wir das neu erstellte Statusschema *Z0000002 – Innenauftrag (Beispiel)* den Auftragsarten Z010, Z020 und Z030 zugeordnet.

3.4 Bildschirmgestaltung

3.4.1 Bildschirme individuell gestalten

Sie können nicht nur die auf dem Pflegebildschirm für Innenaufträge dargestellten Felder auswählen, sondern auch dessen Aufbau umgestalten. Dazu hat SAP alle verfügbaren Felder logisch zu *Gruppenrahmen* zusammengefasst. Es gibt einen Gruppenrahmen für die »Zuordnungen«, der alle Organisationsdaten wie Buchungskreis, Kostenrechnungskreis, Profitcenter etc. umfasst. Im Gruppenrahmen »Steuerung« finden sich die Parameter für Auftragswährung, Auftragstyp, Planintegration, Erlösführung etc.

Sie können nun festlegen, in wie viele Abschnitte Sie die Pflegetransaktion für Innenaufträge aufteilen wollen und welche Gruppenrahmen je Abschnitt in welcher Reihenfolge dargestellt werden sollen. Beachten Sie dabei die Wechselwirkung mit der Feldauswahl. Haben Sie Felder ausgeblendet, werden sie nicht dargestellt, auch wenn Sie den entsprechenden Gruppenrahmen einblenden. Umgekehrt werden Felder, die Sie in der Feldauswahl eingeblendet haben, nicht angezeigt, wenn Sie den zugehörigen Gruppenrahmen nicht in Ihre Auswahl aufnehmen.

Sie definieren die Bildschirmgestaltung über Controlling • Innenaufträge • Auftragsstammdaten • Bildschirmgestaltung • Auftragslayouts definieren (siehe Abbildung 3.17).

Zuerst wählen Sie den Abschnitt Layouts ❶ und legen ein eigenes Layout an ❷. Wir haben das neue Layout *Z010 – Layout für Messeaufträge* genannt.

Dann bestimmen Sie über Titel der Registerkarten ❸ die Abschnitte, die Sie benötigen ❹. Sie geben jedem von ihnen eine Nummer (Spalte RKarte) und legen die benötigte Sprache (Spalte Spra...) sowie eine Überschrift fest (Titel Registerkarte). Dann wählen Sie Position Gruppenrahmen auf Registerkarten ❺. Für jeden Abschnitt haben Sie nun bis zu fünf Positionen zur Verfügung (Spalte Position de...), an denen Sie Gruppenrahmen platzieren können. Abschnitt 01 ist dabei ganz oben auf dem Bildschirm und 05 entsprechend der unterste.

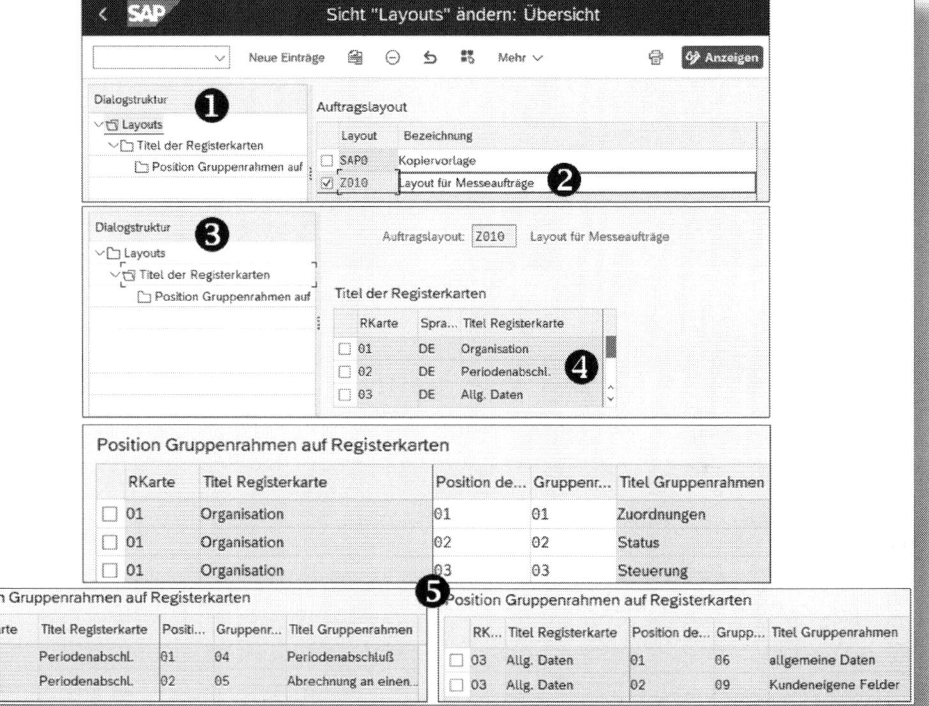

Abbildung 3.17: Auftragslayout anlegen

Im Beispiel haben wir im Abschnitt ORGANISATION die Gruppenrahmen für die *Zuordnungen*, den *Status* und die *Steuerung* der Reihe nach angeordnet. Die Registerkarte PERIODENABSCHLUß enthält die Gruppenrahmen *Periodenabschluß* und *Abrechnung an einen Empfänger*. Zudem gibt es die Registerkarte ALLG. DATEN mit den Gruppenrahmen *allgemeine Daten* und *Kundeneigene Felder*.

Wenn Sie das Layout fertiggestellt haben, können Sie es in den Auftragsstammdaten zuordnen, sodass alle Aufträge der jeweiligen Auftragsart in dem so festgelegten Layout dargestellt werden (siehe Abbildung 3.18).

Das Auftragslayout hinterlegen Sie im Customizing je Auftragsart. Sie erreichen die Einstellung im Customizing über den Pfad CONTROLLING • INNENAUFTRÄGE • AUFTRAGSSTAMMDATEN • AUFTRAGSARTEN DEFINIEREN (Transaktion *KOT2_OPA*).

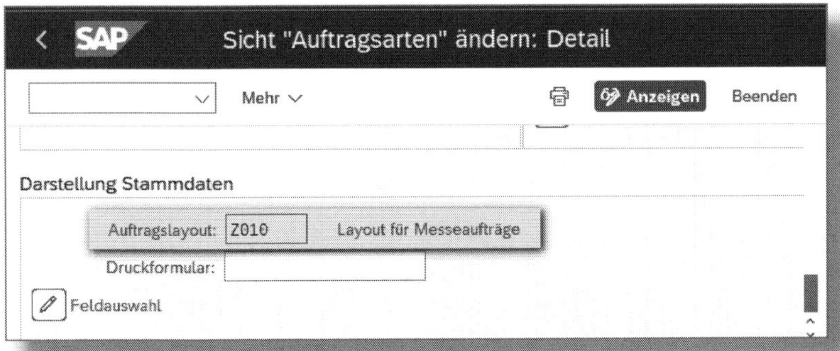

Abbildung 3.18: Auftragslayout zuordnen

! Hinweis zum Auftragslayout

Bitte beachten Sie, dass sich ein neu erstelltes Auftragslayout auch auf bereits angelegte Innenaufträge auswirkt. Sobald es im Customizing eingerichtet ist, ist es für alle Innenaufträge gültig, die über die SAP GUI aufgerufen werden. Einen Einfluss auf die SAP-Fiori-App »Innenaufträge verwalten« hat diese Einstellung jedoch nicht.

3.4.2 Parameter über Musteraufträge vorbelegen

In manchen Fällen ist es sinnvoll, bestimmte Stammdatenfelder in Innenaufträgen vorzubelegen, z. B. wenn alle Aufträge im Bereich Forschung und Entwicklung demselben Profitcenter zugeordnet werden sollen oder alle Verwaltungsaufträge einem bestimmten Funktionsbereich. Derartige Vorbelegungen können Sie über *Musteraufträge* vornehmen. Dazu legen Sie über den Pfad CONTROLLING • INNENAUFTRÄGE

• AUFTRAGSSTAMMDATEN • BILDSCHIRMGESTALTUNG • MUSTERAUFTRÄGE PFLEGEN (Transaktion *KOM1*) einen Auftrag der Auftragsart *$$* (Musteraufträge) an (siehe Abbildung 3.19). Sie geben diesem Auftrag einen Namen (der im Standard mit dem $-Zeichen beginnen muss, gefolgt von alphanumerischen Zeichen) und belegen alle gewünschten Felder vor, wie hier im Beispiel den BUCHUNGSKREIS, den FUNKTIONSBEREICH, die OBJEKTKLASSE, das PROFITCENTER und die verantwortliche Kostenstelle (Zeile VERANTWORTL. KOSTL).

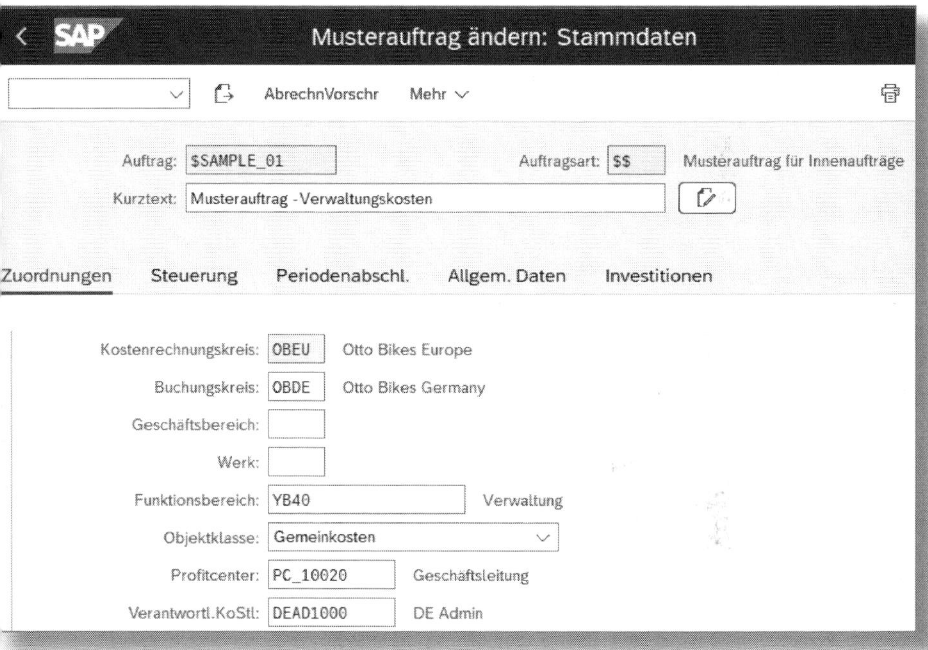

Abbildung 3.19: Musterauftrag anlegen

Sichern Sie diesen Auftrag. Auch der Musterauftrag wird in der Definition der Auftragsart hinterlegt (siehe Abbildung 3.20). Sie erreichen die Einstellung im Customizing über die Menüführung CONTROLLING • INNENAUFTRÄGE • AUFTRAGSSTAMMDATEN • AUFTRAGSARTEN DEFINIEREN (Transaktion *KOT2_OPA*).

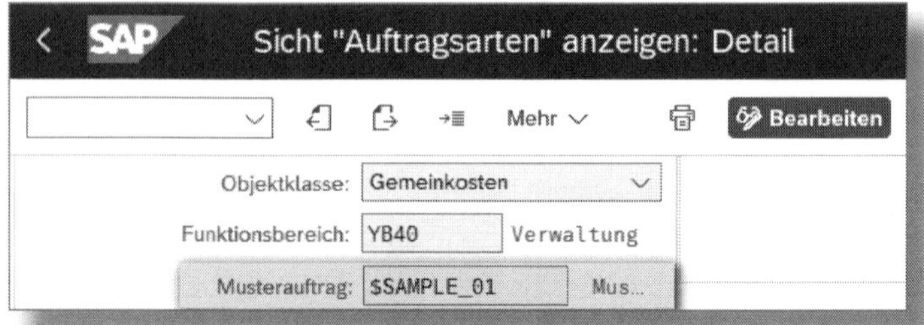

Abbildung 3.20: Musterauftrag der Auftragsart zuordnen

Alle Innenaufträge, die Sie mit der entsprechenden Auftragsart anlegen, erhalten die voreingestellten Parameter, die Sie soeben festgelegt haben.

Diese Einstellungen greifen sowohl für das Anlegen des Innenauftrags über eine Transaktion als auch über die SAP-Fiori-App »Innenaufträge verwalten« (siehe Abbildung 3.21).

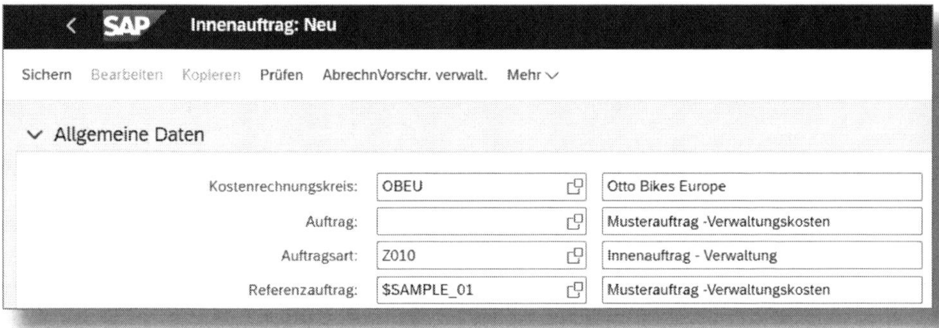

Abbildung 3.21: Anlegen eines Auftrags mit Musterauftrag in SAP Fiori

In unserem Beispiel haben wir den Musterauftrag bzw. den REFERENZAUFTRAG *$SAMPLE_01* der AUFTRAGSART *Z010* zugeordnet. Wenn Sie nun einen Auftrag in der SAP GUI oder in SAP Fiori anlegen, werden die zuvor eingestellten vorbelegten Parameter im Auftrag hinterlegt.

Neben den von SAP fest vorgegebenen Stammdatenfeldern wie z. B. dem KOSTENRECHNUNGSKREIS, dem verantwortlichen Benutzer (VERANTW. BENUTZER) oder der verantwortlichen Kostenstelle (VERANTWORTL. KOSTL) stehen Ihnen im Block ALLGEM. DATEN zehn allgemeine Datenfelder zur Verfügung, die Sie nach Belieben verwenden können. Diese dienen lediglich zu Auswertungszwecken und haben keine weitergehende Funktion. Im Standard haben diese Felder bereits Bezeichnungen wie »Antragsteller«, »Telefonnummer des Antragstellers« etc. und ein bestimmtes Datenformat. Sie können beides ändern sowie bei Bedarf auch Eingabehilfen hinterlegen. Dazu müssen Sie jedoch die entsprechenden Datenelemente im Data Dictionary verändern. Das bedeutet zum einen, dass die geänderten Einstellungen systemweit gelten und nicht nur für eine bestimmte Auftragsart; zum anderen modifizieren Sie durch diese Vorgehensweise das System und müssen damit rechnen, dass Ihre Einstellungen beim nächsten Release-Wechsel überschrieben werden. Sie können die Datenelemente im Customizing über CONTROLLING • INNENAUFTRÄGE • AUFTRAGSSTAMMDATEN • BILDSCHIRMGESTALTUNG • INDIVIDUELLE STAMMDATENFELDER ÄNDERN (Transaktion *SE11*) anpassen.

3.4.3 Weitere Stammdatenfelder definieren

Eine weitere Möglichkeit, zusätzliche Stammdatenfelder zu den Innenaufträgen hinzuzufügen, bietet die Erweiterung COOPA003. Indem Sie diese über CONTROLLING • INNENAUFTRÄGE • AUFTRAGSSTAMMDATEN • ERWEITERUNGEN FÜR AUFTRAGSSTAMMDATEN ENTWICKELN (Transaktion *CMOD*) implementieren, können Sie die Stammdatentabelle AUFK für Aufträge um weitere Felder erweitern. Darüber hinaus stehen Ihnen noch die Erweiterungen COOPA001 (für eigene Prüfungen bei der Stammdatenpflege) und COOPA004 (für den Formulardruck) zur Verfügung.

3.5 Selektion und Sammelbearbeitung

3.5.1 Was ist eine Selektionsvariante?

Wann immer Sie Stammdaten für Innenaufträge pflegen oder Berichte ausführen, müssen Sie bei der Selektion genau angeben, auf welche Aufträge Sie sich beziehen. Da Innenaufträge sich häufiger ändern als z. B. Kostenstellen, werden Sie in der Regel keine konkreten Aufträge selektieren, sondern dynamische Vorgaben machen, wie beispielsweise »alle Aufträge von Auftragsart Z010«, »alle freigegebenen Aufträge« oder »alle Aufträge, die von Benutzer CSTERLEPPER angelegt wurden«. Eine Möglichkeit zur Selektion bieten dabei *Selektionsvarianten*.

Selektionsvarianten für Innenaufträge pflegen Sie im Customizing unter dem Pfad CONTROLLING • INNENAUFTRÄGE • AUFTRAGSSTAMMDATEN • SELEKTION UND SAMMELBEARBEITUNG • SELEKTIONSVARIANTEN DEFINIEREN (Transaktion *OKOV*).

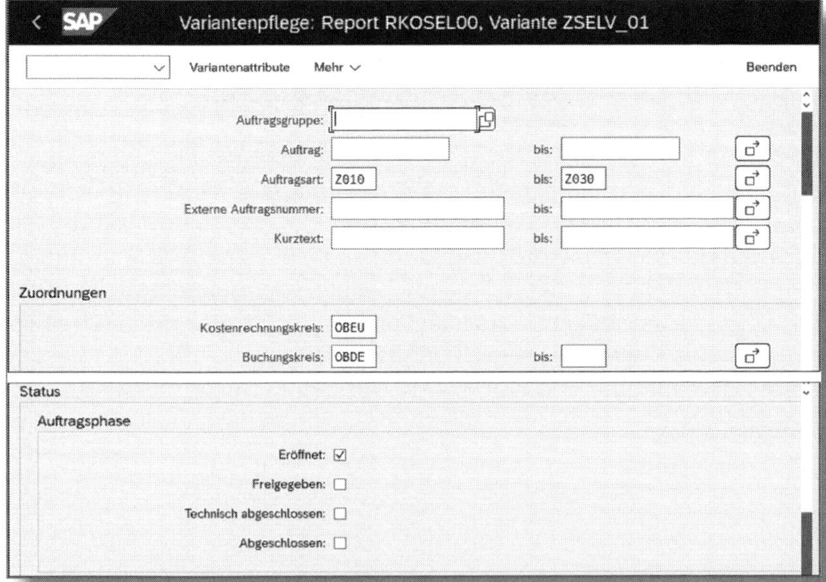

Abbildung 3.22: Selektionsvariante anlegen

Wie aus Abbildung 3.22 ersichtlich, haben wir exemplarisch die Selektionsvariante ZSELV_01 angelegt. Sie selektiert nach den folgenden Kriterien:

- AUFTRAGSART: *Z010* bis *Z030*
- KOSTENRECHNUNGSKREIS: *OBEU*
- BUCHUNGSKREIS: *OBDE*
- STATUS: ERÖFFNET

Diese neu erstellte Selektionsvariante (ZSEL_01) können Sie z. B. im ORDER MANAGER (Transaktion *KO04*) einbinden (siehe Abbildung 3.23).

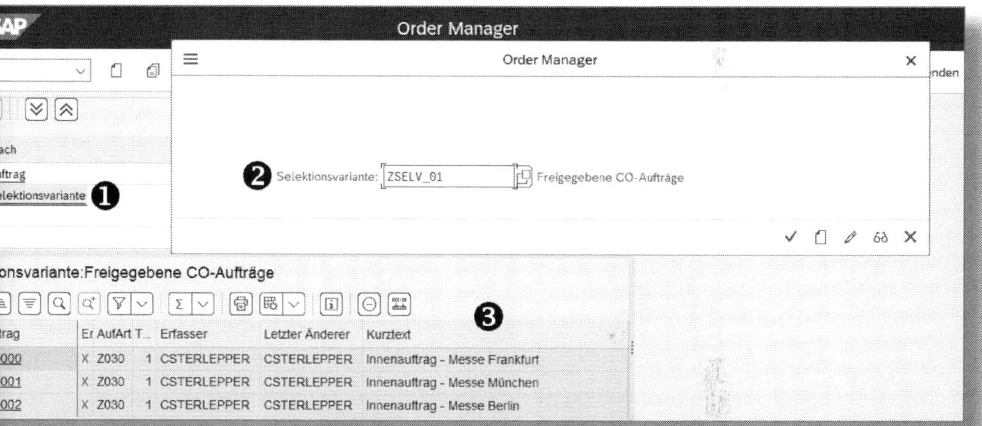

Abbildung 3.23: Verwendung von Selektionsvarianten im Order Manager

Um auf die Selektionsvariante zuzugreifen, klicken Sie auf SELEKTIONSVARIANTE ❶. Nun erscheint ein zweites Fenster. Geben Sie hier die gewünschte Variante ein, in unserem Beispiel *ZSELV_01* ❷. Bestätigen Sie die Eingabe. Ihnen werden lediglich die im Status »Eröffnet« befindlichen Innenaufträge angezeigt ❸.

3.5.2 Was ist eine Ansicht in SAP Fiori?

Sie können die im vorherigen Abschnitt verwendeten Selektionsparameter, um die gewünschte Auswahl an Innenaufträgen zu erhalten, auch in SAP Fiori realisieren, und zwar über die Funktionen der *Ansicht*. Die Ansicht umfasst stets eine von Ihnen konfigurierbare Auswahl an Filtern. Diese wiederum entsprechen uns bereits bekannten Parametern wie Kostenrechnungskreis, Buchungskreis, Auftragsart, Objektklasse, Auftragstyp oder Status. Abbildung 3.24 veranschaulicht die Verwendung der Filterfunktion der SAP-Fiori-App »Innenaufträge verwalten«.

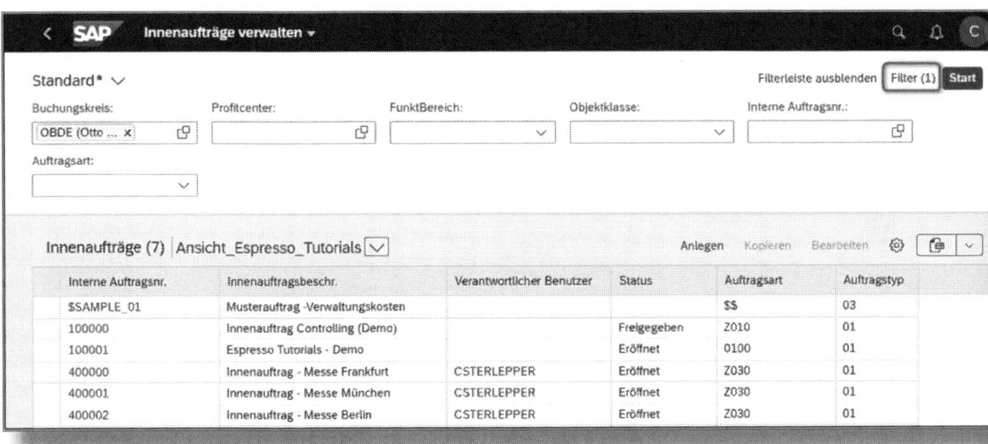

Abbildung 3.24: Filtereinstellungen in SAP Fiori

Wenn Sie eine Ansicht anlegen möchten, wählen Sie zuerst die FILTER aus, die für Ihre Selektion relevant sind. Es öffnet sich ein weiteres Fenster, in dem Sie die gewünschte Auswahl vornehmen (siehe Abbildung 3.25).

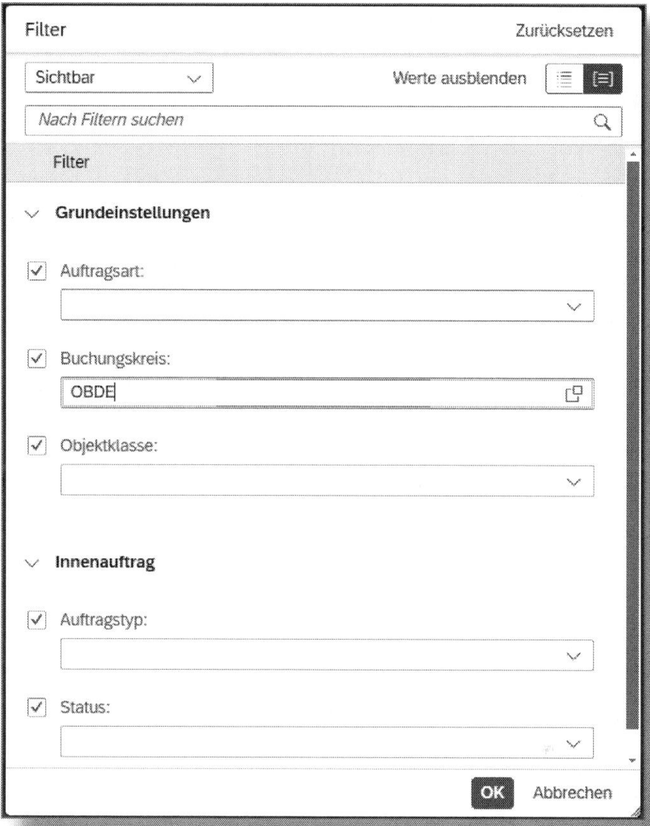

Abbildung 3.25: Auswahl der benötigten Filter

Durch das Setzen der Haken werden die Filter ausgewählt und im Einstieg der Fiori-App angezeigt (siehe Abbildung 3.26).

In unserem Beispiel haben wir nach dem BUCHUNGSKREIS *OBDE*, den AUFTRAGSARTEN *Z010* bis *Z030*, der OBJEKTKLASSE *Gemeinkosten*, dem AUFTRAGSTYP *Innerbetrieblicher Auftrag* und dem STATUS *Eröffnet* selektiert.

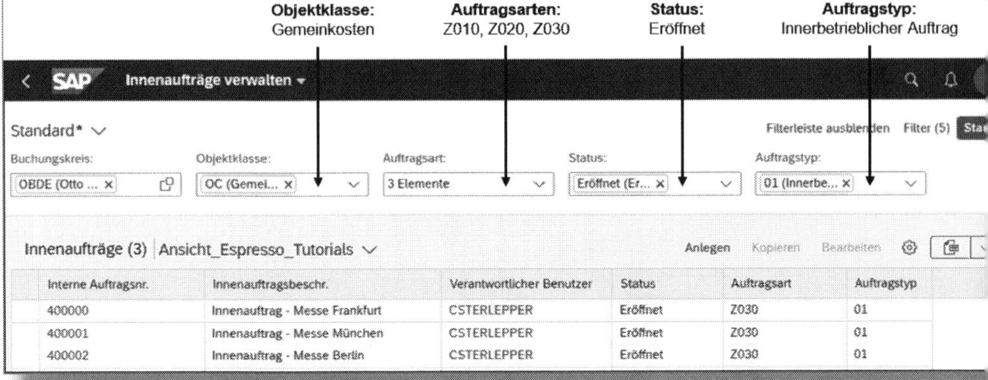

Abbildung 3.26: Auswertung über Filtereinstellungen in SAP Fiori

Wenn Sie mit den Filtereinstellungen fertig sind, bestätigen Sie die Selektion. Die ausgewählten Innenaufträge werden in der Fiori-App ausgegeben.

Ihre Filtereinstellungen können Sie nun als Ansicht speichern, sodass sie sich jederzeit per Knopfdruck wieder aufrufen lassen. Wie das funktioniert, entnehmen Sie Abbildung 3.27.

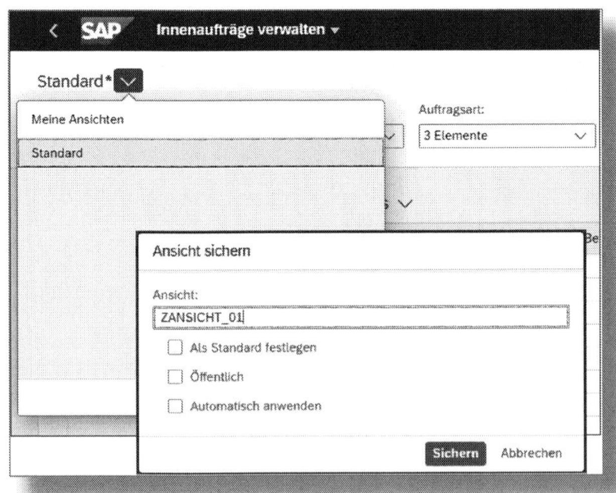

Abbildung 3.27: Ansicht anlegen

Klicken Sie auf die Schaltfläche . Es öffnet sich das Fenster ANSICHT SICHERN. Geben Sie der Ansicht einen Namen, in unserem Beispiel *ZANSICHT_01*. Sie können die Ansicht ALS STANDARD FESTLEGEN. Dies bedeutet, dass sie automatisch angewendet wird, sobald Sie die Fiori-App starten. Der Menüpunkt AUTOMATISCH ANWENDEN hat zur Folge, dass der Datenzugriff direkt nach dem Start der Fiori-App durchgeführt wird. Somit erschienen in unserem Beispiel die selektierten Innenaufträge direkt in der App (und nicht erst nachdem Sie auf den Button Start geklickt haben). Zudem ist es möglich, die Ansicht mit dem Attribut ÖFFENTLICH anzulegen. Diese Einstellung bewirkt, dass auch alle anderen User in dem SAP-System sie verwenden können.

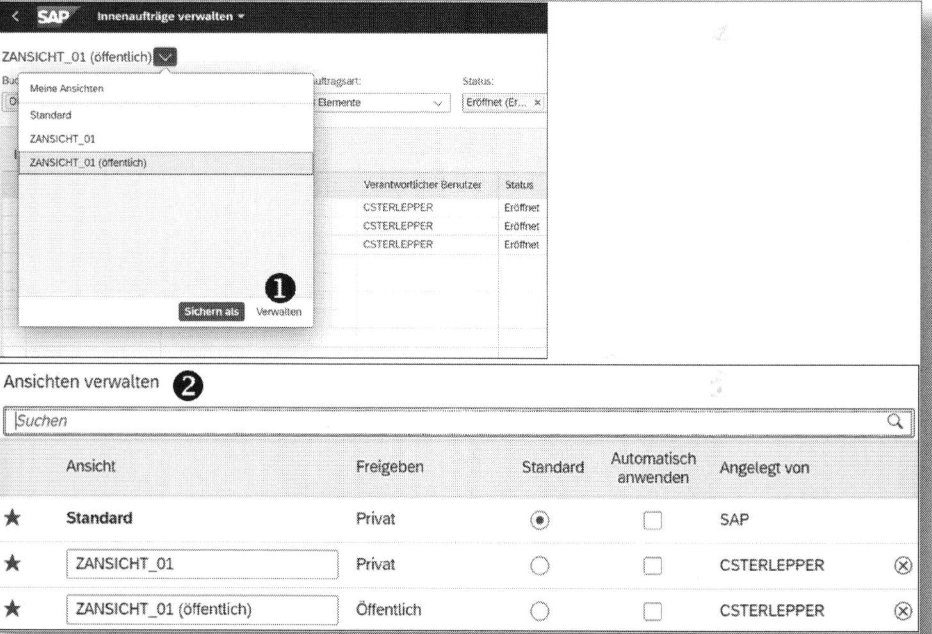

Abbildung 3.28: Ansicht in SAP Fiori verwalten

Zu den Einstellungen für die Verwaltung der Ansichten gelangen Sie, indem Sie wieder auf den Button und anschließend auf die Schaltfläche VERWALTEN ❶ klicken (siehe Abbildung 3.28). Nun sehen Sie die Einstellungen der Ansichten ❷. Hier ist darauf zu achten, ob die Schaltfläche ★ aktiv oder inaktiv ist. Ein deaktivierter Stern (★) bedeutet, dass die Ansicht nicht in der Fiori-App angezeigt wird, wenn Sie Ihre Varianten einsehen. In einem vergangenen Projekt, in dem das Modul Controlling zu betreuen war, wurde genau dieser Punkt zu einem Berechtigungsproblem, da diese »Kleinigkeit« beim Kunden zunächst nicht bekannt war. Dies konnte allerdings schnell durch eine kurze Schulung behoben werden.

Abbildung 3.29 zeigt die Ansicht ZANSICHT_01 der SAP-Fiori-App »Innenaufträge verwalten«.

Abbildung 3.29: Innenaufträge selektieren via Ansicht

Es werden diejenigen Innenaufträge ausgegeben, die nachfolgende Kriterien erfüllen:

- BUCHUNGSKREIS: *OBDE*
- OBJEKTKLASSE: *OC (Gemeinkosten)*
- AUFTRAGSART: *Z010* bis *Z030*
- STATUS: *Eröffnet*
- AUFTRAGSTYP: *01 (Innerbetrieblich)*

3.5.3 Statusselektionsschema anlegen

Ein *Statusselektionsschema* bietet Ihnen die Möglichkeit, Aufträge anhand ihres Status zu selektieren. Ebenso wie eine Selektionsregel können Sie dieses in einer Selektionsvariante eintragen oder beim Aufrufen eines Berichts auswählen. Sie definieren ein Statusselektionsschema im Customizing über CONTROLLING • INNENAUFTRÄGE • AUFTRAGSSTAMMDATEN • SELEKTION UND SAMMELBEARBEITUNG • STATUSSELEKTIONSSCHEMATA DEFINIEREN (Transaktion *BS42*).

Abbildung 3.30: Statusselektionsschema erstellen

Wie in Abbildung 3.30 dargestellt, legen Sie zunächst unter STATUSSELEKTIONSSCHEMA ❶ ein neues Schema an. Wenn Sie ein eigenes Statusschema verwenden (siehe Abschnitt 3.3.1), können Sie dieses hier eintragen ❷, um sich auf den Status dieses Statusschemas zu beziehen. Unter SELEKTIONSBEDINGUNGEN ❸ legen Sie fest, Sie an, welchen Status die zu selektierenden Aufträge haben sollen. Im Beispiel haben wir ein Statusselektionsschema erstellt, mit dem Sie alle Aufträge auswählen, die den Systemstatus FREIGEGEBEN und den Anwenderstatus FREIGEGEBEN aus unserem eigenen Statusschema haben. Es sollen jedoch keine Aufträge selektiert werden, die gesperrt sind. Dazu haben wir zunächst den STATUS *REL* aus Statusschema (Spalte

STSCHEMA) *Z0000002* ❹ eingetragen und via *und* mit dem Status *FREI* verknüpft. Zum Schluss haben wir den Status *SPER* durch das Setzen des Hakens in der Spalte NICHT ausgeschlossen. Die Verknüpfung wird ebenfalls mit *und* in der Spalte VERKNÜPF... gesetzt.

3.5.4 Selektionsvariante einsetzen

Mit der maschinellen Sammelbearbeitung (im Anwendungsmenü über die Transaktion *KOK4*) können Sie anhand einer Selektionsvariante mehrere Aufträge auf einmal bearbeiten und z. B. alle gleichzeitig freigeben oder abschließen. Sie können außerdem eine Substitution auswählen, die komplexere Änderungen vornimmt und beispielsweise den Verantwortlichen von »Müller« auf »Meier« ändert. Eine solche Substitution erstellen Sie im Customizing über den Pfad CONTROLLING • INNENAUFTRÄGE • AUFTRAGSSTAMMDATEN • SELEKTION UND SAMMELBEARBEITUNG • SUBSTITUTIONSREGELN FÜR SAMMELBEARBEITUNG PFLEGEN (Transaktion *OKOU*).

3.5.5 Verarbeitungsgruppen anlegen

Eine weitere Möglichkeit, bestimmte Aufträge gemeinsam zu selektieren, bietet die *Verarbeitungsgruppe*. Sie legen Verarbeitungsgruppen über die Menüführung CONTROLLING • INNENAUFTRÄGE • AUFTRAGSSTAMMDATEN • SELEKTION UND SAMMELBEARBEITUNG • VERARBEITUNGSGRUPPEN PFLEGEN an und tragen sie dann in den Auftragsstammdaten im Abschnitt »Allgemeine Daten« ein. In Selektionsvarianten können Sie dann Aufträge anhand von Verarbeitungsgruppen auswählen.

3.5.6 Aufträge klassifizieren

Schließlich stellt SAP noch ein Klassensystem zur Verfügung, anhand dessen Sie Innenaufträge über die bereits vorhandenen Stammdaten hinaus klassifizieren können. Die Einstellungen hierzu nehmen Sie über CONTROLLING • INNENAUFTRÄGE • AUFTRAGSSTAMMDATEN • SELEK-

TION UND SAMMELBEARBEITUNG • FREIE MERKMALE (KLASSIFIZIERUNG) PFLEGEN vor. Diese Funktionalität findet typischerweise in der Variantenkonfiguration Verwendung und ist sehr umfangreich. Wir werden daher im Rahmen dieses Buches nicht weiter darauf eingehen.

Damit schließen wir dieses Kapitel. Im Folgenden beschäftigen wir uns mit Innenauftragsszenarien.

4 Innenauftragsszenarien/ Nutzungsmöglichkeiten

Zu Beginn dieses Kapitels zeigen wir Ihnen anhand einer Gesamtübersicht die großen Themengebiete, für die Sie Innenaufträge einsetzen. Zudem gehen wir im Detail auf die Punkte Investitionsauftrag, Abgrenzungsauftrag und erlösführender Innenauftrag ein.

4.1 Innenauftragsszenarien im Überblick

Innerhalb des Kostenrechnungskreises bilden Innenaufträge einfache Maßnahmen im SAP-System ab. Die Aufträge im Controlling unterstützen eine aktionsorientierte Planung, die Verrechnung der angefallenen Kosten und dienen gleichzeitig der Steuerung der Prozesse im Unternehmen.

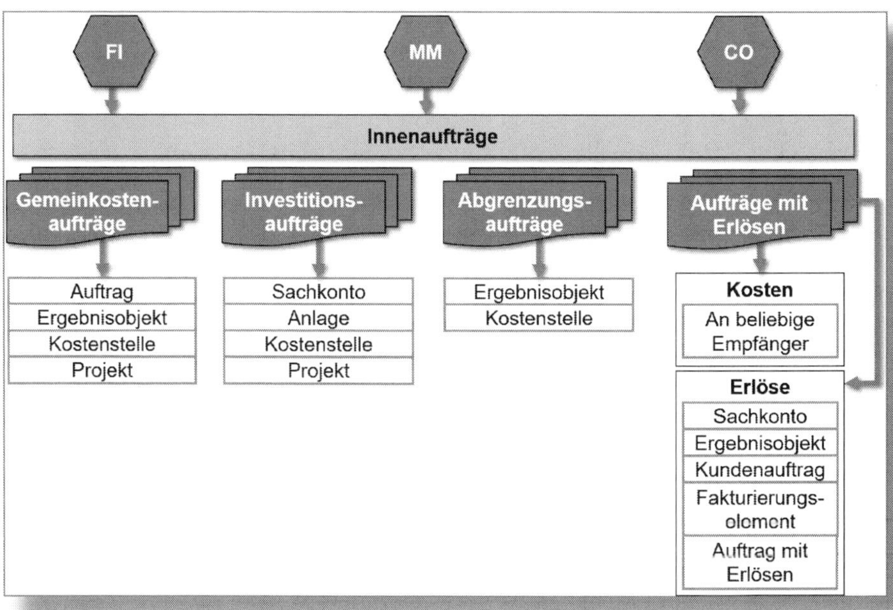

Abbildung 4.1: Innenauftragsszenarien im Überblick

Abbildung 4.1 veranschaulicht, für welche Zwecke Innenaufträge eingesetzt werden. Zudem können Sie der Darstellung entnehmen, wie Innenaufträge gewöhnlich abgerechnet werden.

Im Einzelnen unterscheidet man:

- *Gemeinkostenauftrag:* Er dient der Steuerung von innerbetrieblichen Prozessen bzw. Maßnahmen, die auf Kostenstellen abgerechnet werden.
- *Investitionsauftrag:* Ihm obliegt die Überwachung der innerbetrieblichen Maßnahmen, die an das Anlagevermögen weiterverrechnet werden.
- *Abgrenzungsauftrag:* Er erhält Buchungen von kalkulatorischen Kosten, die im internen Rechnungswesen ermittelt wurden.
- *Erlösführender Auftrag:* Typischerweise werden Erlöse, die nicht zum Kerngeschäft des Unternehmens gehören, auf diese Art von Aufträgen abgerechnet.

In diesem Kapitel werden wir auf den Investitionsauftrag, den Abgrenzungsauftrag und den erlösführenden Innenauftrag näher eingehen.

Die Verwaltung von Innenaufträgen ermöglicht besonders detaillierte Aufschlüsselungen in der Kosten- und Leistungsrechnung. Sie kann für folgende Szenarien bzw. Anforderungen verwendet werden:

- Innenaufträge können geplante oder angefallene Kosten unter anderen Gesichtspunkten betrachten als die Kostenstellenrechnung.
- Innenaufträge sind eine Basis, um Kosten für die Eigenfertigung den Kosten der Fremdbeschaffung gegenüberzustellen.

4.2 Investitionsauftrag

Innenaufträge können explizit für *Anlagen im Bau* (AiB) verwendet werden. Eine AiB ist eine noch nicht fertiggestellte Anlage. Sie besitzt eine Anlagennummer in der Anlagenbuchhaltung, und die für sie angefallenen Kosten können zum Periodenende aktiviert werden. Dies erfolgt mittels Abrechnung des Innenauftrags für die AiB. Eine dedizierte Erläuterung zum Thema Abrechnung finden Sie im Abschnitt 8.5.

Voraussetzung für die Abrechnung der AiB ist der Eintrag eines Investitionsprofils, das während der Stammdatenpflege im Auftragsstamm hinterlegt wird.

Während der Bauphase werden alle Vorgänge auf den Auftrag kontiert. Mit der periodischen Abrechnung erfolgt die Buchung aller noch nicht aktivierten Belastungen an einen Empfänger im internen Rechnungswesen (z. B. eine Kostenstelle). Sämtliche Posten, die nicht auf Empfängern im internen Rechnungswesen abgerechnet werden sollen und aktiviert werden müssen, werden direkt über die AiB abgerechnet. Diese wird in die bilanzielle Monatsauswertung übernommen und erscheint im Anlagenbestand.

Wie bereits erwähnt, benötigen Sie für das Anlegen eines Investitionsauftrags ein *Investitionsprofil*. Dieses erstellen Sie im Customizing über den Pfad INVESTITIONSMANAGEMENT • INNENAUFTRÄGE ALS INVESTITIONSMASSNAHME • STAMMDATEN • INVESTITIONSPROFIL DEFINIEREN.

In dem Investitionsprofil legen Sie fest, ob die ABRECHNUNG einzelpostengenau oder summarisch erfolgen soll (siehe Abbildung 4.2). Aus finanzrechtlichen Gründen wird in den meisten Fällen die einzelpostengenaue Abrechnung bevorzugt.

Wenn Sie den Haken bei ANLAGE IM BAU FÜHREN setzen, legt das System in der SAP GUI eine derartige Anlage automatisch im Hintergrund an, sobald Sie den Auftrag freigeben und speichern. In SAP Fiori hingegen erscheint ein Fenster, in dem Sie gefragt werden, ob Sie die AiB anlegen möchten (siehe Abbildung 4.3).

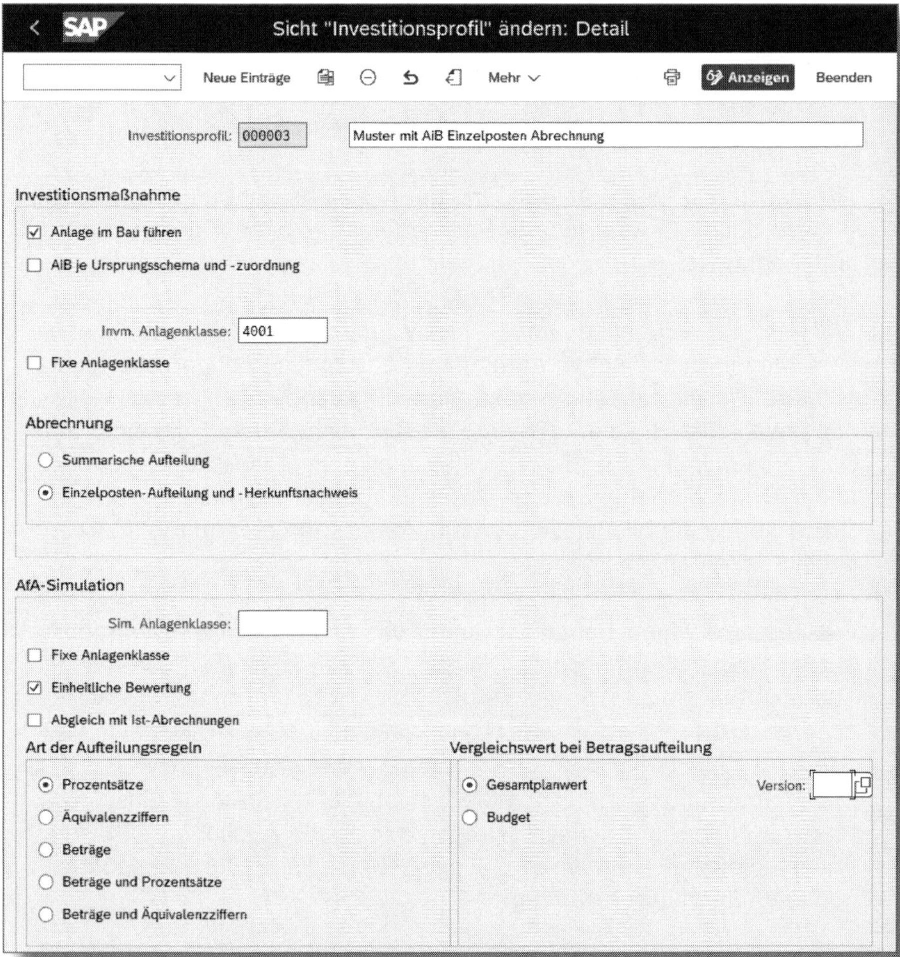

Abbildung 4.2: Investitionsprofil

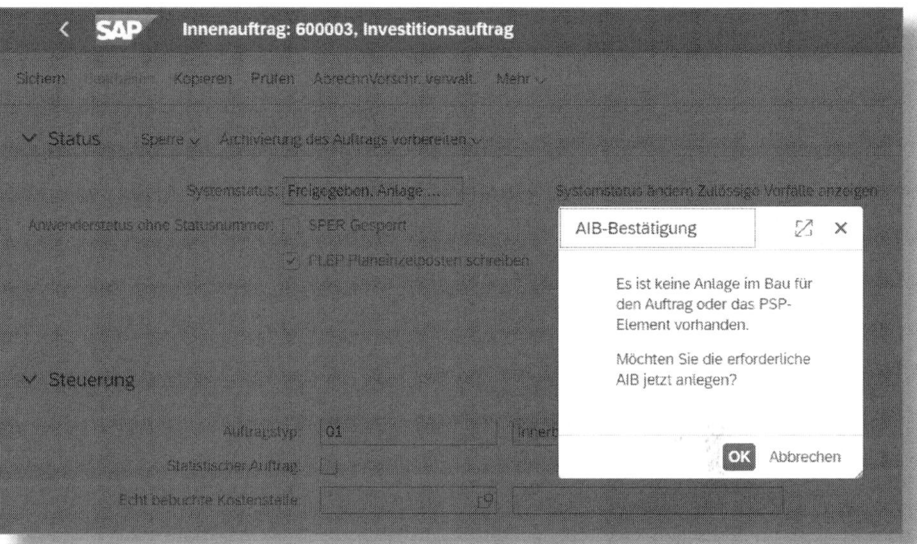

Abbildung 4.3: Anlage in Bau (AiB) anlegen

Sobald der Innenauftrag bzw. Investitionsauftrag freigegeben ist, wird die AiB angelegt. Zudem wird im Systemstatus automatisch der Zusatz »AiB – Anlage im Bau vorhanden« hinzugefügt.

An diese AiB bzw. Investitionsmaßnahme erfolgt die Abrechnung der Kosten, die auf den Investitionsauftrag angefallen sind.

Das soeben angelegte Investitionsprofil ordnen Sie nun Ihrem Innenauftrag zu. Dies erfolgt in den Stammdaten des Innenauftrags über die Registerkarte INVESTITIONEN. Im Bereich INVESTITIONSMANAGEMENT befindet sich das Feld INVESTITIONSPROFIL. Hier nehmen Sie die Zuordnung vor (siehe Abbildung 4.4).

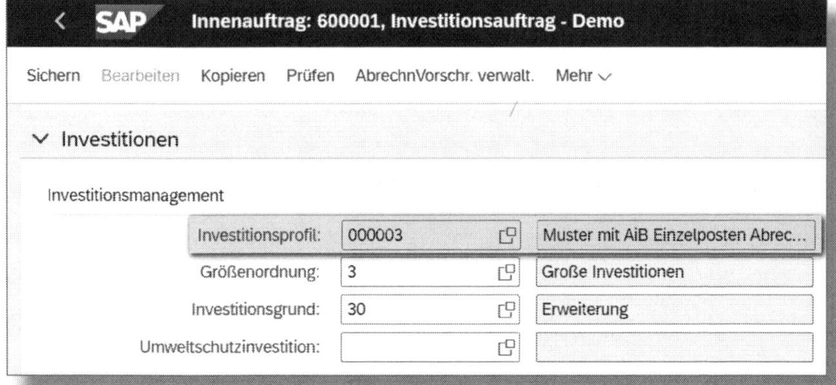

Abbildung 4.4: Pflege des Investitionsprofils im Auftrag

Musteraufträge bei Investitionsaufträgen

Falls Sie pro Innenauftragsart mit nur einem Investitionsprofil arbeiten, bietet es sich an, Musteraufträge zu nutzen. Legen Sie einen Musterauftrag an, und ordnen Sie das Investitionsprofil zu. Durch die Zuordnung des Musterauftrags zur Auftragsart im Customizing wird bereits beim Anlegen des Innenauftrags das Feld INVESTITIONSPROFIL vorbelegt. Musteraufträge erzeugen Sie mit der Transaktion *KOM1* (siehe Abschnitt 3.4.2).

Im Investitionsprofil haben wir die *einzelpostengenaue Aufteilung* der Kosten aktiviert. Aus diesem Grund ist es uns möglich, die Abrechnungsvorschrift einzelpostengenau auszuprägen, sodass wir einen Teil der angefallen Kosten beispielsweise auf eine Kostenstelle weiterverrechnen und den anderen Teil der Kosten auf die AiB abrechnen können. Die Kostenaufteilung führen Sie mit der Transaktion *KOB5* durch (siehe Abbildung 4.5). Der SAP-Menüpfad lautet RECHNUNGSWESEN • CONTROLLING • INNENAUFTRÄGE • PERIODENABSCHLUSS • EINZELFUNKTIONEN • ABRECHNUNG • KOB5 – INVESTITIONSAUFTRAG EINZELPOSTEN.

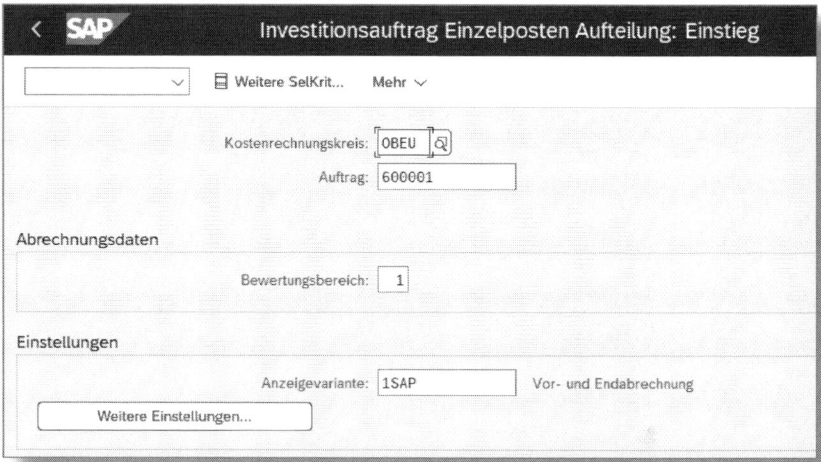

Abbildung 4.5: Selektion des Investitionsauftrags für die einzelpostengenaue Abrechnung – Start

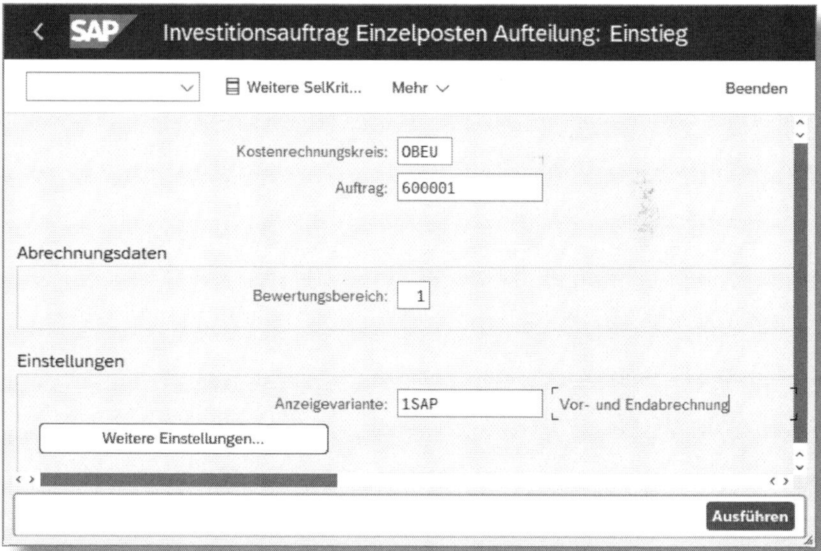

Abbildung 4.6: Selektion des Investitionsauftrags für die einzelpostengenaue Abrechnung

Geben Sie im Selektionsbild den Investitionsauftrag an, für den die einzelpostengenaue Abrechnung erfolgen soll (siehe Abbildung 4.6). Zudem müssen Sie den KOSTENRECHNUNGSKREIS erfassen. Anschließend starten Sie die Selektion, indem Sie auf den Button Ausführen klicken.

Nun sehen Sie die aufgelaufenen Kosten des Investitionsauftrags (siehe Abbildung 4.7). Sie können pro Belegposition eine unterschiedliche Aufteilungsregel bzw. Abrechnungsvorschrift pflegen.

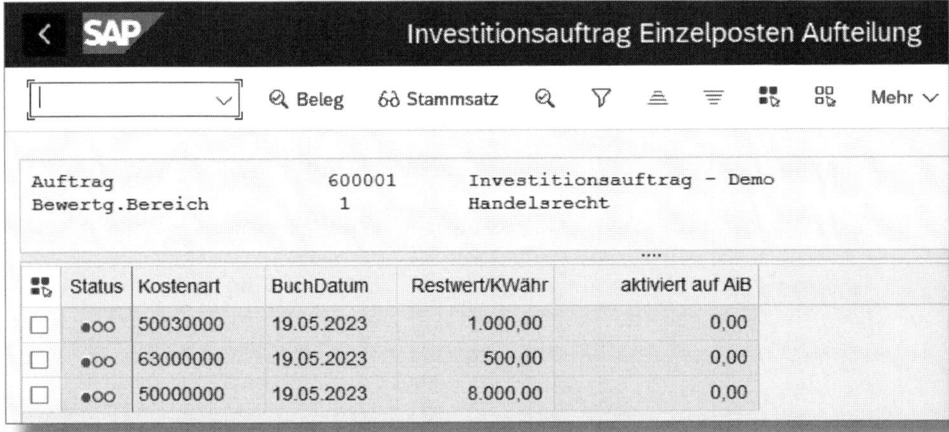

Abbildung 4.7: Übersicht der Einzelposten für die Abrechnung

Wenn Sie keine Abrechnungsvorschrift hinterlegen, wird die Position an die AiB abgerechnet, die bei der Freigabe des Investitionsauftrags angelegt wurde. Nähere Informationen zur Abrechnungsvorschrift finden Sie in Abschnitt 8.5.2.

Zur Erfassung der Abrechnungsvorschrift markieren Sie in der Transaktion *KOB5* die Belegposition und navigieren zu BEARBEITEN • VORABRECHNUNG • AUFTEILUNGSREGEL ERFASSEN (siehe Abbildung 4.8).

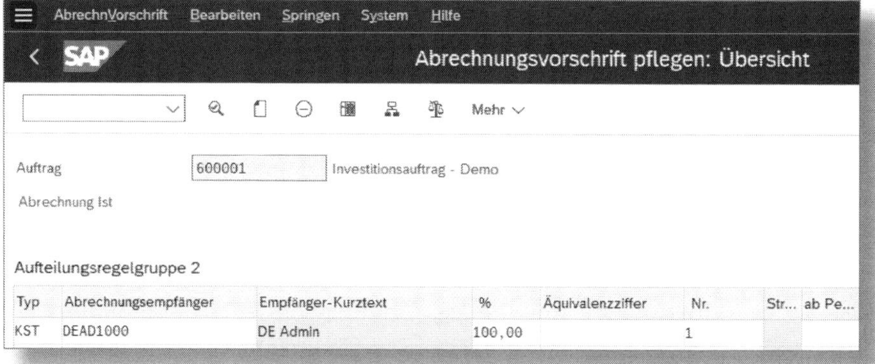

AbrechnVorschrift Bearbeiten Springen System Hilfe

Abrechnungsvorschrift pflegen: Übersicht

Auftrag 600001 Investitionsauftrag - Demo

Abrechnung Ist

Aufteilungsregelgruppe 2

Typ	Abrechnungsempfänger	Empfänger-Kurztext	%	Äquivalenzziffer	Nr.	Str...	ab Pe...
KST	DEAD1000	DE Admin	100,00		1		

Abbildung 4.8: Pflege der Kostenstelle für die einzelpostengenaue Abrechnung durch eine Aufteilungsregel

Für die Abrechnung der Kosten auf eine Kostenstelle lautet der Abrechnungstyp *KST*. Diesen Wert tragen Sie in Spalte TYP ein. Zudem müssen Sie unter ABRECHNUNGSEMPFÄNGER die Kostenstelle eingeben, in unserem Beispiel *DEAD1000*. Hierfür legen wir den Abrechnungswert *100* in der Spalte % fest.

Solange sich die Anlage noch im Bau befindet, spricht man bei der Abrechnung von einer *Vorabrechnung*. Sobald die AiB fertiggestellt ist und final abgerechnet wird, handelt es sich um die *Endabrechnung*.

Investitionsauftrag Einzelposten Aufteilung

Beleg Stammsatz Mehr

Auftrag 600001 Investitionsauftrag - Demo
Bewertg.Bereich 1 Handelsrecht

Status	Kostenart	BuchDatum	Restwert/KWähr	aktiviert auf AiB
○▲○	50030000	19.05.2023	1.000,00	0,00
○▲○	63000000	19.05.2023	500,00	0,00
●○○	50000000	19.05.2023	8.000,00	0,00

Abbildung 4.9: Übersicht der Einzelposten für die Abrechnung – Vorabrechnung gepflegt

Im Beispiel (siehe Abbildung 4.9) haben wir die ersten beiden Belegpositionen mit einer Aufteilungsregel versehen, sodass die Abrechnung auf unterschiedliche Kostenstellen erfolgt. Der gelb markierte Status besagt, dass eine Aufteilungsregel gepflegt wurde. Der rote Status weist hingegen darauf hin, dass der jeweiligen Belegposition keine Aufteilungsregel zugeordnet wurde. In diesem Fall greift die Default-Regel. Sie bewirkt, dass die Abrechnung stets an die zugehörige AiB erfolgt.

Der Investitionsauftrag wird mit der Transaktion *KO88* abgerechnet (siehe Abbildung 4.10). Im SAP-Menü finden Sie diese Transaktion unter dem Pfad: RECHNUNGSWESEN • CONTROLLING • INNENAUFTRÄGE • PERIODENABSCHLUSS • EINZELFUNKTIONEN • ABRECHNUNG • KO88 – EINZELVERARBEITUNG.

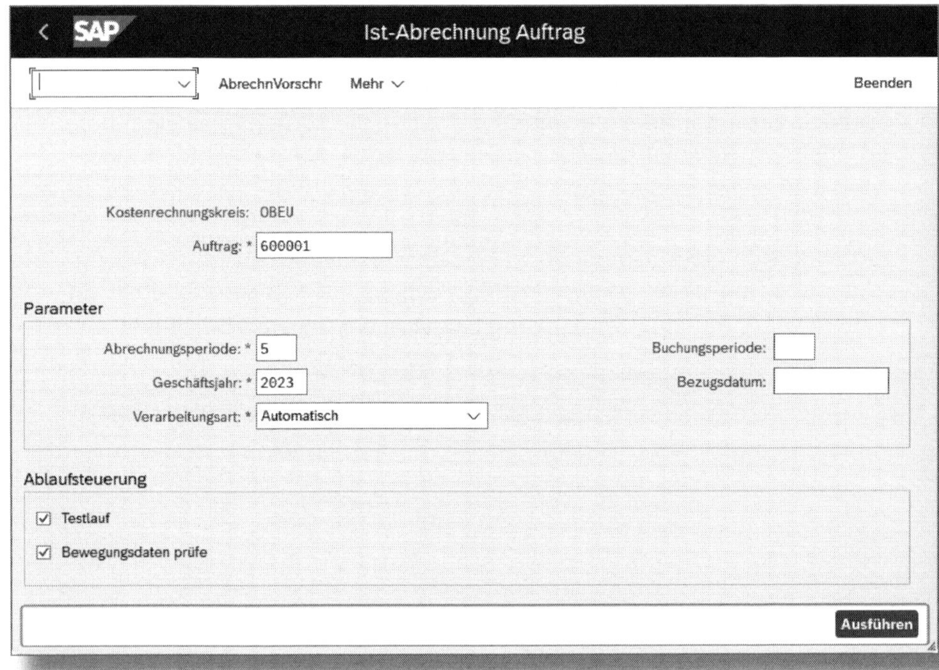

Abbildung 4.10: Abrechnung des Investitionsauftrags

Im Feld AUFTRAG geben Sie den abzurechnenden Investitionsauftrag ein. Des Weiteren sind unter PARAMETER Zeitraum und VERARBEITUNGSART einzugeben. In der ABLAUFSTEUERUNG können Sie entscheiden, ob Sie zunächst die Abrechnung im Testlauf-Modus oder im Echtlauf-Modus durchführen wollen. Um Letzteren durchzuführen, entfernen Sie einfach den Haken bei TESTLAUF. Weitergehende Informationen zur Durchführung der Abrechnung entnehmen Sie bitte Abschnitt 8.5.

Nachdem Sie die Abrechnung durchgeführt haben, sehen Sie in der Detailliste, wie die Sender-Empfänger-Beziehung aufgebaut ist und wie sich die Beträge verrechnen.

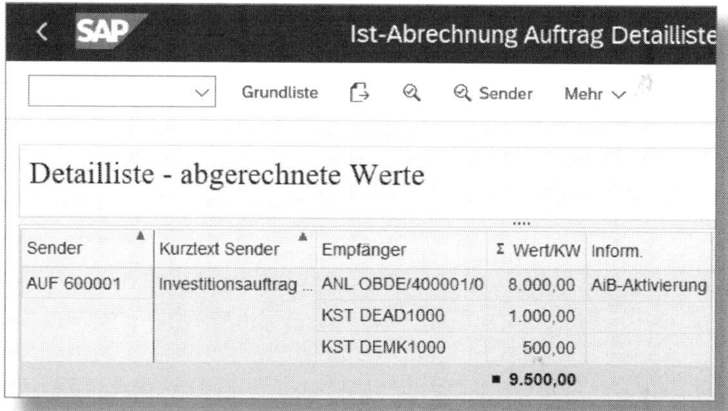

Abbildung 4.11: Abrechnung des Investitionsauftrags – Detailliste

In unserem Beispiel (siehe Abbildung 4.11) werden 8.000 EUR an die Anlage 400001/0 abrechnet. Für diese Belegposition wurde keine Aufteilungsregel gepflegt, deshalb greift die Default-Regel, und die Abrechnung wird auf die AiB durchgeführt. Die anderen beiden Belegpositionen (1.000 EUR und 500 EUR) werden nicht aktiviert, sondern an je eine Kostenstelle abgerechnet. Hier wurde pro Position eine Aufteilungsregel erfasst. Somit gehen lediglich die 8.000 EUR als Anschaffungswert in das Anlagevermögen ein.

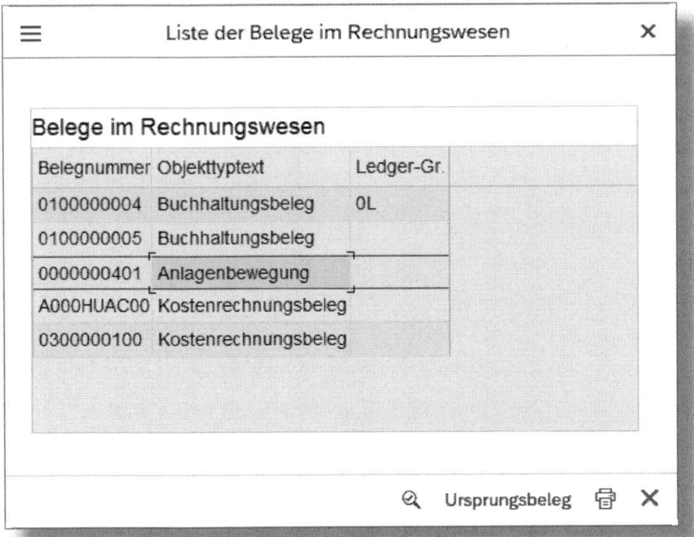

Abbildung 4.12: Rechnungswesensbeleg der Abrechnung

Durch die Abrechnung wurden fünf Belege erstellt (siehe Abbildung 4.12). Die BUCHHALTUNGSBELEGE beziehen sich auf die AiB pro Ledger-Gruppe (Erfassungssicht und Hauptbuchsicht). Beim Beleg zur Anlagenbewegung handelt es sich um den Beleg in der Anlagenbuchhaltung (FI-AA). Der KOSTENRECHNUNGSBELEG A000HUAC00 bildet den Wertfluss in das Anlagevermögen ab, und der weitere Kostenrechnungsbeleg zeigt die Entlastung des Innenauftrags und die Belastung der Kostenstelle.

4.3 Abgrenzungsauftrag

Im externen Rechnungswesen werden betriebliche Aufwendungen oft anders dargestellt bzw. verrechnet als im internen Rechnungswesen. Ein im Finanzwesen während einer Periode einmalig gebuchter Aufwand, wie beispielsweise die Pensionsrückstellung, Auszahlung von Boni oder das Urlaubsgeld, muss aus Controlling-Sicht über das ganze Jahr verteilt verrechnet werden.

Um bei der Kostenstellenrechnung Kostenschwankungen zu reduzieren, sollte aperiodisch anfallender Aufwand auf die relevanten Perioden und Kostenstellen verrechnet werden. In diesem Zusammenhang spricht man auch von *kalkulatorischen Kosten*. Das Verfahren zur gleichmäßigen verursachungsgerechten Verteilung der Kosten wird als *Abgrenzung* bezeichnet.

	Jan	Feb	März	...	Dez	
Lohnkosten	5.000 €	5.000 €	5.000 €	...	5.000 €	
Kalkulatorisches Urlaubsgeld (10% der Lohnkosten)	500 €	500 €	500 €	...	500 €	∑ **6.000 €**

→ Ausgezahltes Urlaubsgeld: 6.000 €

Abgrenzungsregel für die periodische Abgrenzung

Kostenstelle	
Periode:	**Abgrenzungsbetrag**
01	+ 500 €
02	+ 500 €
03	+ 500 €
...	
12	+ 500 €

Periodische Abgrenzung

Abgrenzungsauftrag		
Periode:	**kalk. Kosten**	**Istkosten**
01	- 500 €	
02	- 500 €	
03	- 500 €	
...		
06		+ 6000 €
...		
12	- 500 €	
Saldo:	+/-	

Abrechnung in die Ergebnisrechung oder Umbuchung auf Kostenstelle.

Abbildung 4.13: Periodische Abgrenzung

Abbildung 4.13 zeigt ein Beispiel für die periodische Abgrenzung. Pro Jahr werden insgesamt 6.000 EUR Urlaubsgeld abgegrenzt. Der Abgrenzungsauftrag wird pro Monat um 500 EUR entlastet und die Kostenstelle belastet. Im Juli bucht die Finanzbuchhaltung 6.000 EUR auf den Auftrag. Der Saldo bzw. das Delta zwischen dem Controlling und der Finanzbuchhaltung ist jederzeit im Abgrenzungsauftrag ersichtlich.

Im Controlling stehen Ihnen für die Abgrenzung kalkulatorischer Kosten das Zuschlagsverfahren oder das Soll=Ist-Verfahren zu Verfügung.

Das *Zuschlagsverfahren* berechnet die kalkulatorischen Kosten auf Basis eines prozentualen Gemeinkostenzuschlags, der sich auf eine Referenzkostenart oder eine Kostenartengruppe bezieht. Bei der Abgrenzung werden die Kostenstellen mit den Beträgen der kalkulatorischen Kosten belastet. Zeitgleich wird das vorher definierte Abgrenzungsobjekt, wie z. B. der Innenauftrag oder die Kostenstelle, entlastet. Der real angefallene Aufwand wird ebenfalls auf den Abgrenzungsauftrag gebucht.

Beim *Soll=Ist-Verfahren* werden die Sollkosten mit Bezug auf die betreffende Kostenstelle und Leistungsart errechnet und dann als Istkosten fortgeschrieben.

Für die Abgrenzung ist der Auftragstyp »02 – Abgrenzungsberechnungsauftrag« erforderlich.

Wir werden Ihnen nun zeigen, wie Sie ein Zuschlagsschema anlegen, um die Kosten per Zuschlag abzugrenzen.

Zunächst legen Sie einen Innenauftrag bzw. Abgrenzungsauftrag mit der Auftragsart *9A00* an. Dies ist über die SAP-Fiori-App »Innenaufträge verwalten« oder mit den Transaktionen *KO01* und *KO04* möglich.

Als nächsten Schritt benötigen Sie eine Kostenart für die Buchung der Abgrenzung. Diese legen Sie mit der SAP-Fiori-App »Sachkontenstammdaten – F0731A« oder über die Transaktion *FS00* an.

Für das Zuschlagsverfahren benötigen Sie den KOSTENARTENTYP *3* (siehe Abbildung 4.14). Wenn Sie die Abgrenzung mit dem Soll=Ist-Verfahren durchführen möchten, wählen Sie bitte den Typ *4* (Abgrenzung per Soll=Ist) aus.

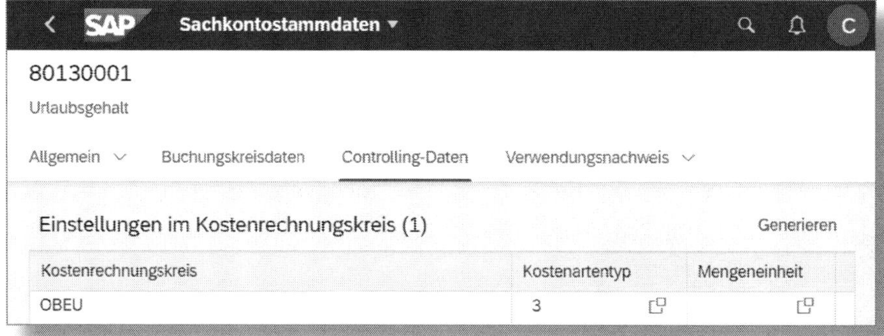

Abbildung 4.14: Sachkontenstammdaten – Kostenart für die Abgrenzungsbuchung

Nun erstellen wir das *Zuschlagsschema*. Rufen Sie hierzu die Transaktion *KSAZ* auf. Sie finden diese unter nachfolgenden Pfad im Customizing: CONTROLLING • KOSTENSTELLENRECHNUNG • ISTBUCHUNGEN • PERIODENABSCHLUSS • ABGRENZUNG • ZUSCHLAGSVERFAHREN • ZUSCHLAGSVERFAHREN DEFINIEREN.

CO-OM Abgrenzung pflegen: Zuschlagsschema - Detailbild

Schema prüfen · Zuordnungen · Mehr · Beenden

Zuschlagsschema: Z10 Zuschlagsschema

Zeilen

Zeile	Basis	Zuschlag	Bezeichnung	Von	Bis	Entlastung
10	0001		Gehälter			
20		0002	% Zuschlag	10	10	10

Positionieren... Eintrag 1 von 2

Abbildung 4.15: Zuschlagsschema

Legen Sie ein neues Zuschlagsschema an (siehe Abbildung 4.15). Sodann benötigen Sie eine Berechnungsbasis. In unserem Beispiel haben wir die BASIS *0001 – Gehälter* angelegt.

Klicken Sie auf den Menüpunkt SPRINGEN • BASIS (siehe Abbildung 4.16).

Abbildung 4.16: Menüpfad zur Pflege der Basis-Kostenart

Anschließend hinterlegen Sie die zugrunde liegende Kostenart (siehe Abbildung 4.17).

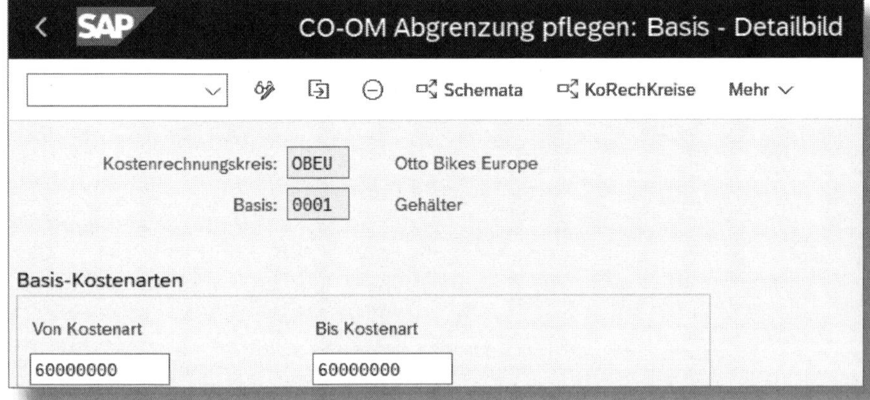

Abbildung 4.17: Pflege der Basis-Kostenart

Wir haben die Kostenart *60000000* für Gehälter hinterlegt. Die Bezuschlagung wird auf Basis dieser Kostenarten erfolgen.

Die Zuschlagssätze werden nach dem gleichen Prinzip angelegt wie die Basis. Um den Zuschlag zu pflegen, können Sie wiederum über den Menüpunkt SPRINGEN • ZUSCHLAG gehen (siehe Abbildung 4.16). Wir haben *12* Prozent für den PLAN-ZUSCHLAG und *10* Prozent für den IST-ZUSCHLAG definiert (siehe Abbildung 4.18).

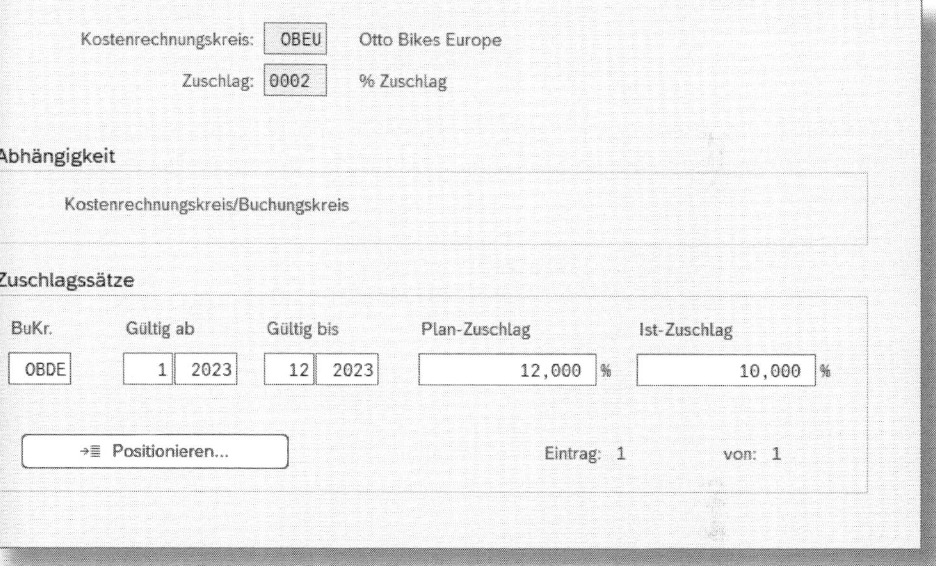

Abbildung 4.18: Zuschlagssatz

Zuletzt müssen Sie im Zuschlagsschema noch eine Entlastung anlegen. Über SPRINGEN • ENTLASTUNG geben Sie für die Entlastung den Abgrenzungsauftrag an, alternativ ist auch eine Kostenstelle möglich (siehe Abbildung 4.19).

Die Buchung der Entlastung wird mit der Primärkostenart vom Typ *3* durchgeführt.

Kostenrechnungskreis: OBEU Otto Bikes Europe
Entlastung: 10 % Zuschlag

Entlastungssätze

BuKr.	Gültig bis	Kostenart	Kostenstelle	Auftrag
OBDE	12 2023	80130001		9A000000100

Abbildung 4.19: Abgrenzungsauftrag für die Entlastung pflegen

Abschließend müssen Sie das Zuschlagsschema über die Schaltfläche [Zuordnungen] noch einem Kostenrechnungskreis zuordnen (siehe Abbildung 4.20).

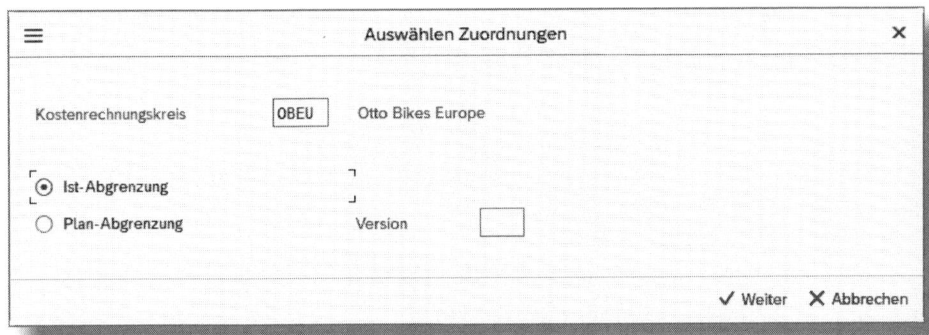

Abbildung 4.20: Zuordnung Kostenrechnungskreis – Ist- und Plan-Abgrenzung pflegen

Nun können Sie das Zuschlagsschema für die Verwendung im Ist und im Plan nacheinander der IST-ABGRENZUNG und der PLAN-ABGRENZUNG zuordnen.

Die Abgrenzungsbuchung führen Sie mit der Transaktion *KSA3* durch (siehe Abbildung 4.21). Der SAP-Menüpfad lautet RECHNUNGSWESEN • CONTROLLING • KOSTENSTELLENRECHNUNG • PERIODENABSCHLUSS • ABGRENZUNG.

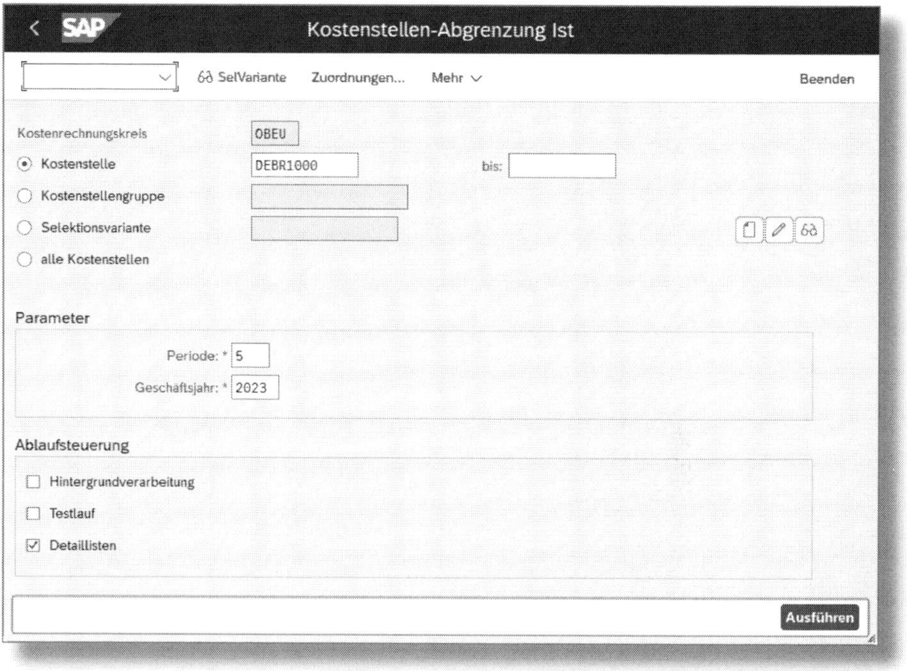

Abbildung 4.21: KSA3 – Abgrenzung durchführen, Eingabe der Kostenstelle

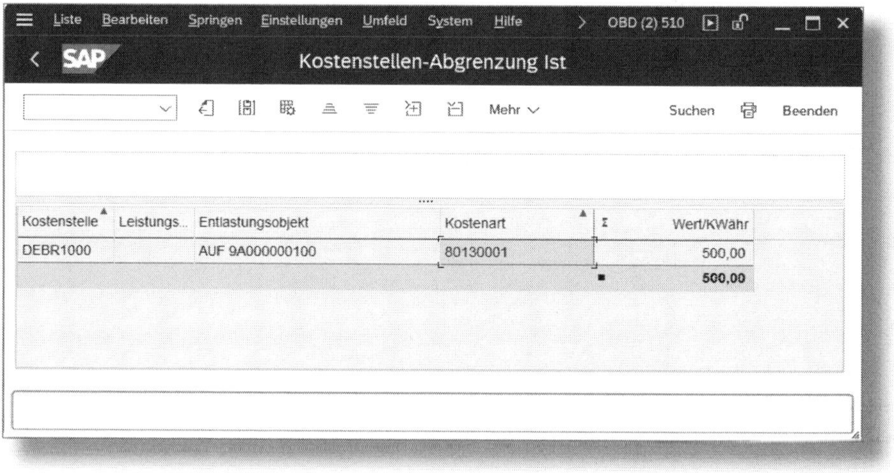

Abbildung 4.22: KSA3 – Abgrenzung durchführen

Aus Abbildung 4.22 geht hervor, dass das System eine Abgrenzungsbuchung in Höhe von 500 EUR mit der KOSTENART 80130001 durchführt. Diese 500 EUR errechnen sich auf Grundlage der KOSTENART *60000000*, die wir zuvor als Basis-Kostenart definiert haben (siehe Abbildung 4.17). Diese Kostenart spiegeln die Gehaltskosten in Höhe von 5.000 € pro Periode wider (siehe Abbildung 4.13). Der Istzuschlagssatz beträgt *10* Prozent (siehe Abbildung 4.18). Somit ergeben sich die 500 EUR Abgrenzung aus der Formel 5.000 € × 0,1 = 500 €.

4.4 Erlösführender Innenauftrag

Erlösführende Innenaufträge verwenden Sie zur Überwachung von Kosten und Erlösen für Leistungen, die nicht das Kerngeschäft des Unternehmens betreffen. Unter Umständen kann diese Funktionalität auch eine Möglichkeit sein, die Kosten und Erlöse zu steuern, wenn das Modul Vertrieb nicht im Einsatz ist.

Abbildung 4.23 zeigt die Werteflüsse eines erlösführenden Innenauftrags. In unserem Beispiel geht es um einen Messestand. Die Kosten und Erlöse werden vom Auftrag gesammelt und weiterverrechnet.

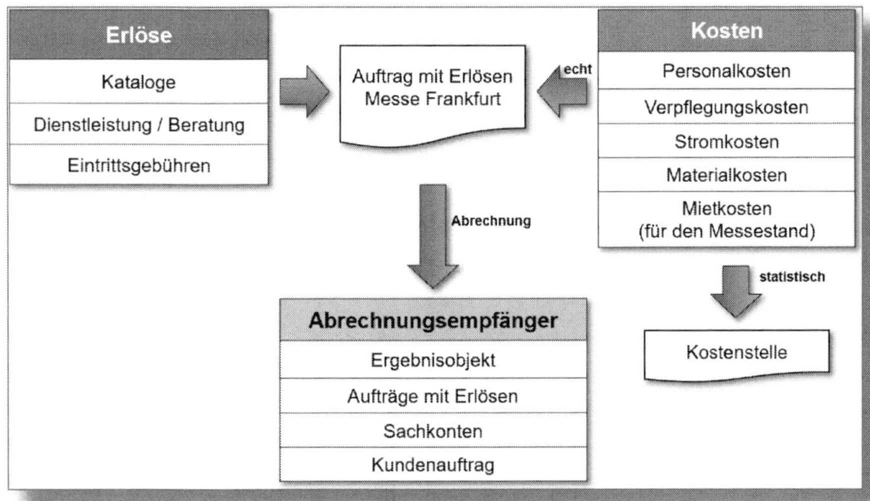

Abbildung 4.23: Erlösführender Innenauftrag

Voraussetzung für die Erfassung von Erlösen auf einem Auftrag ist, dass Sie in der Auftragsart ERLÖSBUCHUNGEN erlauben (siehe Abbildung 4.24).

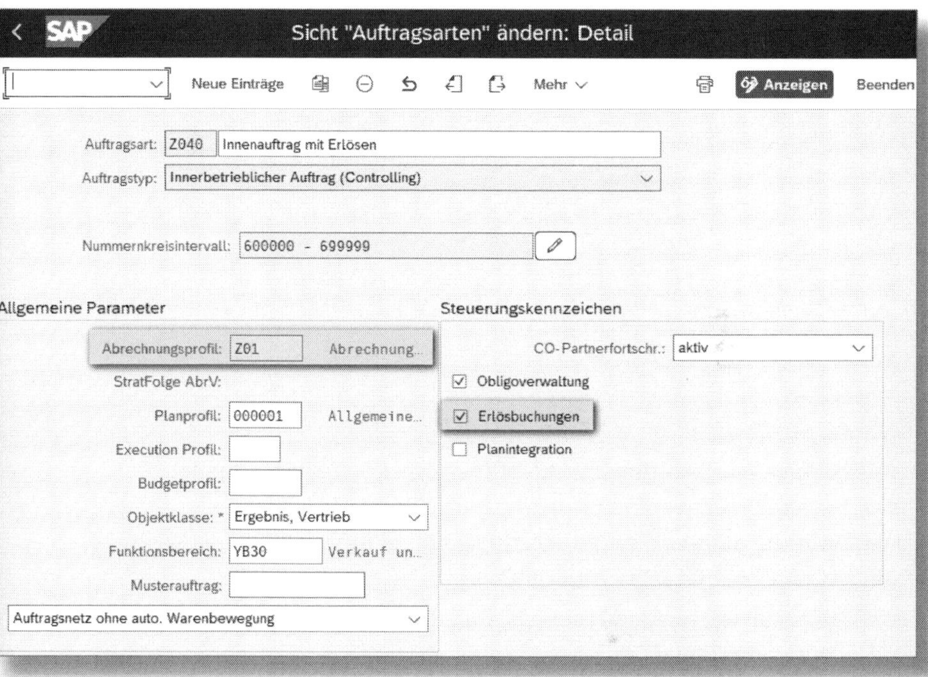

Abbildung 4.24: Auftragsart – Erlösbuchungen erlauben

Darüber hinaus ist ein ABRECHNUNGSPROFIL erforderlich, das Sie ebenfalls in der AUFTRAGSART zuordnen. Wie Sie eine Auftragsart erfassen, können Sie in Abschnitt 3.1 nachlesen.

Das Abrechnungsprofil legen Sie im Customizing unter CONTROLLING • INNENAUFTRÄGE • ISTBUCHUNGEN • ABRECHNUNG • ABRECHNUNGSPROFIL PFLEGEN an (siehe Abbildung 4.25).

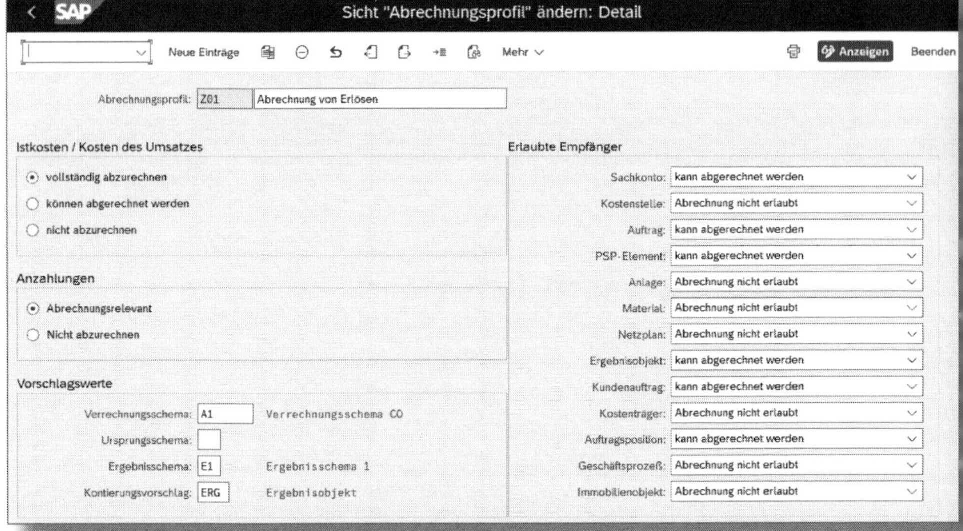

Abbildung 4.25: Abrechnungsprofil – Abrechnung von Erlösen

Die Abrechnung von erlösführenden Aufträgen wird am Periodenende auf folgende Weise durchgeführt:

- Die Abrechnung der Kosten ist an grundsätzlich alle Empfänger möglich, die in Abbildung 4.25 dargestellt sind.
- Erlöse werden primär an folgende Objekte abgerechnet:
  - ERGEBNISOBJEKT
  - anderer AUFTRAG mit Erlösen
  - SACHKONTEN
  - KUNDENAUFTRAG
- **Keine** KOSTENSTELLEN

5 Planung

Um Plankosten und -erlöse zu Innenaufträgen zu erfassen, bietet SAP eine Reihe von Möglichkeiten an. Bei der Durchführung der Planung werden Plandaten in Tabellen geladen, die Sie wiederum für das Reporting beispielsweise über SAP-Fiori-Apps oder über das klassische SAP-ERP-Infosystem aufrufen können. Ferner dienen die Plandaten als Basis für Umlagen und Verteilungen.

Viele Unternehmen haben bisher die Planung in einem separaten Data Warehouse, wie beispielsweise im *SAP Business Warehouse (SAP BW)* oder in einem *SAP Strategic Enterprise Management System (SAP SEM)*, durchgeführt. Im Rahmen von *Business Planning and Consolidation (SAP BPC)* besteht diese Möglichkeit der Planung weiterhin. *SAP BPC optimized for SAP S/4HANA* kann nur in On-Premise-Systemen oder in Managed-Cloud-Systemen betrieben werden, weil die zugrunde liegenden BW-Strukturen im Zusammenhang mit einem Projekt eingerichtet werden müssen. Beachten Sie bitte, dass diese Lösung von der SAP nicht mehr weiterentwickelt wird. Eine andere Lösung empfiehlt die SAP hingegen für den Cloud-Betrieb, nämlich die *SAP Analytics Cloud (SAC)*. Seit dem Release SAP S/4HANA 1809 kann SAC auch im On-Premise-Umfeld verwendet werden. Die klassischen Planungstransaktionen, die Sie aus dem Controlling und der Hauptbuchhaltung kennen, sind in SAP S/4HANA noch verfügbar, jedoch werden die neuen Planungstabellen nicht befüllt. Folglich können Sie diese Plandaten lediglich mit den klassischen Berichten wie beispielsweise dem Report Painter oder dem Report Writer aufrufen.

Sie haben insgesamt fünf Optionen, wie Sie in SAP S/4HANA Plandaten erfassen:

- *manuelle Planung in SAP ERP* – Verwendung der klassischen Planungstransaktionen
- *Easy Cost Planning (SAP ERP)* – Planung von Primärkosten, Sekundärkosten und Erlösen in einer Transaktion

- *SAP S/4HANA Fiori* – Upload der Plandaten über die SAP-Fiori-App »Finanzplandaten importieren« oder über eine API-Schnittstelle.
- *SAP BPC optimized for SAP S/4HANA* – Erfassung der Plandaten über SAP Analysis for Microsoft Office als Excel-Frontend (da die SAP diese Lösung nicht mehr weiterentwickelt, raten wir Ihnen von einer Einführung ab bzw. empfehlen Ihnen, mittelfristig auf eine andere Planungsmöglichkeit zu wechseln)
- *SAP Analytics Cloud (for Planning)* – Vorhalten der hochgeladenen Plandaten in der SAC; bei Fertigstellung Fortschreibung in den Planungstabellen des SAP-S/4HANA-Systems

Im Folgenden werden wir Ihnen einen Überblick über bzw. eine Einführung in die Planungslösungen von SAP BPC und SAC geben. Zudem werden wir die Planung in SAP ERP und in SAP Fiori dediziert darstellen.

5.1 Manuelle Planung in SAP ERP

5.1.1 Voraussetzungen für die Planung

Wenn Ihr Unternehmen in verschiedenen Ländern mit unterschiedlichen Währungen tätig ist, werden Sie wahrscheinlich die Anforderung haben, dass alle Planwerte, die in einer anderen Währung als der Konzernwährung erfasst werden, zu einem festen Kurs in die Konzernwährung umgerechnet werden. Durch den Vergleich der Istwerte mit den Planzahlen zum gleichen Wechselkurs können Sie den Einfluss von Wechselkursschwankungen aus Ihren Ergebnissen herausfiltern.

Um mit Wechselkursen arbeiten zu können, müssen Sie zunächst *Kurstypen* anlegen. Mit deren Hilfe legen Sie fest, wie die Werte umgerechnet werden sollen; *M* bedeutet im Standard z. B. Standardumrechnung zum Mittelkurs. Sie erstellen Kurstypen im Customizing über CONTROLLING • KOSTENSTELLENRECHNUNG • PLANUNG • GRUNDEINSTELLUNGEN ZUR PLANUNG • KURSTYPEN DEFINIEREN (Transaktion *OB07*).

Prüfen Sie, ob der Kurstyp *M* für Ihre Zwecke ausreicht oder ob Sie weitere Typen benötigen.

Im nächsten Schritt legen Sie über den Pfad CONTROLLING • KOSTENSTELLENRECHNUNG • PLANUNG • GRUNDEINSTELLUNGEN ZUR PLANUNG • UMRECHNUNGSKURSE DEFINIEREN (Transaktion *OB08*) je Kurstyp die Wechselkurse zwischen den verschiedenen Währungen an.

Zur Planung benötigen Sie außerdem *Versionen*. Sie dienen dazu, Datenbestände parallel zu führen. Bei der Planung setzen Sie Versionen ein, um unterschiedliche Planungsstände vorzuhalten; die Version 0 ist dabei immer die aktuelle Planung, die Sie z. B. für die Ermittlung von Tarifen in der Kostenstellenrechnung heranziehen.

Sie legen Versionen im Customizing über den Pfad CONTROLLING • CONTROLLING ALLGEMEIN • ORGANISATION • VERSIONEN PFLEGEN an (siehe Abbildung 5.1).

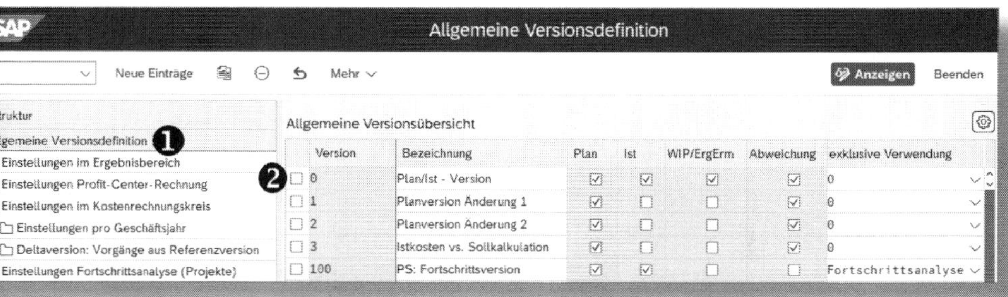

Abbildung 5.1: Allgemeine Versionsdefinition

In der Dialogstruktur navigieren Sie zunächst zum Punkt ALLGEMEINE VERSIONSDEFINITION ❶. Für jede Version vergeben Sie einen Namen und eine BEZEICHNUNG ❷, dann aktivieren Sie je nach Bedarf die nachfolgend erläuterten Funktionen durch Setzen des Hakens.

Das Kennzeichen PLAN steuert, ob die Version für die Planung verwendet werden darf, entsprechend können Sie für eine Version mit dem Kennzeichen IST Buchungen im Ist vornehmen. Die Kennzeichen WIP/ERGERM und ABWEICHUNG sind grundsätzlich für das Produktkosten-

Controlling relevant. Sie können in der entsprechenden Spalte eine EXKLUSIVE VERWENDUNG für spezielle Anwendungen auswählen; keine dieser Anwendungen ist jedoch für die in diesem Buch behandelten Themen relevant.

Wie Sie in der Dialogstruktur links erkennen, können Sie für eine Version u. a. auch Einstellungen zum Ergebnisbereich und zur Profitcenter-Rechnung vornehmen. Wir konzentrieren uns auf die Einstellungen, die Sie zum Kostenrechnungskreis vornehmen müssen (siehe Abbildung 5.2).

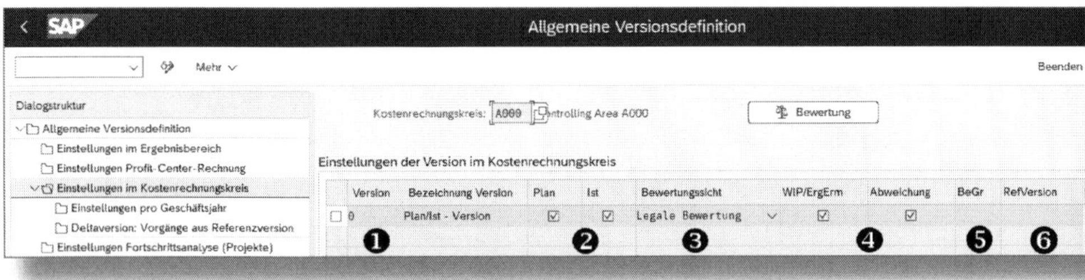

Abbildung 5.2: Einstellungen des Kostenrechnungskreises

In der VERSION *0* ❶ können Sie anhand der Parameter PLAN und IST ❷ sowie WIP/ERGERM und ABWEICHUNG ❹ an dieser Stelle bei Bedarf Einstellungen widerrufen, die Sie zuvor in der allgemeinen Versionsdefinition vorgenommen haben.

Einstellungen der allgemeinen Definition widerrufen

Sie haben in der allgemeinen Versionsdefinition festgelegt, dass Version 0 für Plan- und Istwerte zugelassen ist. Im KOSTENRECHNUNGSKREIS stellen Sie nun davon abweichend ein, dass Istwerte zwar erlaubt sind (indem Sie den Parameter IST aktiviert lassen), Planwerte aber nicht zugelassen sein sollen (durch Ausschalten des Parameters PLAN). Eine Änderung im umgekehrten Sinne ist nicht möglich – ist das Führen von Plan- bzw. Istdaten in der allgemeinen Versionsdefinition nicht erlaubt, können Sie es im Kostenrechnungskreis nicht davon abweichend zulassen.

Wenn Sie parallele Wertansätze führen, legen Sie in der Spalte BEWERTUNGSSICHT ❸ fest, auf welche Bewertungssicht sich die entsprechende Version bezieht. Im Beispiel sollen in der VERSION *0* die Istwerte der *legalen Bewertung* fortgeschrieben werden. Die Berechtigungsgruppe (Spalte BEGR ❺) dient dazu, spezielle Berechtigungen für die Version zu definieren. Die Referenzversion (Parameter REFVERSION ❻) ist notwendig, wenn Sie in der Prozesskostenrechnung mit Referenzversionen arbeiten.

Indem Sie in den Einstellungen zum Kostenrechnungskreis eine Version auswählen und dann auf EINSTELLUNGEN PRO GESCHÄFTSJAHR verzweigen (❶ in Abbildung 5.3), pflegen Sie die geschäftsjahresabhängigen Einstellungen zur Version (siehe Abbildung 5.4).

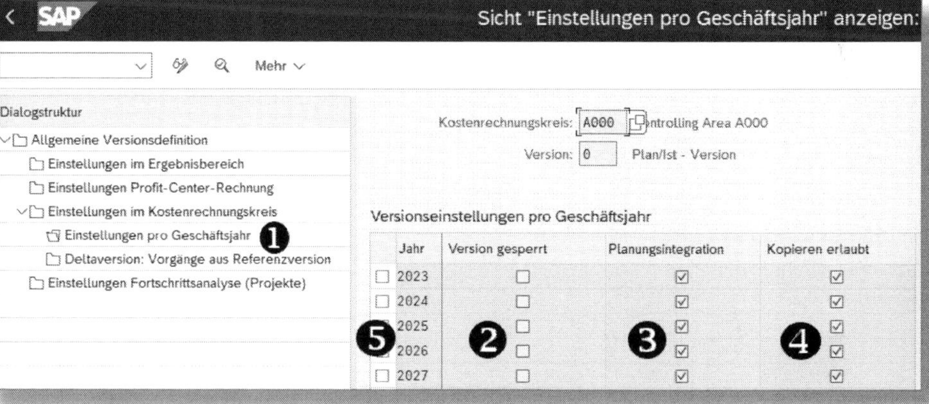

Abbildung 5.3: Einstellungen pro Geschäftsjahr

Zunächst pflegen Sie hier einen Eintrag für jedes Geschäftsjahr, in dem die Version eingesetzt werden soll. Über VERSION GESPERRT ❷ verhindern Sie, dass im entsprechenden Geschäftsjahr Planwerte verändert werden. Aktivieren Sie den Parameter PLANUNGSINTEGRATION ❸, erlauben Sie damit, dass Planwerte aus der Kostenstellenrechnung und der Prozesskostenrechnung in die Profitcenter-Rechnung übergeben und dabei Planbelege erzeugt werden. KOPIEREN ERLAUBT ❹ bedeutet, dass die Planwerte zu der entsprechenden Version kopiert werden dürfen.

Doppelklicken Sie auf eine Zeile in der Spalte JAHR ❺, gelangen Sie zu den Detaileinstellungen zum Geschäftsjahr (siehe Abbildung 5.4).

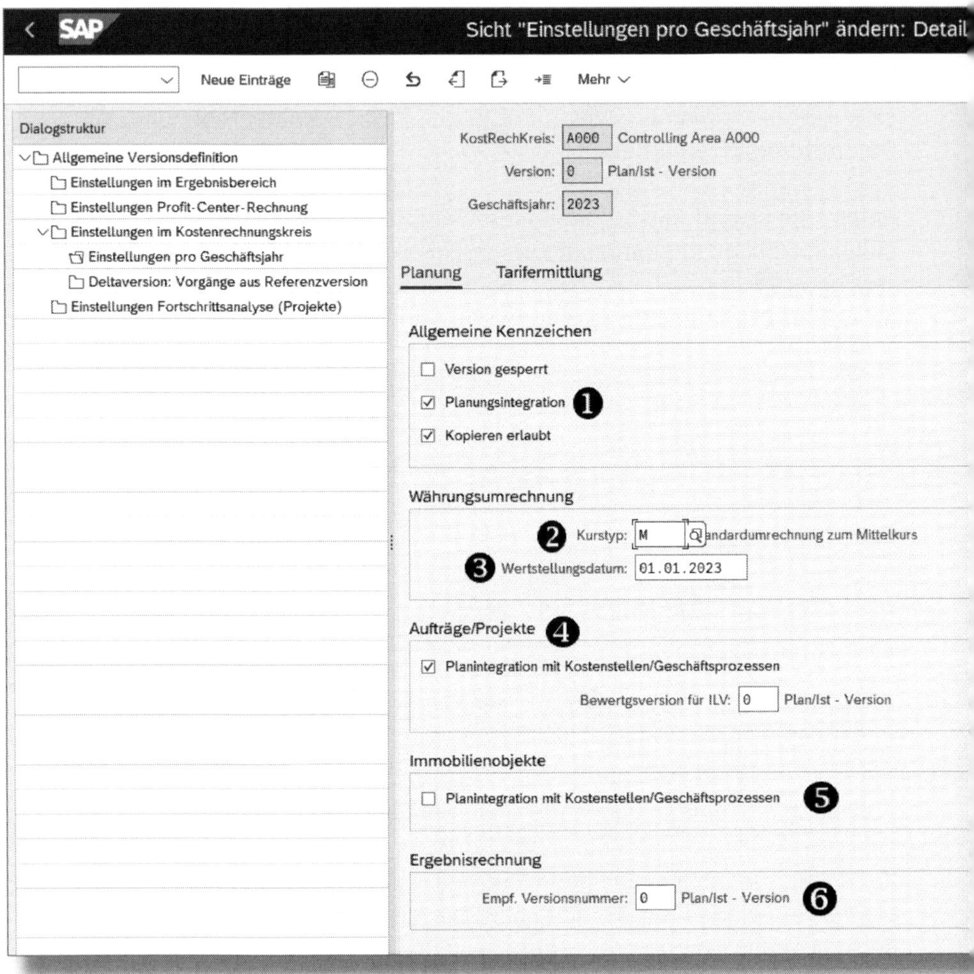

Abbildung 5.4: Details zum Geschäftsjahr

Im Block ALLGEMEINE KENNZEICHEN ❶ finden Sie dieselben Parameter wieder, die wir bereits oben erläutert haben. Über den KURSTYP ❷ steuern Sie, zu welchem Wechselkurs Belege in Fremdwährung umgerechnet werden sollen. Sie können im System verschiedene Kurstypen hinterlegen und jeweils unterschiedliche Fremdwährungswechselkurse je Typ pflegen. So lässt sich z. B. anhand des Kurstyps zwischen Geld-, Brief- und Mittelkurs unterscheiden. Unter WERTSTELLUNGSDATUM ❸ geben Sie an, zu welchem Datum der Kurs ermittelt werden soll. Wenn Sie das Kennzeichen PLANINTEGRATION MIT KOSTENSTELLEN/GESCHÄFTSPROZESSEN ❹/❺ aktivieren, bedeutet das, dass geplante Leistungsaufnahmen auf Empfängern automatisch auch beim Sender fortgeschrieben werden. Die EMPF. VERSIONSNUMMER bezieht sich auf die kalkulatorische Ergebnisrechnung ❻. Hier definieren Sie, welche Version aus der Gemeinkostenrechnung bei Planverrechnungen an die Ergebnisrechnung übergeben wird.

Wir schließen damit das Thema Versionen ab und beschäftigen uns nun mit der Durchführung der manuellen Planung in SAP ERP.

5.1.2 Manuelle Planung aufrufen

Sie haben grundsätzlich zwei verschiedene Möglichkeiten, die manuelle Kostenplanung für Innenaufträge durchzuführen. Zum einen mithilfe eines Planungslayouts. Sie rufen hierzu die Planungstransaktion für Kosten-/Leistungsaufnahmen im Anwendungsmenü über die Transaktion *KPF6* auf. Alternativ können Sie eine *Gesamtplanung* (Transaktion *KO13*) durchführen, bei der Sie die gesamten Plankosten je Innenauftrag erfassen, nicht detailliert nach Geschäftsjahren, Perioden oder Kostenarten (siehe Abbildung 5.5). Die Gesamtplanung lässt sich jedoch weiter verfeinern, indem Sie eine *Primärkostenplanung* vornehmen, bei der Sie sich dann auf Geschäftsjahre und Kostenarten beziehen.

Abbildung 5.5: Gesamtplanung für Innenaufträge

Sie haben außerdem die Möglichkeit, von der Primärkostenplanung aus über BEARBEITEN • DETAILPLANUNG in eine Detailplanung zu verzweigen. Mit dieser Funktionalität erstellen Sie eine *Einzelkalkulation*, bei der Sie Planwerte noch genauer strukturieren können, indem Sie neben manuellen Planwerten auch auf Materialstammsätze oder Leistungsarten zurückgreifen (siehe Abbildung 5.6).

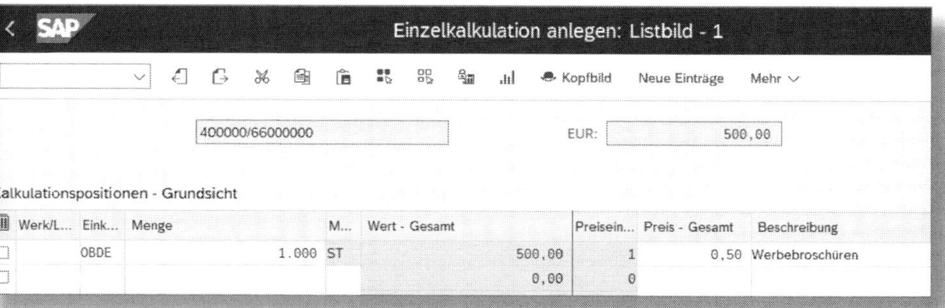

Abbildung 5.6: Beispiel der Einzelkalkulation

5.1.3 Planerprofile auswählen

Welche Planungslayouts Ihnen beim Planen zur Verfügung stehen, steuern Sie über ein *Planerprofil*, das Sie im Anwendungsmenü über CONTROLLING • INNENAUFTRÄGE • PLANUNG • PLANERPROFIL SETZEN (Transaktion *KP04*) auswählen.

SAP liefert im Standard eine Reihe von Planungslayouts und Planerprofilen aus, die alle gängigen Planungsszenarien abdecken. In der Regel werden Sie mit diesen Einstellungen auskommen; sollten Sie jedoch Anforderungen haben, die über die Standardlayouts hinausgehen, können Sie im Customizing über • INNENAUFTRÄGE • PLANUNG • MANUELLE PLANUNG • EIGENE PLANUNGSLAYOUTS eigene erstellen. Sie finden dort je eine Transaktion für die Kostenartenplanung und die Planung der statistischen Kennzahlen.

Standardlayouts verwenden

Verwenden Sie nach Möglichkeit die im Standard ausgelieferten Planungslayouts. Eigene Layouts sollten Sie nur in absoluten Ausnahmefällen mithilfe der hier vorgestellten Funktionalität erstellen.

5.1.4 Verteilungsschlüssel definieren

Für den Fall, dass Sie eigene Verteilungsschlüssel benötigen, können Sie diese über den Pfad CONTROLLING • INNENAUFTRÄGE • PLANUNG • MANUELLE PLANUNG • EIGENE VERTEILUNGSSCHLÜSSEL PFLEGEN (Transaktion *KP80*) definieren.

5.1.5 Kalkulationsvariante anlegen

Eine Kalkulationsvariante dient dazu, für unterschiedliche Planszenarien die jeweils relevanten Planungsparameter festzulegen. Im Falle der Detailplanung besteht sie lediglich aus einer *Kalkulationsart* und einer *Bewertungsvariante*. Die Kalkulationsart legt das Bezugsobjekt der Planung fest, und die Bewertungsvariante steuert, nach welcher Strategie der Preis eines Materials ermittelt werden soll, das in der Planung verwendet wird.

Die *Kalkulationsvariante* stellen Sie über CONTROLLING • INNENAUFTRÄGE • PLANUNG • MANUELLE PLANUNG • KALKULATIONSVARIANTEN DEFINIEREN (Transaktion *OKKR*) ein. Für die Detailplanung der Innenaufträge ist im SAP-Standard die Kalkulationsvariante *PC02* mit der Kalkulationsart *04* und der Bewertungsvariante *008* vorgesehen. Es ist außerdem erforderlich, dass Sie Nummernkreise für die Einzelkalkulation zuordnen – über CONTROLLING • INNENAUFTRÄGE • PLANUNG • MANUELLE PLANUNG • NUMMERNKREISE FÜR DIE EINZELKALKULATION ZUORDNEN (Transaktion *CKNR*).

5.1.6 Planprofil festlegen

Um die Gesamtplanung schließlich vornehmen zu können, müssen Sie ein *Planprofil* (nicht zu verwechseln mit dem Plan**er**profil) definieren, in dem Sie alle wesentlichen Einstellungen zur Planung vornehmen. Dazu wechseln Sie im Customizing zum Pfad CONTROLLING • INNENAUFTRÄGE • PLANUNG • MANUELLE PLANUNG • PLANPROFILE FÜR GESAMTPLANUNG PFLEGEN (Transaktion *OKOS*).

Unter ZEITHORIZONT geben Sie vor, um wie viele Jahre man beim Planen in die VERGANGENHEIT oder in die ZUKUNFT gehen darf (siehe Abbildung 5.7). Im Feld START können Sie das Startjahr für die Planung festlegen; es errechnet sich aus dem aktuellen Jahr plus dem Wert, den Sie hier eintragen.

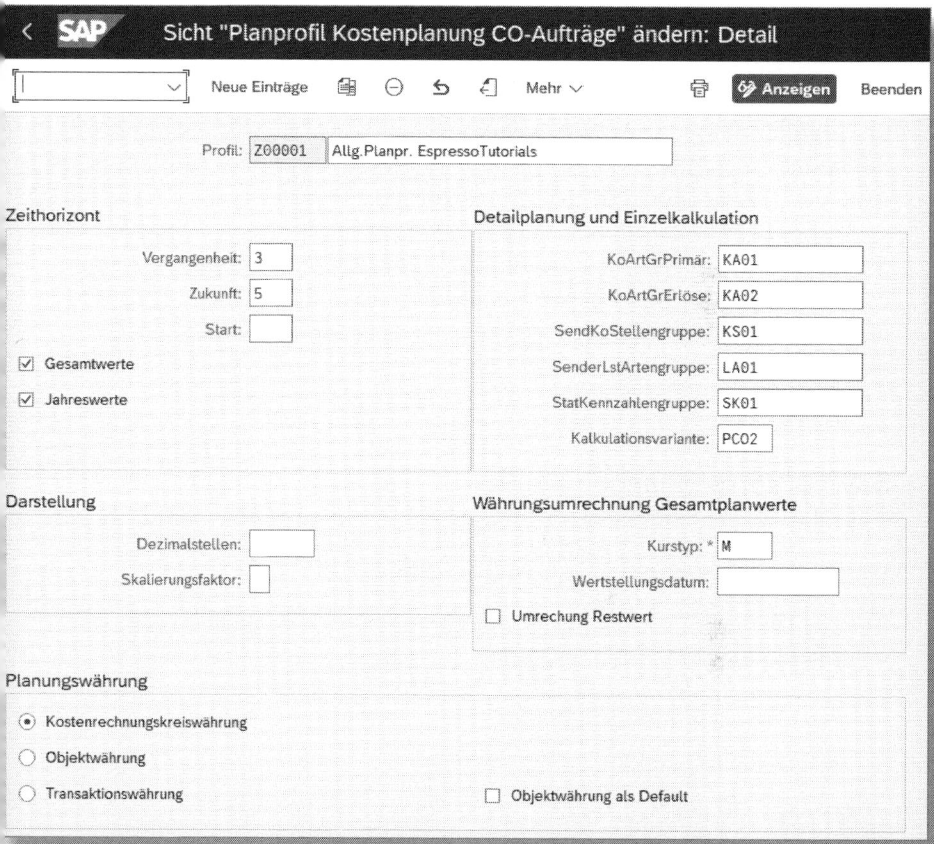

Abbildung 5.7: Planprofil anlegen

Im Bereich DETAILPLANUNG UND EINZELKALKULATION legen Sie Stammdatengruppen fest, die die Auswahl der angezeigten Kostenarten, Kostenstellen, Leistungsarten etc. bei der Planung einschränken. Bei der Primärkostenplanung werden z. B. nur die Kostenarten der Kostenartengruppe *KA01* angeboten. Die Kalkulationsvariante ist ein Vorschlagswert für die Einzelkalkulation und das Easy Cost Planning (siehe Abschnitt 5.2).

Unter Darstellung geben Sie vor, wie die Planwerte skaliert werden sollen; über den Skalierungsfaktor können Sie die Werte z. B. in Tausendern oder Millionen darstellen; der Parameter Dezimalstellen gibt dann an, wie viele Stellen nach dem Komma angezeigt werden.

Im Bereich Währungsumrechnung Gesamtplanwerte bestimmen Sie anhand von Kurstyp und Wertstellungsdatum, wie die Planwerte in Fremdwährungen umgerechnet werden.

Schließlich legen Sie unter Planungswährung fest, in welcher Währung auf den Aufträgen geplant wird, denen Sie das Planprofil zuordnen. Sie haben auch die Möglichkeit, die Objektwährung als Default einzustellen.

5.1.7 Verrechnungen im Plan

Welche Verrechnungsformen im Plan gibt es?

Bei der Planung der Innenaufträge können Sie, wie auch im Ist, verschiedene Formen der Verrechnung definieren. Im Einzelnen sind dies:

- periodische Umbuchungen
- Gemeinkostenzuschläge im Plan
- Templates
- Abrechnung

Alle Einstellungen, die Sie für diese Funktion vornehmen müssen, sind im Plan genauso wie im Ist, und wir beschreiben sie jeweils in den entsprechenden Abschnitten zur Istverbuchung im Kapitel 8.

Periodische Umbuchung im Plan

Periodische Umbuchungen im Plan für Innenaufträge pflegen Sie über CONTROLLING • INNENAUFTRÄGE • PLANUNG • PERIODISCHE UMBUCHUNGEN DEFINIEREN (Transaktion *KSW7*). Die periodische Umbuchung im Plan verhält sich grundsätzlich analog wie die periodische Umbuchung im Ist. Aus diesem Grund verweisen wir auf Abschnitt 8.2.2.

Gemeinkostenzuschläge im Plan

Um Gemeinkostenzuschläge für Innenaufträge im Plan zu verrechnen, benötigen Sie ein Kalkulationsschema, das alle notwendigen Einstellungen enthält; Sie ordnen es den betreffenden Innenaufträgen entweder direkt oder als Voreinstellung im Musterauftrag der Auftragsart zu. Einen kurzen Überblick über die Gemeinkostenzuschläge geben wir Ihnen in Abschnitt 8.2.1. Für Innenaufträge erstellen Sie die Gemeinkostenzuschläge im Plan über CONTROLLING • INNENAUFTRÄGE • PLANUNG • GEMEINKOSTENZUSCHLÄGE IM PLAN DEFINIEREN (Transaktion *OKOZ*).

5.2 Easy Cost Planning und Execution Services

5.2.1 Was ist das Easy Cost Planning?

Mit dem *Easy Cost Planning* stellt Ihnen SAP eine Planungsfunktionalität zur Verfügung, die wesentlich komfortabler ist als die manuelle Planung. Das Easy Cost Planning erlaubt es Ihnen, die Plandaten direkt aus der Pflegetransaktion für Innenaufträge (*KO02* bzw. *KO04*) heraus einzutragen, und bietet darüber hinaus die Möglichkeit, Primärkosten, Sekundärkosten und Erlöse in ein und derselben Eingabemaske zu planen. Um Planwerte anhand von Objekten aus der Logistik zu ermitteln, können Sie Einzelkalkulationen mit einbinden oder anhand von sogenannten Kalkulationsmodellen voreingestellte Templates erstellen.

In einem *Kalkulationsmodell* geben Sie feste Felder vor, anhand derer geplant wird. Zu jedem Feld hinterlegen Sie, wie bei einer Einzelkalkulation, auf welche Weise die Planwerte ermittelt werden sollen – als variable Position durch direkte Eingabe eines Wertes zu einer vorgegebenen Kostenart, über eine Leistungsmenge in Bezug auf eine Leistungsart, als Verbrauchsmenge zu einer Materialnummer etc.

5.2.2 Möglichkeiten des Easy Cost Planning

Wenn Sie das Easy Cost Planning verwenden, können Sie über die *Execution Services* direkt aus dem Easy Cost Planning heraus die nachstehend genannten Folgeaktionen anstoßen:

- Bestellanforderungen, Bestellungen, Reservierungen und Warenausgang (sofern Sie ein Planungselement mit einem konkreten Bezug zu einer Materialnummer gepflegt haben)
- interne Leistungsverrechnung (wenn Sie eine Leistungsaufnahme von einer konkreten Kostenstelle mit Leistungsart geplant haben)

5.2.3 Kalkulationsvariante festlegen

Um mit dem Easy Cost Planning arbeiten zu können, müssen Sie im Customizing zunächst über den Pfad CONTROLLING • INNENAUFTRÄGE • PLANUNG • EASY COST PLANNING UND EXECUTION SERVICES • EASY COST PLANNING • KALKULATIONSVARIANTEN FESTLEGEN (Transaktion *OKKR*) eine Kalkulationsvariante festlegen. SAP hat hier als Vorgabe dieselbe Variante *(PC02)* eingestellt wie für die Einzelkalkulation. Die zugehörige KALKULATIONSART ist 04 – *Auftragseinzelkalkulation*, die BEWERTUNGSVARIANTE 008 – *Planbewertung – Aufträge* (siehe Abbildung 5.8).

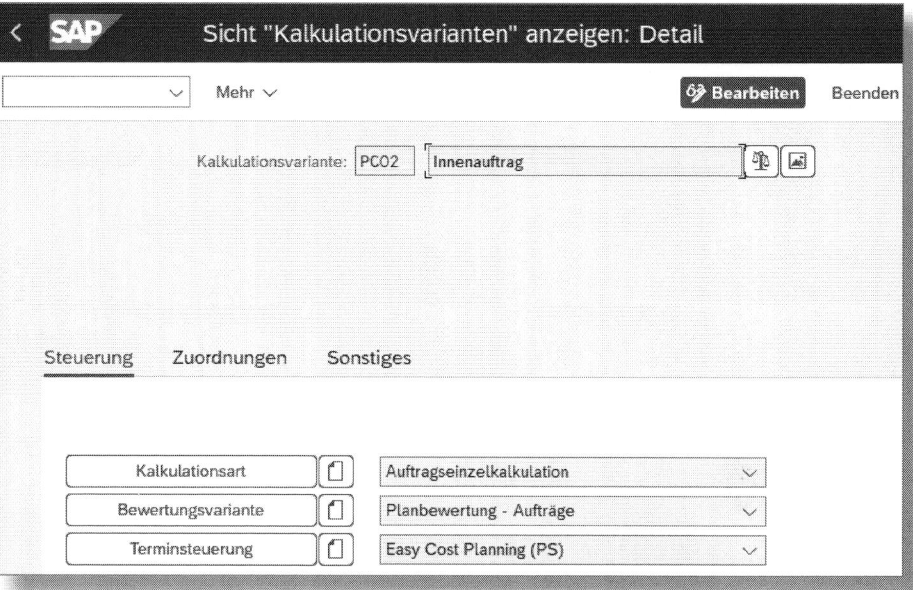

Abbildung 5.8: Kalkulationsvariante PC02 – Innenauftrag

5.2.4 Kalkulationsvariante im Planprofil eintragen

Um die Kalkulationsvariante einem Innenauftrag zuzuordnen, tragen Sie sie zunächst im Planprofil ein (siehe Abschnitt 5.1.6). Das Planprofil wiederum verknüpfen Sie mit der Auftragsart (siehe Abbildung 5.9). Sie können diese Einstellungen auch über CONTROLLING • INNENAUFTRÄGE • PLANUNG • EASY COST PLANNING UND EXECUTION SERVICES • EASY COST PLANNING • PLANPROFILE FÜR GESAMTPLANUNG PFLEGEN nachholen.

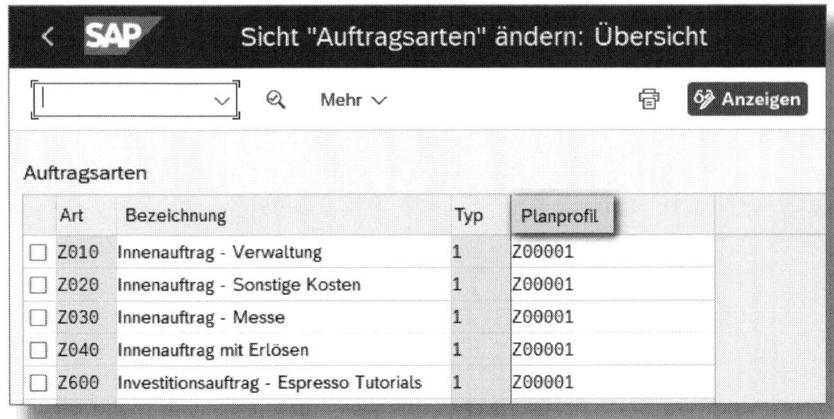

Abbildung 5.9: Pflege des Planprofils

5.2.5 Elementeschema für Easy Cost Planning

Im Easy Cost Planning haben Sie die Möglichkeit, Ihre Plankosten anhand eines Elementeschemas in Kostenelemente zu schichten. Dabei gibt es allerdings die Einschränkung, dass Sie die Aufteilung in Kostenelemente lediglich in der Planung darstellen können, aber nicht speichern. Sie haben damit keine Möglichkeit, die Kostenschichtung weiterzuverwenden (z. B. zur Weitergabe an CO-PA oder zur Auswertung im Informationssystem); gleichwohl verlangt das System beim Aufruf des Easy Cost Planning die Angabe eines Elementeschemas. Das Elementeschema für das Easy Cost Planning können Sie über CONTROLLING • INNENAUFTRÄGE • PLANUNG • EASY COST PLANNING UND EXECUTION SERVICES • EASY COST PLANNING • ELEMENTESCHEMA PRÜFEN (Transaktion *OKTZ*) überprüfen.

☛ Elementeschema für Easy Cost Planning

Falls Sie das Produktkosten-Controlling einsetzen, benötigen Sie ein detailliertes Elementeschema für die Materialkalkulation. In diesem Fall können Sie das gleiche Schema für das Easy Cost Planning verwenden. Haben Sie diese Komponente jedoch nicht im Einsatz, genügt es für die Zwecke des Easy Cost Planning, ein sehr simples Elementeschema zu definieren.

5.2.6 Kalkulationsschema für Gemeinkostenzuschläge

Sie können Gemeinkosten von Kostenstellen anhand von Gemeinkostenzuschlägen u. a. an Innenaufträge verrechnen. Dazu benötigen Sie ein *Kalkulationsschema*, das alle zur Berechnung der Zuschläge nötigen Einstellungen enthält. In Abschnitt 8.2.1 finden Sie einige weitere Informationen zu Gemeinkostenzuschlägen.

Für Innenaufträge erstellen Sie die Gemeinkostenzuschläge im Plan über CONTROLLING • INNENAUFTRÄGE • PLANUNG • EASY COST PLANNING UND EXECUTION SERVICES • EASY COST PLANNING • GEMEINKOSTENZUSCHLÄGE IM PLAN DEFINIEREN (Transaktion *OKOZ*). Um festzulegen, welches Kalkulationsschema für welchen Innenauftrag zur Anwendung kommen soll, ordnen Sie es entweder manuell im individuellen Auftrag zu, oder Sie tragen es als Vorschlagswert im Musterauftrag der zugehörigen Auftragsart ein.

Sie verrechnen die Gemeinkostenzuschläge im Anwendungsmenü über die Transaktion *KGP2* (Einzelverarbeitung) oder *KGP4* (Sammelverarbeitung). Dabei geben Sie an, für welche Innenaufträge Sie die Gemeinkostenzuschläge berechnen wollen. Bei der Sammelverarbeitung setzen Sie eine Selektionsvariante ein.

5.2.7 Kalkulationsmodell anlegen

Wenn Sie die Customizing-Einstellungen für das Easy Cost Planning abgeschlossen haben, können Sie damit beginnen, ein Kalkulationsmodell zu erstellen, das bei der Planung eingesetzt wird. Kalkulationsmodelle basieren auf der Template-Technik, die Sie auch für Verrechnungen verwenden können.

Sie erstellen ein Kalkulationsmodell im Anwendungsmenü über den Menüpfad RECHNUNGSWESEN • PROJEKTSYSTEM • GRUNDDATEN • VORLAGEN • MODELLE FÜR EASY COST PLANNING (Transaktion *CKCM*, im Anwendungsmenübaum für Innenaufträge ist diese Transaktion nicht vorhanden). Wählen Sie zunächst den Button ANLEGEN ❶ (siehe Abbildung 5.10); im Pop-up-Fenster tragen Sie dann einen Namen ❷ (dieser muss eindeutig sein und darf nicht mit einer Zahl beginnen) sowie eine BEZEICHNUNG ein. Dann bestätigen Sie ❸.

Um das Kalkulationsmodell zu vervollständigen, gehen Sie in drei Schritten vor:

- **Zuordnung von Merkmalen:** Zu jedem Planwert, der über das Kalkulationsmodell eingegeben werden soll, benötigen Sie ein Merkmal. Dabei handelt es sich um eine Entität aus dem Klassensystem, die vorgibt, um welchen Datentyp (z. B. Währung zur Eingabe eines Betrags oder numerisch zur Eingabe einer Menge), welche Maßeinheit (z. B. Stunden oder Stück) bzw. welche Währung es sich handeln soll.
- **Gestaltung des Eingabebildes:** Die Eingabe der Plandaten erfolgt über ein HTML-Template, das Sie bei Bedarf individuell gestalten können. Im Rahmen dieses Buches werden wir uns auf das SAP-Standard-Template beschränken.
- **Definition von Ableitungsregeln:** Über Ableitungsregeln legen Sie für jedes Merkmal fest, wie die eingegebenen Werte interpretiert werden sollen, ob sie sich also als variables Objekt auf eine Primärkostenart beziehen, als Zahl von Stunden auf eine Leistungsart, als Stückzahl auf ein Material etc.

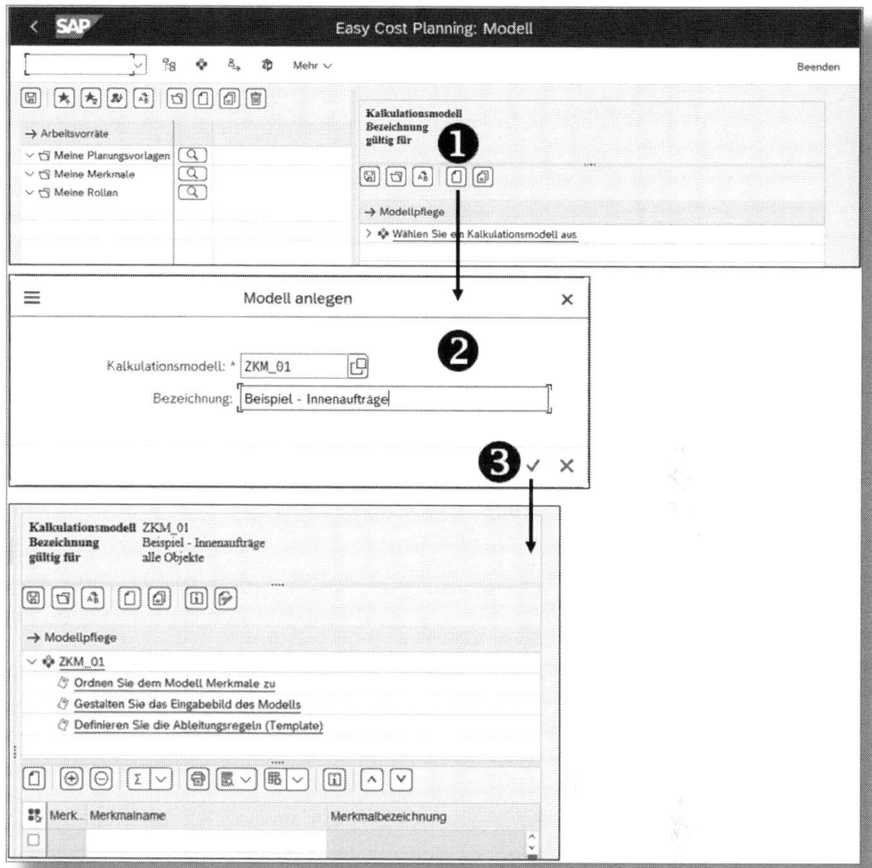

Abbildung 5.10: Kalkulationsmodell für Easy Cost Planning anlegen

5.2.8 Merkmal anlegen

Um ein neues Merkmal anzulegen (siehe Abbildung 5.11), tragen Sie es in die entsprechende Zeile ein ❶. Sofern das Merkmal noch nicht existiert, weist Sie das System darauf hin und fragt, ob Sie es anlegen wollen. Bestätigen Sie dies mit JA ❷.

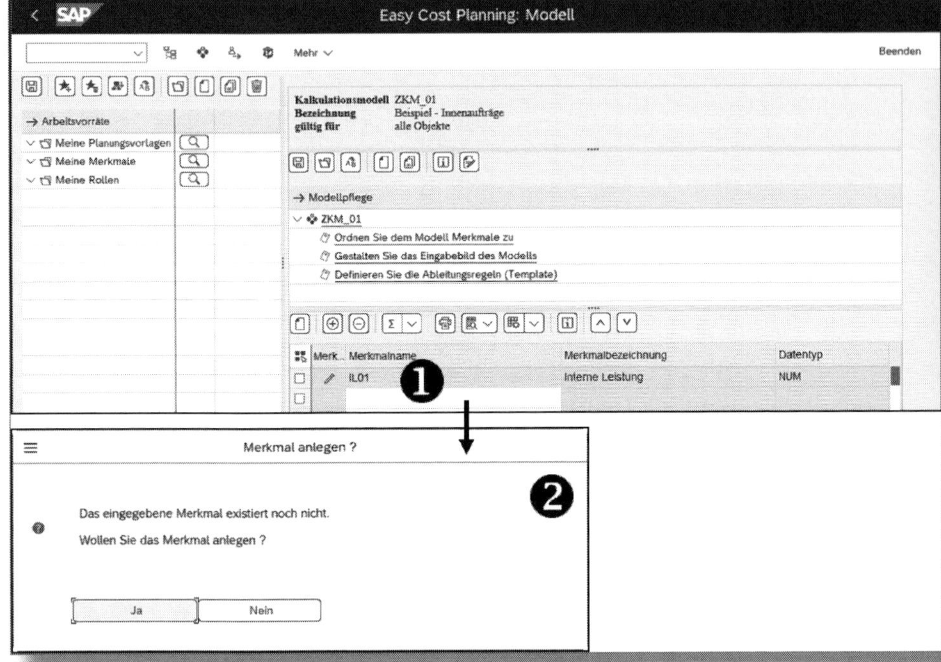

Abbildung 5.11: Merkmal anlegen – Schritt 1

Anschließend geben Sie, wie aus Abbildung 5.12 ersichtlich, zum Merkmal eine BEZEICHNUNG ❸ und den DATENTYP ❹ ein (für das Easy Cost Planning sind hier nur die Typen *Numerisches Format* und *Währungsformat* relevant).

Außerdem müssen Sie die maximal erlaubte ANZAHL STELLEN und DEZIMALSTELLEN angeben sowie eine MAßEINHEIT eintragen ❺. Sichern Sie das Merkmal dann, und kehren Sie zurück zur Pflege des Kalkulationsmodells.

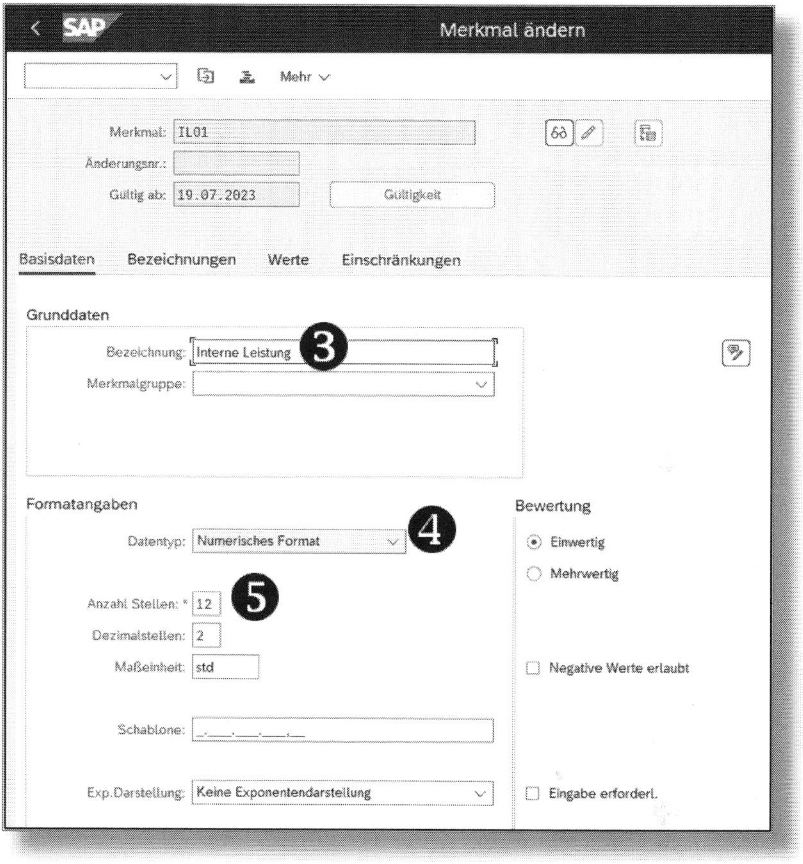

Abbildung 5.12: Merkmal anlegen – Schritt 2

Verwendung von Merkmalen in verschiedenen Kalkulationsmodellen

Sie können Merkmale in verschiedenen Kalkulationsmodellen verwenden; beachten Sie dabei aber, dass die Bezeichnung (nicht der Name), die Sie dem Merkmal geben, später in der Planungsmaske erscheint und entsprechend allgemein sein muss, um wiederverwendbar zu sein.

5.2.9 Ableitungsregeln definieren

Im Beispiel haben wir zu unserem Kalkulationsmodell drei Merkmale angelegt, zwei mit numerischem Datenformat zur Erfassung von Stunden bzw. Stückzahlen sowie eines vom Datentyp »Währung«. Um die Ableitungsregeln zu pflegen, klicken Sie auf den Button DEFINIEREN SIE DIE ABLEITUNGSREGELN (TEMPLATE), wie in Abbildung 5.13 dargestellt.

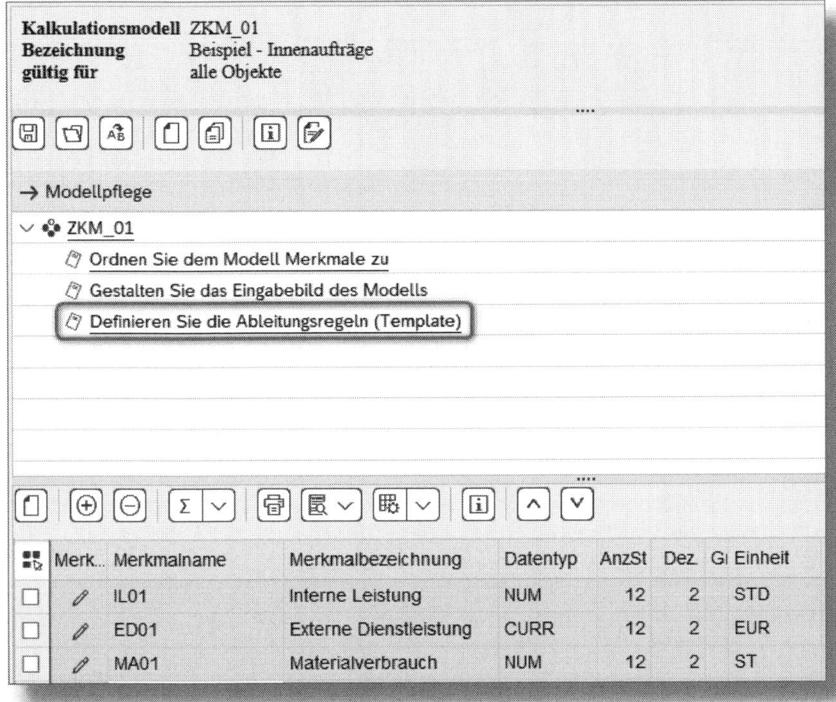

Abbildung 5.13: Anlegen der Ableitungsregeln

Das System erkundigt sich sodann, zu welchem Bezugsobjekt Sie die Ableitungsregeln anlegen möchten; Sie können alle Objekte zulassen oder auf bestimmte einschränken (z. B. nur auf Innenaufträge). Wenn Sie hier auf ein bestimmtes Objekt einschränken, darf die Regel nur für das entsprechende Bezugsobjekt verwendet werden und für kein anderes. Beachten Sie bitte, dass Sie diese Festlegung nicht mehr nachträglich ändern können.

Sie bestimmen nun in einem speziellen Editor über die Template-Technik, wie anhand der vom Benutzer eingegebenen Zahlen zu den Merkmalen Planwerte ermittelt werden sollen. Templates erlauben komplexe Berechnungen und können dabei auf eine Vielzahl von Stammdatenfeldern aus dem Controlling zurückgreifen.

Zeilentypen

Zunächst legen Sie für jede Zeile den Typ fest, aus dem die weitere Logik der Berechnung hervorgeht. Im Beispiel haben wir je eine Zeile als Kombination von *Kostenstelle* und *Leistungsart*, als *Material* und als *variable Position* gekennzeichnet (siehe Abbildung 5.14).

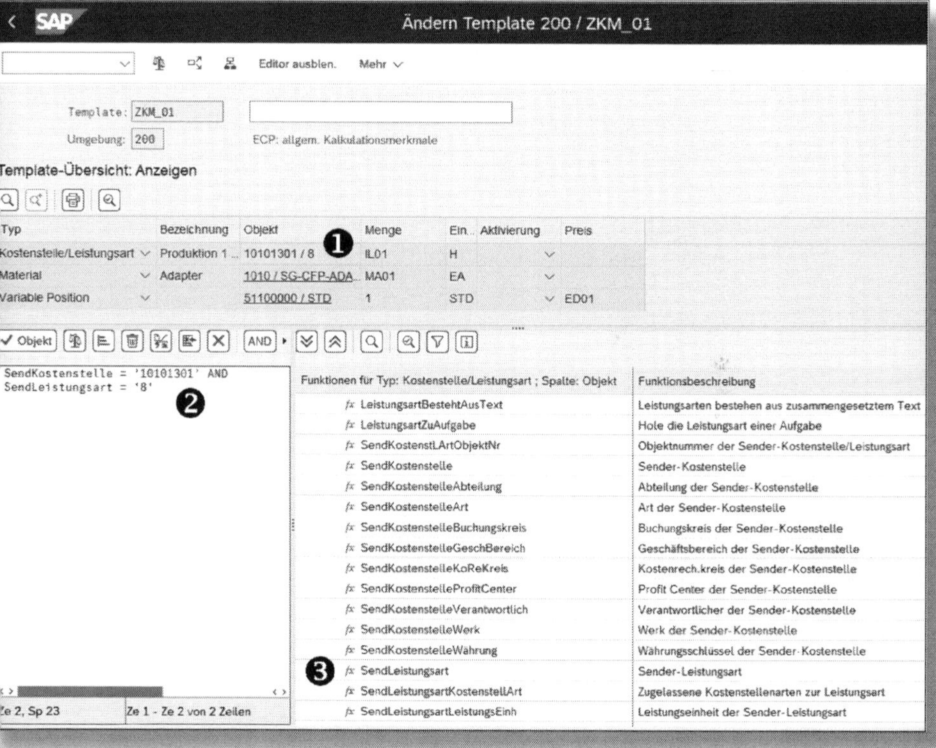

Abbildung 5.14: Ableitungsregel für Kostenstelle/Leistungsart pflegen

5.2.10 Bezugsbjekt eingeben

In der Spalte OBJEKT legen Sie fest, um welche Kostenstelle und welche Leistungsart es sich handeln soll. Indem Sie einen Doppelklick auf das entsprechende Feld ❶ ausführen, öffnet sich unter ❷ ein Editor, anhand dessen Sie das Feld spezifizieren können. Rechts unter ❸ sehen Sie eine Liste aller zur Verfügung stehenden Stammdaten und Funktionen. Sie können nun eine Kombination aus Kostenstelle und Leistungsart vorgeben oder über Formeln dynamisch bestimmen lassen. Im Beispiel haben wir die Kostenstelle anhand der Formel *SendKostenstelle* und die Leistungsart über *SendLeistungsart* fest vorgegeben.

5.2.11 Menge aus Eigabeparameter ermitteln

Anhand der Leistungsart kann das System nun die entsprechende Kostenart ermitteln und via Tarif den Stundensatz. Die Anzahl der zu planenden Stunden soll über die Eingabe des Benutzers für das zugeordnete Merkmal ermittelt werden. In der Spalte MENGE tragen Sie das entsprechende Merkmal ein (siehe Abbildung 5.15).

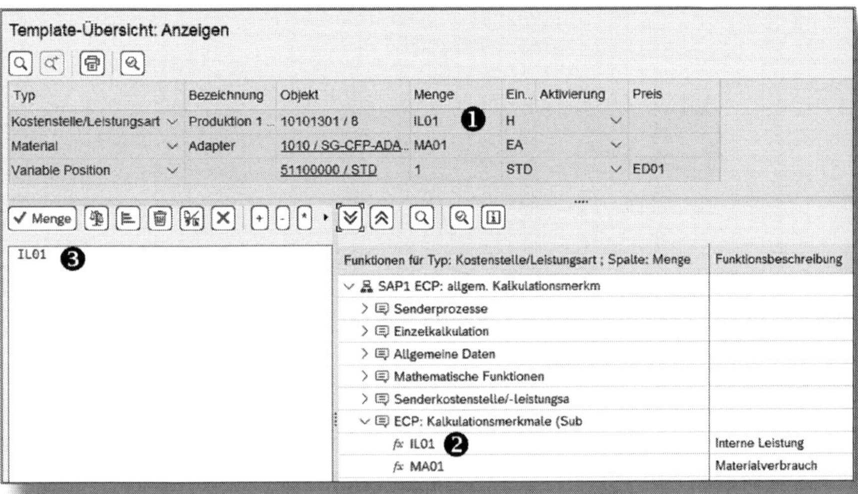

Abbildung 5.15: Angabe der Menge anhand des Merkmals

Führen Sie zunächst einen Doppelklick auf das entsprechende Feld aus ➊. Sie erhalten eine große Anzahl an Funktionen angeboten; die dem Kalkulationsmodell zugeordneten Merkmale finden Sie am Ende ➋. Wählen Sie das entsprechende Merkmal aus. Es wird in den Editor übernommen ➌.

In Abbildung 5.16 sehen Sie das im Beispiel fertiggestellte Template.

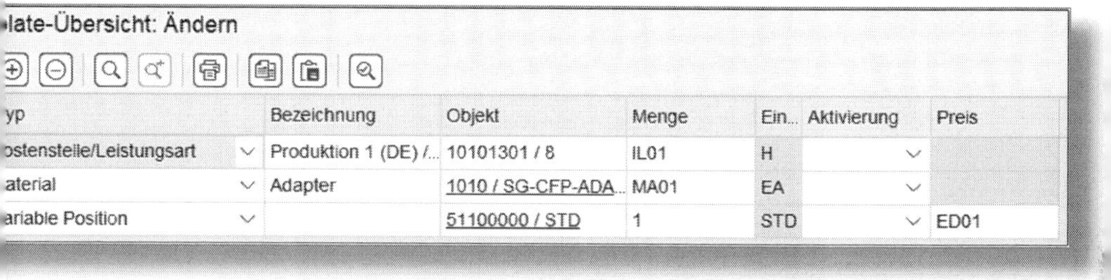

late-Übersicht: Ändern

yp	Bezeichnung	Objekt	Menge	Ein...	Aktivierung	Preis
ostenstelle/Leistungsart	Produktion 1 (DE) /...	10101301 / 8	IL01	H		
aterial	Adapter	1010 / SG-CFP-ADA...	MA01	EA		
ariable Position		51100000 / STD	1	STD		ED01

Abbildung 5.16: Fertiggestelltes Template

Die zweite Zeile dient zur Planung des Verbrauchs eines bestimmten MATERIALS; entsprechend haben wir hier unter OBJEKT das Werk mit der Materialnummer eingetragen und unter MENGE das passende Merkmal ausgewählt. Beachten Sie, dass wir in den beiden ersten Zeilen keine Einträge in der Spalte PREIS zu machen brauchten, da dieser automatisch ermittelt wird.

Variable Position

In der dritten Zeile haben wir eine variable Position erstellt, bei der wir als OBJEKT lediglich eine Kostenart brauchen. Da hier keine Mengen geplant werden, benötigen wir ein Merkmal vom Typ WÄHRUNG und tragen es nicht in der Spalte MENGE ein, sondern unter PREIS. Beachten Sie bitte, dass Sie bei einer VARIABLEN POSITION eine *1* in der Spalte MENGE eintragen müssen, da das System grundsätzlich den Planwert als Produkt aus Menge und Preis errechnet.

> **☛ Erlösplanung mit dem Easy Cost Planning**
>
> Sie können mit dem Easy Cost Planning auch Erlöse manuell planen. Dazu definieren Sie eine variable Position und ordnen dieser eine Erlösart zu. Da Erlöse im Controlling als negative Werte fortgeschrieben werden, tragen Sie in der Spalte MENGE *-1* ein. Der Editor akzeptiert die Eingabe *-1* jedoch nicht, deshalb müssen Sie *0-1* eingeben.

Wenn Sie das Kalkulationsmodell fertiggestellt haben, können Sie es zur Planung in Innenaufträgen verwenden. Wechseln Sie dazu zur Pflegetransaktion für Innenaufträge (*KO02* oder *KO04*) und wählen Sie ZUSÄTZE • KALKULATION • ANLEGEN. Die Planungsmaske sieht dann so aus, wie in Abbildung 5.17 dargestellt.

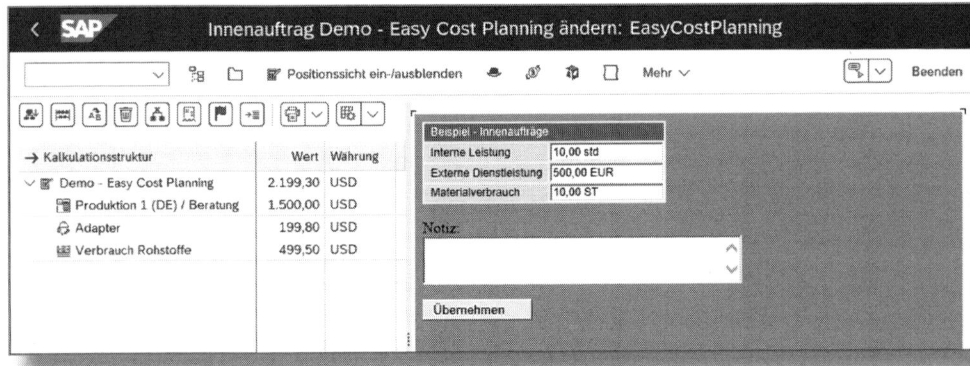

Abbildung 5.17: Planung mit Kalkulationsmodell im Easy Cost Planning

5.2.12 Execution Services

Execution-Services-Profil definieren

Um die Execution Services nutzen zu können, müssen Sie als Erstes ein Profil über folgenden Pfad für sie erstellen: CONTROLLING • INNENAUFTRÄGE • PLANUNG • EASY COST PLANNING UND EXECUTION SERVICES

• EXECUTION SERVICES • EXECUTION SERVICES PROFIL DEFINIEREN). Darin legen Sie unter dem Punkt EXECUTION SERVICE zunächst fest, welche Folgeaktionen über die Execution Services angestoßen werden dürfen (siehe Abbildung 5.18).

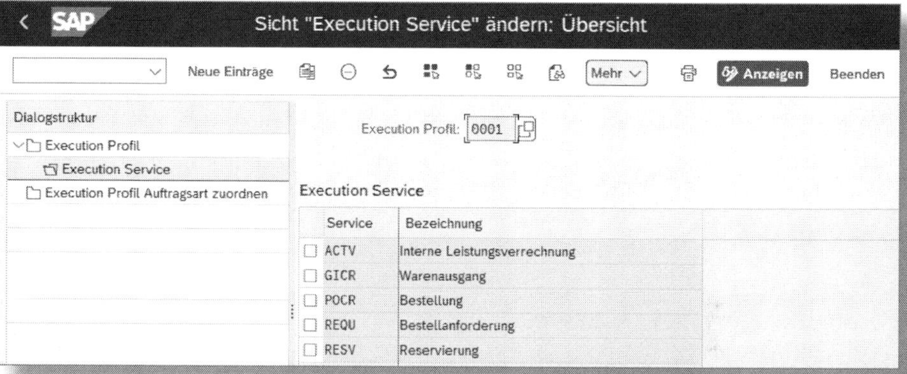

Abbildung 5.18: Profil für die Execution Services anlegen

Im zweiten Schritt ordnen Sie das Execution-Services-Profil den entsprechenden Auftragsarten zu (siehe Abbildung 5.19).

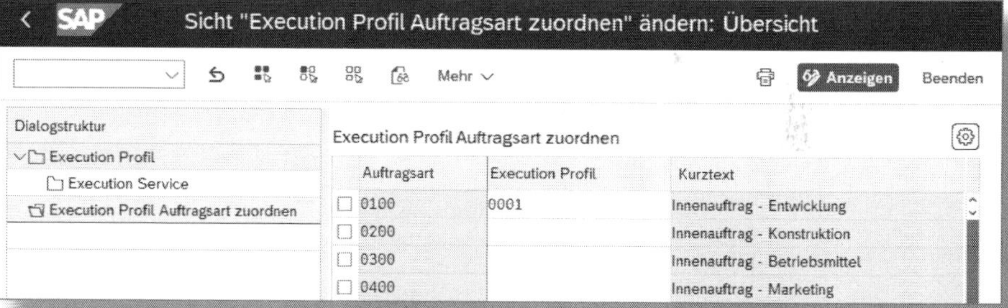

Abbildung 5.19: Execution-Services-Profil der Auftragsart zuordnen

Belegarten und Bewegungsarten zuordnen

Unter CONTROLLING • INNENAUFTRÄGE • PLANUNG • EASY COST PLANNING UND EXECUTION SERVICES • EXECUTION SERVICES • EINSTELLUNGEN FÜR DIE EXECUTION SERVICES DEFINIEREN bestimmen Sie, welche Belegarten und Bewegungsarten für die Folgefunktionen der Execution Services verwendet werden sollen. So legen Sie z. B. fest, welche Bestellart stets für Bestellungen gelten soll oder unter welchen Bewegungsarten ein Warenausgang gebucht werden soll. Wir empfehlen Ihnen, an den standardmäßig ausgelieferten Einstellungen nichts zu verändern.

Darüber hinaus können Sie unter CONTROLLING • INNENAUFTRÄGE • PLANUNG • EASY COST PLANNING UND EXECUTION SERVICES • EXECUTION SERVICES • BEZEICHNUNGEN FÜR EXECUTION SERVICES DEFINIEREN noch die Beschreibung der Services verändern. Auch hier empfehlen wir Ihnen, die Standardeinstellungen beizubehalten, sofern keine wichtigen Gründe dagegensprechen.

Execution Services anstoßen

Wenn Sie alle notwendigen Einstellungen für die Execution Services vorgenommen haben, können Sie die entsprechenden Vorgänge direkt aus dem Easy Cost Planning heraus anstoßen (siehe Abbildung 5.20).

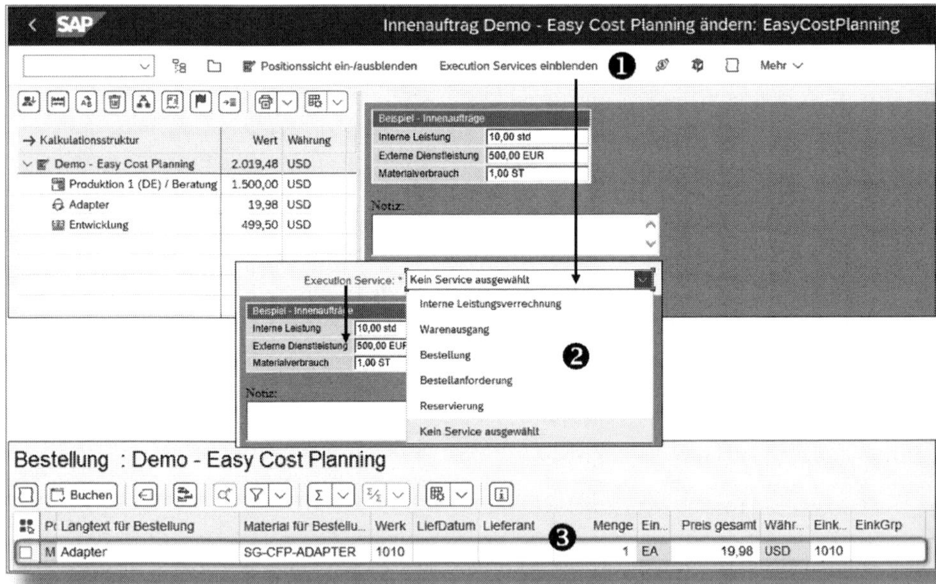

Abbildung 5.20: Execution Services aufrufen

Dazu klicken Sie zunächst auf den Button EXECUTION SERVICES EINBLENDEN ❶ und wählen den gewünschten Service aus (im Beispiel eine *Bestellung* ❷). Das System erstellt dann anhand der verfügbaren Informationen zum hinterlegten Material einen Vorschlag für eine Bestellung ❸, die Sie dann direkt anlegen können.

5.3 Planung mit SAP Fiori

Plandaten können Sie manuell erfassen, indem Sie die Fiori-App »Finanzplandaten importieren« verwenden. Sie befüllt die Plandatentabelle ACDOCP, gewissermaßen das Universal Journal für die Planung in SAP S/4HANA. Bitte beachten Sie, dass die Plandaten in *Kategorien* gespeichert und nicht über *CO-Versionen* abgebildet werden. Hierbei handelt es sich um ein neues Datenelement. Dies bedeutet, dass die Planung in SAP ERP die Plandaten ausschließlich in den alten CO-Tabellen fortschreibt und die neue Planung in S/4HANA die Plandaten in der neuen Tabelle ACDOCP hält. Somit können Inkonsistenzen entstehen, wenn in beiden »SAP-Welten« geplant wird. Für die Synchronisation der Plandaten stellt SAP eine Auswahl an Programmen zur Verfügung, die die Daten dementsprechend konsistent halten. Einen Überblick über die Zusammenhänge der Datenübernahme erhalten Sie in Abbildung 5.21.

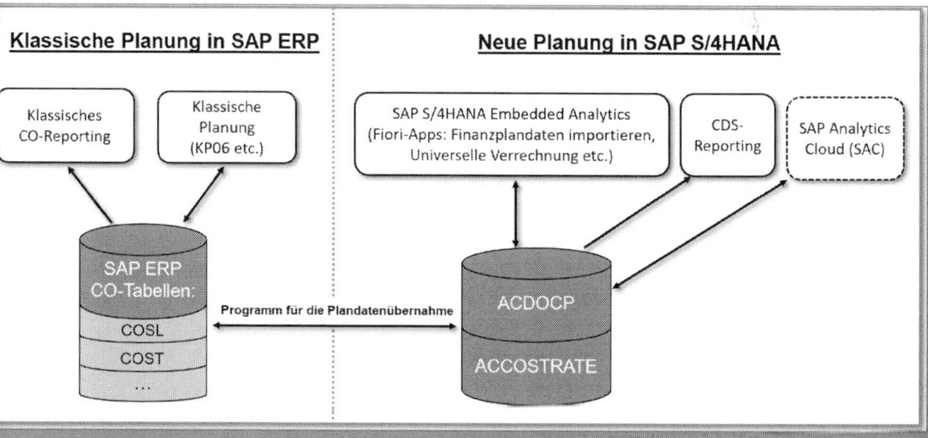

Abbildung 5.21: Plandatenübernahme

Tabelle 5.1 listet die zur Verfügung stehenden Programme auf, um die Plandaten von den klassischen Controlling-Planungstabellen in die neuen Tabelle ACDOCP – oder in umgekehrter Richtung – zu überführen.

Name des Programms	Richtung der Datenübernahme	Beschreibung
R_FINS_PLAN_TRANS_CO_S4H_2_ERP	Tabelle ACDOCP ⇨ CO-ERP-Tabellen	übernimmt CO-Plandaten aus der Tabelle ACDOCP in CO-ERP-Tabellen
R_FINS_PLAN_TRANS_CO_ERP_2_S4H	CO-ERP-Tabellen ⇨ Tabelle ACDOCP	übernimmt CO-Plandaten aus CO-ERP-Tabellen in Tabelle ACDOCP
R_FINS_PLAN_TRANS_ACTOUT_2_ERP	Tabelle ACDOCP ⇨ Tabelle COSL	übernimmt Planleistung und Kapazität aus der Tabelle ACDOCP in die Tabelle COSL
R_FINS_PLAN_TRANS_ACTY_ERP_S4H	Tabelle COST ⇨ Tabelle ACCOSTRATE	übernimmt Preise aus der Tabelle COST in die Tabelle ACCOSTRATE
R_FINS_PLAN_TRANS_ACTY_S4H_ERP	Tabelle ACCOSTRATE ⇨ Tabelle COST	übernimmt Leistungstarife aus der Tabelle ACCOSTRATE in die Tabelle COST

Tabelle 5.1: SAP-Übernahmeprogramme für Plandaten

Video zur Planung mit SAP Fiori

In der Videosammlung »Innenaufträge in SAP S/4HANA – Customizing«, die Sie über den frei zugänglichen Bereich unserer SAP-Lernplattform aufrufen, lernen Sie im 4. Teil, »Planung von Innenaufträgen mit SAP Fiori«, mehr zu den Themen »Plandaten erfassen und Plandatenübernahme«. Wie Sie den Zugang zum Video erhalten, haben wir im Vorwort beschrieben.

5.3.1 Voraussetzungen für die Planung

Um Finanzplandaten über die Fiori-App »Finanzplandaten importieren« im System zu erfassen, sollten Sie zunächst die benötigten Kategorien anlegen. Eine Kategorie ist das Gegenstück zur Planversion. Wenn Sie die Plandaten in SAP Fiori erfassen und diese Plandaten mit einem Übernahmeprogramm in den klassischen CO-Tabellen synchronisieren möchten, ist es empfehlenswert, die CO-Planversionen analog zu den Kategorien anzulegen. Somit schaffen Sie Transparenz, wenn Sie die Plandaten im Reporting einsehen.

Die Kategorien legen Sie im Customizing unter CONTROLLING • CONTROLLING ALLGEMEIN • PLANUNG • KATEGORIE FÜR DIE PLANUNG PFLEGEN an (siehe Abbildung 5.22).

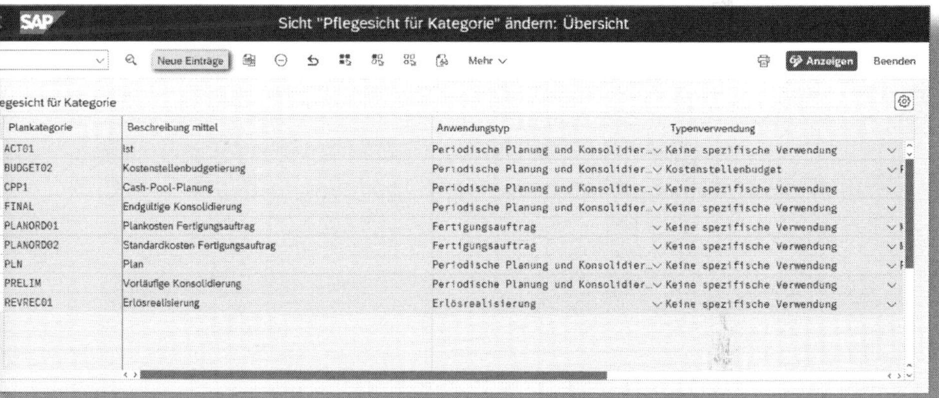

Abbildung 5.22: Kategorien pflegen

Klicken Sie auf die Schaltfläche Neue Einträge, um eine neue Kategorie anzulegen. Die Ausprägungen der SAP-Standardkategorien entnehmen Sie Tabelle 5.2.

Kategorie	Beschreibung	Anwendungsart	Typ	Verwendung
ACT01	Ist	Periodische Planung und Konsolidierung	M	Keine spez. Verwendung
PLN	Planzahlen	Periodische Planung und Konsolidierung	P	Keine spez. Verwendung
BUDGET02	Kostenstellen-budgetierung	Periodische Planung und Konsolidierung	P	Kostenstellen-budgetierung
PLANORD01	Plankosten Fertigungsauftrag	Fertigungsaufträge	M	Keine spez. Verwendung
PLANORD02	Standardkosten Fertigungsauftrag	Fertigungsaufträge	M	Keine spez. Verwendung
PRELIM	Vorläufige Konsolidierung	Periodische Planung und Konsolidierung	-	Keine spez. Verwendung
REVREC01	Erlösrealisierung	Erlösrealisierung	-	Keine spez. Verwendung

Tabelle 5.2: SAP-Standardkategorien

In unserem Beispiel legen wir die Kategorien *P1* und *P2* an und prägen diese dementsprechend aus (siehe Abbildung 5.23 und Abbildung 5.24).

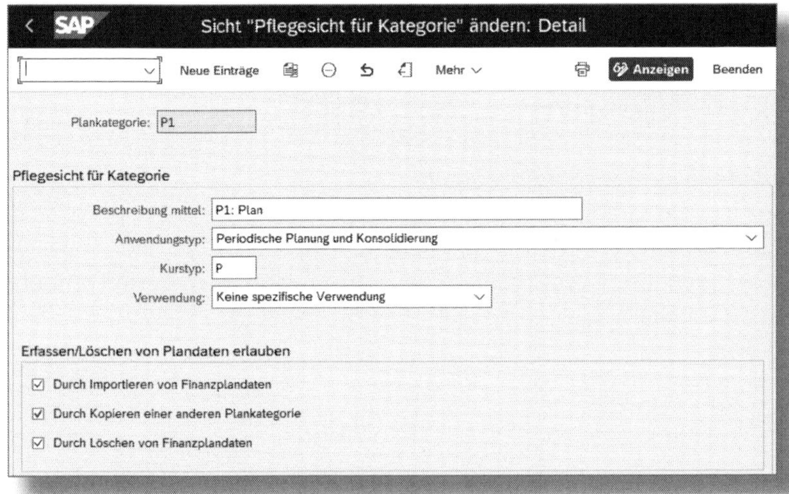

Abbildung 5.23: Pflegesicht (Kategorie)

Im Feld BESCHREIBUNG MITTEL wird die Beschreibung der Kategorie hinterlegt. Der ANWENDUNGSTYP umfasst die periodische Planung und Konsolidierung, das Projektmanagement, die Produktionskosten, Erlösrealisierung sowie Anlage und Instandhaltung. Für unseren Anwendungsfall haben wir die Einstellung *Periodische Planung und Konsolidierung* gewählt. Im Menüpunkt KURSTYP können Sie einen Schlüssel vergeben (*M* steht für die Standardumrechnung zum Mittelkurs und *P* für die Standardumrechnung für die Kostenplanung), um die Umrechnung von Fremdwährungsbeträgen durchzuführen. Beim Punkt VERWENDUNG ist es möglich, zwischen Projektbudgetierung, Kostenstellenbudget und Public-Sector-Budget zu differenzieren. Wir benötigen diese Unterscheidung nicht und wählen *Keine spezifische Verwendung* aus.

Zudem haben wir die Plankategorien auch als CO-Planversion angelegt, um die Plandaten von der Tabelle ACDOCP zu den klassischen CO-Plantabellen zu transferieren. Die CO-Versionen legen Sie an, indem Sie im Customizing zum Menüpunkt ALLGEMEINE VERSIONSDEFINITION navigieren, der Pfad lautet: CONTROLLING • CONTROLLING ALLGEMEIN • ORGANISATION • VERSIONEN PFLEGEN (siehe Abbildung 5.24).

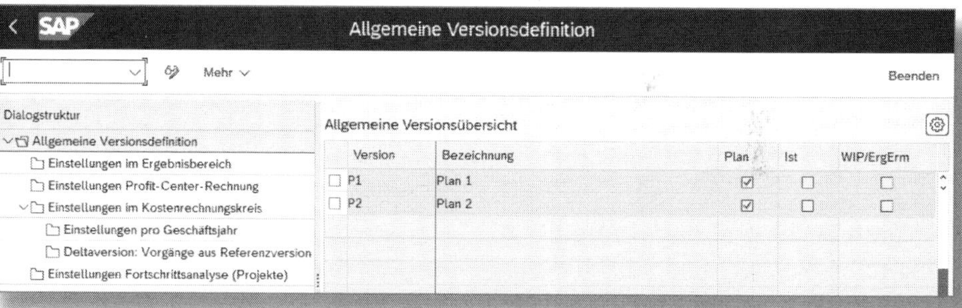

Abbildung 5.24: CO-Planversion (P1, P2)

5.3.2 Durchführung der Planung

In diesem Abschnitt werden wir Ihnen zeigen, wie Sie die Plandaten in die Tabelle ACDOCA laden und prüfen können. Den Upload führen wir mit der SAP-Fiori-App »Finanzplandaten importieren« durch. Diese

App finden Sie in der Standardkategorie »Gemeinkostenrechnung – Planung« im App Finder.

Die Planung erfolgt via CSV-Datei. Dies bedeutet, dass Sie mittels einer Excel-Datei die Planung vorbereiten und die fertige Datei über die Upload-Funktion in das SAP-System laden können. Rufen Sie nun die Fiori-App »Finanzplandaten importieren« auf (siehe Abbildung 5.25).

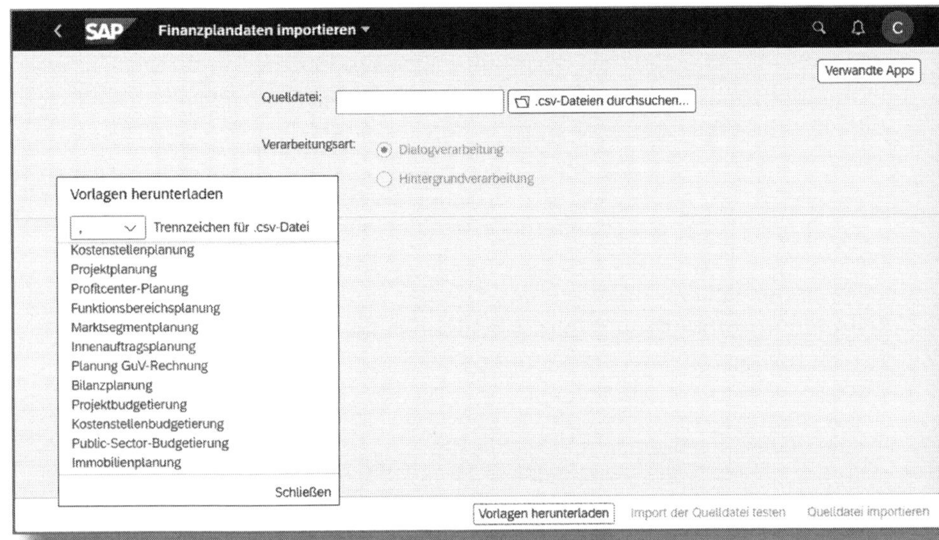

Abbildung 5.25: SAP-Fiori-App »Finanzplandaten importieren«

Wenn Sie eine Vorlagendatei für die Innenauftragsplanung benötigen, können Sie sich eine solche herunterladen. Klicken Sie hierzu auf den Button Vorlagen herunterladen, und wählen Sie die entsprechende Datei aus.

	A	B	C	D	E	F	G	H	I
1	CATEGORY	RYEAR	POPER	RBUKRS	AUFNR	RCNTR	RACCT	KSL	RKCUR
2	Plankategorie	häftsjahr Haupt	Buchungsperiode	Buchungskreis	Auftragsnummer	Kostenstelle	Kontonummer	rgreifer	Übergreifende Wäh
3	X	X	X	X	X				
4	P1	2023	4	OBDE	400000	DEMK1000	60000000	5000	EUR
5	P2	2023	4	OBDE	400000	DEMK1000	66000000	1000	EUR
6	P1	2023	5	OBDE	400000	DEMK1000	60000000	5000	EUR
7	P2	2023	5	OBDE	400000	DEMK1000	66000000	1000	EUR
8	P1	2023	6	OBDE	400000	DEMK1000	60000000	5000	EUR

Abbildung 5.26: Beispieldatei für den Plandatenimport

Die erste Zeile der Importdatei (siehe Abbildung 5.26) enthält die technischen Namen der Felder, die Sie importieren möchten. In unserem Beispiel sind dies die CATEGORY, RYEAR, POPER etc. In der zweiten Zeile ist die Feldbeschreibung enthalten, wie beispielsweise die PLANKATEGORIE, das GESCHÄFTSJAHR HAUPTBUCH oder die BUCHUNGSPERIODE. Die dritte Zeile kann ein X enthalten. Das bewirkt, dass die Plandaten überschrieben werden können. Ab der vierten Zeile sind die Plandaten enthalten. In unserem Beispiel haben wir für die Jahre 2023 und 2024 neue Plandaten erfasst. Abbildung 5.26 zeigt nur einen Ausschnitt der Importdatei, insgesamt beinhaltet diese ca. 100 Zeileneinträge.

Beachten Sie, dass die nachfolgenden Felder Pflichtfelder sind:

- Kategorie (CATEGORY)
- Kontonummer (RACCT)
- Geschäftsjahr (RYEAR) oder Periode/Jahr (FISCYEARPER)
- mindestens ein Betrags- oder Mengenfeld
- die Währungen für alle aufgenommenen Beträge
- die Einheiten für alle aufgenommenen Mengen

Selektieren Sie die soeben erstellte Datei mit der Schaltfläche [.csv-Dateien durchsuchen...] (siehe Abbildung 5.27).

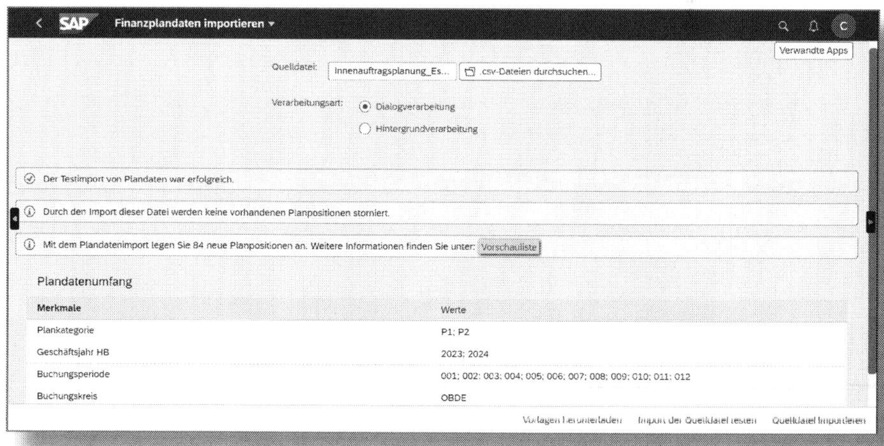

Abbildung 5.27: Prüfen der Upload-Datei

Wir empfehlen, die Plandaten über eine VORSCHAULISTE einzusehen und zu prüfen, bevor Sie den Importvorgang anstoßen. Über einen Klick auf Vorschauliste (siehe Abbildung 5.27) gelangen Sie die in die Ansicht aus Abbildung 5.28.

Finanzplandaten importieren

Ihr Plandatenimport wird die folgenden Planpositionen anlegen:

Plankategorie	GeschJahr HB	Buchungsper.	Buchungskreis	Auftrag	Kostenstelle	Kontonummer	Btr. in üb. Whr.
P1	2023	004	OBDE	400000	DEMK1000	60000000	5.000,00 EUR
P2	2023	004	OBDE	400000	DEMK1000	66000000	1.000,00 EUR
P1	2023	005	OBDE	400000	DEMK1000	60000000	5.000,00 EUR
P2	2023	005	OBDE	400000	DEMK1000	66000000	1.000,00 EUR
P1	2023	006	OBDE	400000	DEMK1000	60000000	5.000,00 EUR

Abbildung 5.28: Einsehen der Vorschauliste

Wenn keine Fehler enthalten sind, drücken Sie auf den Button < oben links im Bildschirm, um zurück in die vorherige Übersicht zu gelangen. Anschließend klicken Sie auf Import der Quelldatei testen (siehe Abbildung 5.27). In diesem Schritt simuliert das SAP-System den Import und prüft die Datei technisch. Wenn auch dieser Test erfolgreich abgeschlossen ist, erscheint die Meldung DER TESTIMPORT VON PLANDATEN WAR ERFOLGREICH. Nun können Sie den Import durchführen und die Plandaten in die Tabelle ACDOCP schreiben. Wählen Sie hierzu die Schaltfläche Quelldatei importieren. Nach kurzem Importvorgang erscheint die Meldung: DIE PLANDATEN WURDEN ERFOLGREICH IMPORTIERT. WECHSELN SIE ZUM ANALYSIEREN DER ERGEBNISSE NACH: FINANZPLANDATEN (siehe Abbildung 5.29).

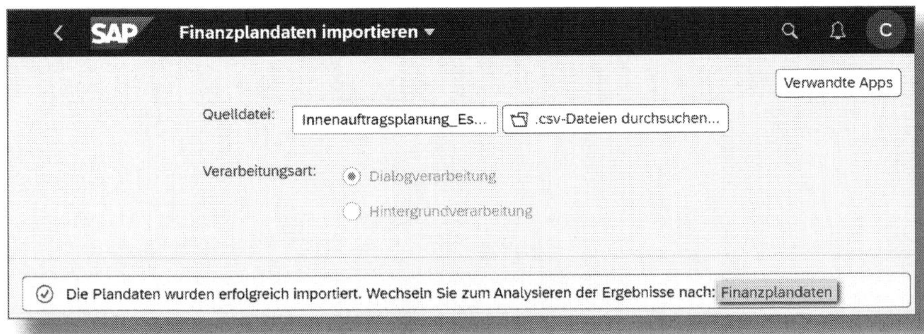

Abbildung 5.29: Absprung zur Fiori-App »Finanzplandaten«

Klicken Sie nun auf den Absprung Finanzplandaten. Sie werden automatisch zur SAP-Fiori-App »Finanzplandaten« weitergeleitet.

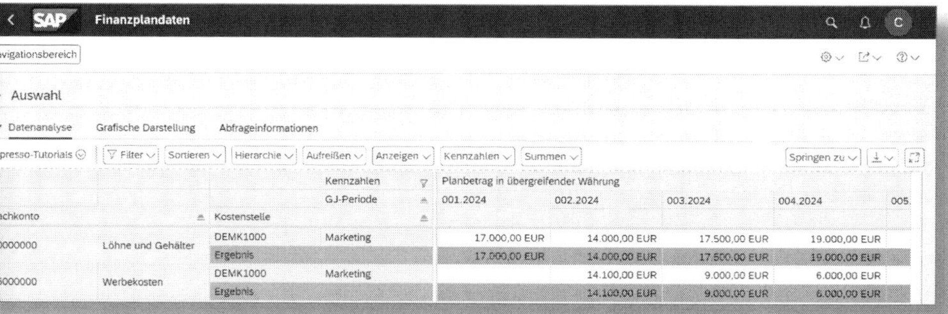

Abbildung 5.30: App »Finanzplandaten« – tabellarische Darstellung

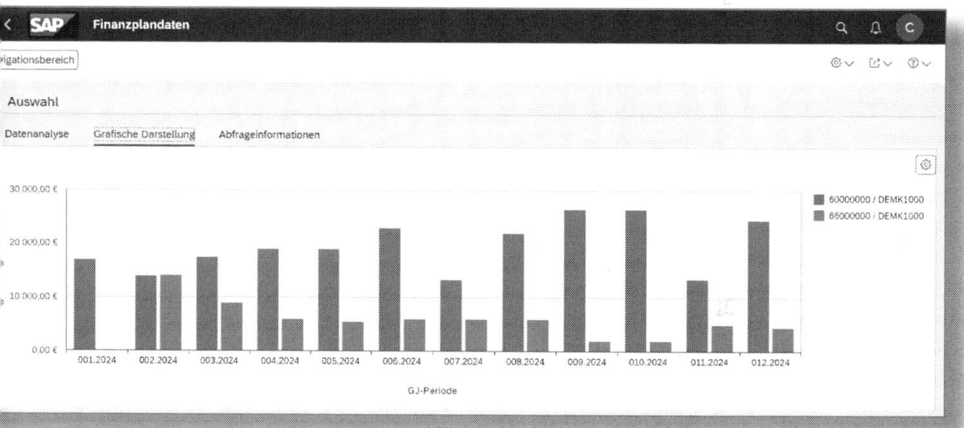

Abbildung 5.31: App »Finanzplandaten« – grafische Darstellung

Wie aus Abbildung 5.30 und Abbildung 5.31 ersichtlich, werden die Plandaten im Reporting korrekt angezeigt. Die App ist in der Lage, die Daten entweder tabellarisch oder grafisch darzustellen. Darüber hinaus ist es möglich, Filter hinzufügen, um beispielsweise auf eine Kategorie einzugrenzen. Zudem lassen sich im Navigationsbereich weitere Dimensionen, wie Kostenstelle oder PSP(Projektstrukturplan)-Element hinzufügen.

5.3.3 Plandatenübernahme

Wie bereits eingangs in diesem Abschnitt erläutert, kann mittels Plandatenübernahme eine Synchronisation der Planwerte zwischen den klassischen CO-Tabellen und der neuen Tabelle ACDOCP erfolgen. Diese Synchronisation gewährleistet, dass die Plandaten sowohl im SAP ERP (Reporting beispielsweise mit dem Report Painter/Report Writer) als auch in SAP S/4HANA (Reporting via SAP Fiori bzw. über CDS-Views) identisch sind. Eine genaue Übersicht der verfügbaren SAP-Programme für die Plandatenübernahme entnehmen Sie der Tabelle 5.1.

Anhand eines Beispiels werden wird Ihnen nun zeigen, wie Sie die Plandaten von der Tabelle ACDOCP in die klassischen Planungstabellen überführen, sodass die SAP-Fiori-Apps und das Infosystem in SAP ERP die gleichen Werte aufweisen.

Im ersten Schritt starten Sie das SAP Programm *R_FINS_PLAN_TRANS_CO_S4H_2_ERP* für die Datenübernahme (Tabelle ACDOCP • CO-ERP-Tabellen). Sie können die Transaktionen *SA38* oder *SE38* verwenden. Geben Sie den Namen des Programms ein (siehe Abbildung 5.32) und klicken Sie auf den Button ❶.

Anschließend geben Sie das PLANUNGSGEBIET ein. In unserem Fall ist der Eintrag *Aufträge: Kostenarten/Leistungsaufnahme* ❷ korrekt. Nun erscheinen die Selektionskriterien für das Lesen und das Schreiben der Plandaten. Geben Sie das LEDGER, den KOSTENRECHNUNGSKREIS, das GESCHÄFTSJAHR, den Zeitraum und die PLANUNGSWÄHRUNG ein. Zudem legen Sie hier die Mapping-Regeln zwischen (Plan-)VERSION und PLANKATEGORIE fest ❸. In unserem Beispiel haben wir die CO-Planversionen und Kategorien gleich benannt. Daraus folgen die Mapping-Regeln:

- PLANKATEGORIE *P1* = CO-Planversion *P1*
- PLANKATEGORIE *P2* = CO-Planversion *P2*

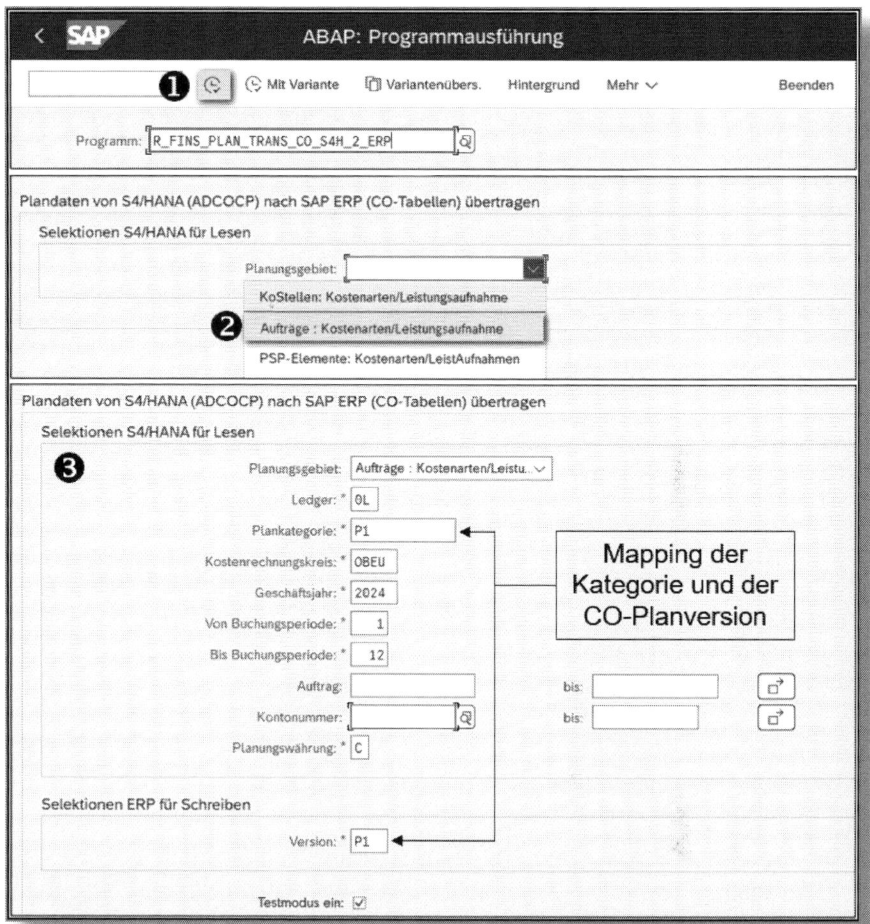

Abbildung 5.32: Durchführung der Plandatenübernahme – SAP S/4HANA ⇨ SAP ERP

Wenn Sie die Parameter eingegeben haben, sollten Sie das Programm zunächst im Testmodus ausführen. Erst wenn der Testlauf fehlerfrei ist, starten Sie den Echtlauf-Modus.

Wir haben das Programm je Mapping-Regel ausgeführt, also insgesamt zweimal. Wenn Sie mehrere Kategorien bzw. CO-Planversionen synchronisieren möchten, empfiehlt es sich, je Mapping-Regel eine Selektionsvariante anzulegen. Sie können das Plandatenübernahmeprogramm auch als SAP-Job einplanen, sodass beispielsweise alle Kategorien und CO-Planversionen nachts automatisch synchronisiert werden.

Wie aus Abbildung 5.33 ersichtlich, wurde das Programm ohne Fehler ausgeführt, die Plansätze wurden korrekt übernommen.

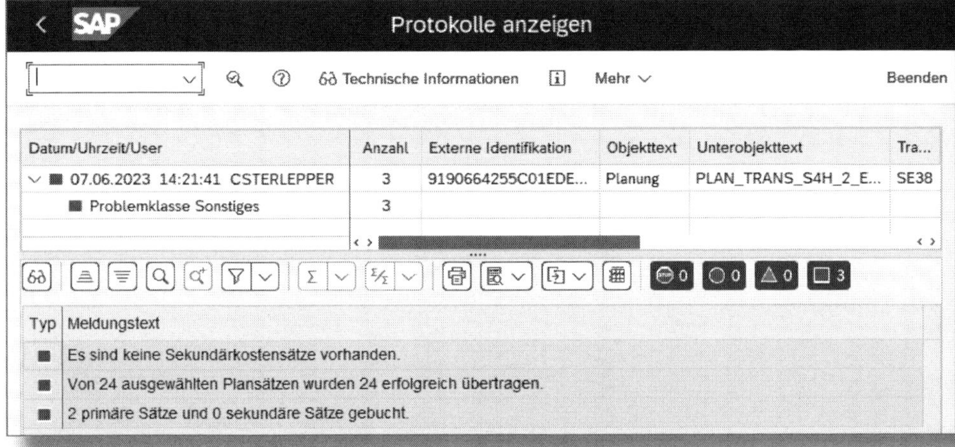

Abbildung 5.33: Protokoll der Plandatenübernahme

Die Plandaten für das Jahr 2024 wurden korrekt in die klassischen CO-Plantabellen überführt. Abbildung 5.34 zeigt auf der linken Seite die SAP-Fiori-App »Finanzplandaten« für das Jahr 2024 in Bezug auf die Kategorie *P1*.

Auf der rechten Seite sehen Sie die Transaktion *S_ALR_87013010* – »Auftrag: Aufriss nach Periode«. Es wurde ebenfalls das Jahr 2024 selektiert, jedoch für die CO-Planversion *P1*. Dieser Plausibilitätstest zeigt, dass die Plandaten nun in beiden »SAP-Welten« konsistent sind.

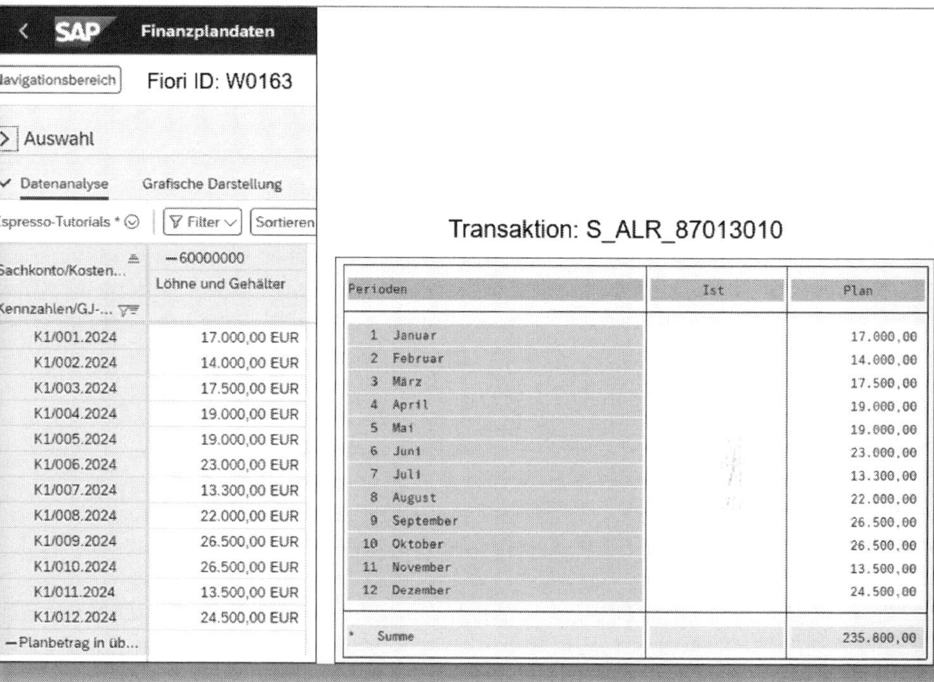

Abbildung 5.34: Prüfung der Plandatenübernahme

5.4 Planung in SAP BPC optimized for SAP S/4HANA

Die Anwendung *SAP BPC optimized for SAP S/4HANA* hilft Unternehmen dabei, ihre Finanzplanung, Budgetierung, Konsolidierung und Berichterstattung zu optimieren. Um sie zu nutzen, empfiehlt es sich, *SAP Analysis for Microsoft Office* zu verwenden. Dies ist ein Microsoft-Excel-Add-in, über das Sie auf die Workbooks von SAP BPC optimized zugreifen und die Planung durchführen können.

Der ausgelieferte Planungsinhalt ermöglicht es, dass Plandaten direkt in der Tabelle ACDOCP gespeichert werden. Darüber hinaus lassen sich die Plandaten mittels einer Export- und Importfunktion zwischen der Tabelle ACDOCP und den klassischen CO-Plantabellen überführen.

! Wartungsende SAP BPC optimized for SAP S/4HANA

Die Wartung von BPC optimized for SAP S/4HANA erfolgt nach den Planungen der SAP nur noch bis zum Jahr 2027. Aus diesem Grund ist es nicht zu empfehlen, diese Lösung neu einzuführen. Sollten Sie BPC optimized for SAP S/4HANA im Einsatz haben, sollten Sie auf eine Alternative umstellen, wie beispielsweise auf SAP Analytics Cloud (SAC).

Weiterführende Informationen zu diesem Thema finden Sie in dem Buch »Schnelleinstieg in SAP BPC optimized for SAP S/4HANA« (Zick/Sass/Reynaldo, Espresso Tutorials, 2019).

5.5 Planung mit SAP Analytics Cloud

Entscheidungen zu treffen, war früher einfacher, da die Datenlage relativ überschaubar war. Heute kommt es angesichts einer extrem stark wachsenden Datenmenge immer mehr auf Erkenntnisse an, die aus den Daten gewonnen werden. Wenn Sie Muster und Trends rechtzeitig identifizieren, können Sie besser planen, steuern und im Markt agieren.

SAP Analytics Cloud (SAC) ist eine Software-as-a-Service-Lösung. Sie kann Daten aus internen und externen Quellen miteinander verbinden und auf dieser Basis Visualisierungen erstellen.

Der Schwerpunkt bei der SAC liegt auf der Datenauswertung und der Datenanalyse. Mehrere Werkzeuge werden in einer Cloud-Umgebung zusammengeführt:

- Business Intelligence
- Predictive Analytics
- Unternehmensplanung
- maschinelles Lernen

Die SAP Business Technology Platform (BTP) fungiert als Analyseschicht und unterstützt die SAC bei der erweiterten Analyse im gesamten Unternehmen.

Die Ausrichtung der SAC ist sehr stark auf den Self-Service fokussiert, sodass eine geringere Anzahl qualifizierter Mitarbeiter benötigt wird. Zudem wird auch das mobile Arbeiten sehr gut unterstützt. Es ist nur ein Internetzugang und ein Webbrowser erforderlich. Integrierte Werkzeuge wie Chats, Präsentationen, gemeinsam genutzte Kalender und Kommentare ermöglichen eine reibungslose Zusammenarbeit.

Nun betrachten wir das Planungsmodell im Cloud-Umfeld.

Abbildung 5.35: Merkmale der SAP Analytics Cloud

Abbildung 5.35 zeigt die relevanten Merkmale der SAC:

- *Modellierung:* Die Modellierungsumgebung wird in der Cloud bereitgestellt, ist sehr performant und kann mit großen Datenmengen umgehen. Damit kann die Modellierung der Planung gut Anwendern anvertraut werden, die keine tiefergehenden Kenntnisse betreffend SAP-S/4HANA-Systemen besitzen. Zudem besteht die Möglichkeit, in SAP Analytics Cloud zentrale Pläne mit lokalen Abteilungsplänen zu kombinieren.
- *Story:* Die Planungsszenarien werden in der SAC als sogenannte Storys abgebildet. Damit lassen sich diverse Visualisierungen der Plandaten vornehmen sowie unterschiedliche Planungsfunktionen und Views nutzen.
- *Konnektivität:* Es ist möglich, auf diverse Datenquellen wie SAP BW, SAP HANA oder externe Quellen zuzugreifen, um Daten für Abteilungen außerhalb des Finanzwesens in der Planung zu berücksichtigen.
- *Kollaboration:* Die Zusammenarbeit der Planer ist ein wichtiger Bestandteil der SAC. Das User Interface für die Dateneingabe verfügt über viele Features, die Sie vom Umgang mit Social Media kennen. Dies hat auch den Vorteil, dass sich neue Anwender leicht in den Planungsprozess einarbeiten können. Zudem können Sie auch private Versionen der Planung speichern, die nur von Ihnen selbst aufgerufen werden können.

6 Budgetierung und Verfügbarkeitskontrolle

In diesem Kapitel erläutern wir Ihnen das Budget im Detail und welche Customizing-Einstellungen notwendig sind, um es im SAP-System zu nutzen. Des Weiteren zeigen wir Ihnen, wie Sie die Verfügbarkeitskontrolle verwenden und welche Möglichkeiten sich Ihnen durch die Toleranzgrenzen, die Definition des Budgetverantwortlichen und die Festlegung von Ausnahmen eröffnen. Schließlich erfahren Sie, wie Sie die Verfügbarkeitskontrolle aktivieren und neu aufbauen.

6.1 Grundlagen

6.1.1 Was ist ein Budget?

Sie haben im vorangegangenen Kapitel verschiedene Funktionalitäten kennengelernt, anhand derer Sie eine Kostenplanung für Innenaufträge vornehmen können. Die Planung lässt sich im weiteren Verlauf der Auftragsabwicklung mit dem Ist vergleichen. Übersteigen die Istkosten die Plankosten, können Sie analysieren, wie die Plan-Ist-Abweichung zu erklären ist. Ein *Budget* hingegen ist verbindlich – das System verhindert automatisch, dass die Istkosten das genehmigte Budget überschreiten.

6.1.2 Was ist die Verfügbarkeitskontrolle?

Sobald Sie einem Auftrag ein Budgetprofil zuordnen, aktivieren Sie damit die *Verfügbarkeitskontrolle*. Diese überwacht, ob ein Geschäftsvorfall im Zusammenhang mit dem betroffenen Auftrag (z. B. einer Bestellung oder einer Kreditorenrechnung) zu einer Budgetüberschreitung führen würde. Ist dies der Fall, darf der entsprechende Vorgang nicht durchgeführt werden. Der Verantwortliche für den Auftrag kann dann automatisch benachrichtigt werden und z. B. eine Erhöhung des Budgets beantragen. Änderungen des Budgets lassen sich später nachvollziehen.

Sie pflegen das Budget für Aufträge im Anwendungsmenü über die Transaktion *KO22*; Nachträge erfassen Sie über die Transaktion *KO24*. Die Eingabe der Budgetzahlen ist der manuellen Planung sehr ähnlich. Auch bei der Budgetvergabe entscheiden Sie, ob Sie Gesamtwerte oder Jahreswerte erfassen. Beachten Sie, dass die Budgetvergabe grundsätzlich nicht auf der Ebene von Kostenarten erfolgt.

Wir erläutern Ihnen nun zunächst die Customizing-Einstellungen, die zuvor notwendig sind.

6.2 Verfügbarkeitskontrolle aktivieren

6.2.1 Budgetprofil definieren

Zuerst erstellen Sie ein *Budgetprofil*. Dies steuert das Verhalten der Verfügbarkeitskontrolle. Dazu wechseln Sie im Customizing zum Punkt CONTROLLING • INNENAUFTRÄGE • BUDGETIERUNG UND VERFÜGBARKEITSKONTROLLE • BUDGETPROFILE PFLEGEN; wählen Sie anschließend BUDGETPROFILE PFLEGEN (Transaktion *OKOB*). Geben Sie Ihrem BUDGETPROFIL zunächst einen Namen und eine Bezeichnung (siehe Abbildung 6.1).

Unter ZEITHORIZONT stellen Sie ein, wie viele Jahre man bei der Budgetvergabe in die Vergangenheit oder in die Zukunft gehen darf. Im Feld START legen Sie das Startjahr für die Budgetierung fest; es errechnet sich aus dem aktuellen Jahr plus dem Wert, den Sie hier eintragen.

Im Bereich WÄHRUNGSUMRECHNUNG GESAMTBUDGET bestimmen Sie anhand des KURSTYPS und des Datums der WERTSTELLUNG, wie das Budget in Fremdwährungen umgerechnet werden soll.

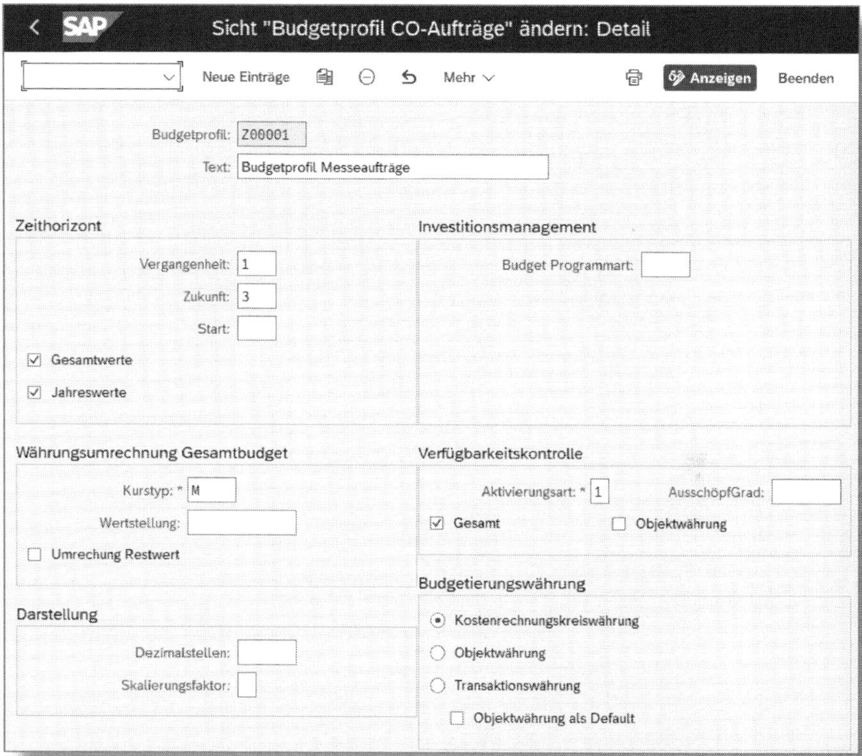

Abbildung 6.1: Budgetprofil erstellen

Unter DARSTELLUNG geben Sie vor, wie die Budgetwerte skaliert werden: Über den SKALIERUNGSFAKTOR können Sie diese z. B. in Tausendern oder Millionen anzeigen lassen; der Parameter DEZIMALSTELLEN gibt an, wie viele Stellen nach dem Komma angezeigt werden.

Legen Sie unter BUDGETIERUNGSWÄHRUNG fest, in welcher Währung diejenigen Aufträge budgetiert werden sollen, denen Sie dieses Budgetprofil zuordnen. Sie haben auch die Möglichkeit, die OBJEKTWÄHRUNG ALS DEFAULT einzustellen.

Falls Sie das INVESTITIONSMANAGEMENT einsetzen, können Sie unter BUDGET PROGRAMMART eine Investitionsprogrammart hinterlegen.

Aufträge mit dem jeweiligen Budgetprofil dürfen nur dann budgetiert werden, wenn sie eine Zuordnung zu einem Investitionsprogramm der entsprechenden Art haben.

Schließlich legen Sie fest, wie die Verfügbarkeitskontrolle aktiviert werden soll. Dies ist deshalb von Bedeutung, weil diese Funktionalität die Performance Ihres SAP-Systems negativ beeinflussen kann.

- Wählen Sie die Aktivierungsart *0* an, findet keine Verfügbarkeitskontrolle statt.
- *1* bedeutet, dass die Verfügbarkeitskontrolle für einen Auftrag automatisch aktiviert wird, sobald ein Budget erfasst wurde. Diese Form der Aktivierung ist die komfortabelste, beansprucht aber auch mehr Systemressourcen.
- Geben Sie *2* ein, müssen Sie die Verfügbarkeitskontrolle über einen Hintergrundjob einplanen. Dazu müssen Sie unter AusschöpfGrad zusätzlich einen Ausschöpfungsgrad in Prozent festlegen; der Hintergrundjob aktiviert dann die Verfügbarkeitskontrolle nur für solche Aufträge, deren Budget mindestens zum angegebenen Grad ausgeschöpft ist. Damit ist die Verfügbarkeitskontrolle nur für einen Teil der Aufträge aktiv, und die Systemperformance wird weniger stark beeinträchtigt.

Den entsprechenden Hintergrundjob starten Sie im Anwendungsmenü über die Transaktion *KO30*.

Verfügbarkeitskontrolle im Hintergrund aktivieren

Sie haben im Budgetprofil die Aktivierungsart 2 gewählt und einen Ausschöpfungsgrad von *80 %* angegeben. Den Hintergrundjob zur Aktivierung der Verfügbarkeitsprüfung planen Sie jede Nacht ein. Für alle Aufträge, deren Budget weniger als 80 Prozent ausgeschöpft ist, bleibt dann die Verfügbarkeitskontrolle inaktiv; nur für Aufträge, deren Restbudget weniger als 20 Prozent beträgt, wird die Verfügbarkeitskontrolle aktiviert. (Bei genau 80 Prozent Ausschöpfung ist das noch nicht der Fall, erst bei 81 Prozent greift der Hintergrundaktivierer.)

Wenn Sie den Parameter GESAMT anhaken, erfolgt die Verfügbarkeitskontrolle auf Basis von Gesamtbudgets; lassen Sie diesen inaktiv, prüft das System gegen Jahresbudgets. Außerdem können Sie festlegen, dass die Verfügbarkeitskontrolle in OBJEKTWÄHRUNG erfolgt.

6.2.2 Budgetprofil zuordnen

Wenn Sie Ihr Budgetprofil fertiggestellt haben, müssen Sie es mit den AUFTRAGSARTEN verknüpfen, für die Sie budgetieren wollen. Dies können Sie entweder in der Definition der Auftragsart vornehmen (siehe Abschnitt 3.1) oder direkt in der Transaktion (siehe Abbildung 6.2) CONTROLLING • INNENAUFTRÄGE • BUDGETIERUNG UND VERFÜGBARKEITSKONTROLLE • BUDGETPROFILE PFLEGEN; wählen Sie dann BUDGETPROFILE IN AUFTRAGSARTEN PFLEGEN (Transaktion *KOAB*).

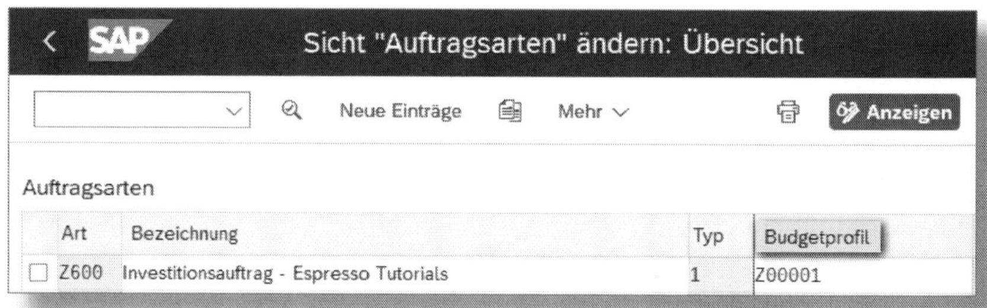

Abbildung 6.2: Budgetprofil zuordnen

6.2.3 Nummernkreise für Verfügbarkeitskontrolle

Für die Einzelposten, die beim Erfassen oder Ändern von Budgets gebucht werden, müssen Sie über CONTROLLING • INNENAUFTRÄGE • BUDGETIERUNG UND VERFÜGBARKEITSKONTROLLE • NUMMERNKREISE FÜR BUDGETIERUNG PFLEGEN (Transaktion *OK11*) Nummernkreise festlegen. Weitere Informationen zu Nummernkreisen finden Sie in Abschnitt 3.2.

6.2.4 Toleranzgrenzen für Verfügbarkeitskontrolle

Unter Controlling • Innenaufträge • Budgetierung und Verfügbarkeitskontrolle • Toleranzgrenzen für Verfügbarkeitskontrolle festlegen steuern Sie das Verhalten der Verfügbarkeitskontrolle (siehe Abbildung 6.3).

Abbildung 6.3: Toleranzgrenzen für Verfügbarkeitskontrolle

Sie legen hier je Kostenrechnungskreis (Spalte KKrs) und Budgetprofil (Spalte Profil) fest, bei welchem Ausschöpfungsgrad des Budgets das System eine bestimmte Aktion durchführen soll. Den Ausschöpfungsgrad können Sie entweder in Prozent (Spalte % Auss...) oder in absoluten Werten (Spalte Absol. Abweichung) angeben. Die Aktionen, die durchgeführt werden können, wählen Sie in der Spalte Akt. aus. Sie haben dabei die folgenden Möglichkeiten:

- *1* – Warnmeldung
- *2* – Warnmeldung mit Mail an den Verantwortlichen
- *3* – Fehlermeldung

Unter VrgngGr können Sie darüber hinaus noch nach einzelnen Vorgängen (z. B. Bestellanforderung, Warenausgang, Finanzbuchhaltungsbeleg) einschränken.

Im Beispiel haben wir festgelegt, dass für alle Vorgänge eine Warnmeldung ausgegeben werden soll, wenn das Budget zu 80 Prozent *(80,00)* ausgeschöpft ist; bei 90 Prozent *(90,00)* Budgetausschöpfung wird für alle Vorgänge eine Fehlermeldung angezeigt.

6.2.5 Budgetverantwortliche definieren

Falls Sie für bestimmte Toleranzgrenzen die Aktivität *Warnmeldung mit Mail an den Verantwortlichen* gewählt haben, müssen Sie über CONTROLLING • INNENAUFTRÄGE • BUDGETIERUNG UND VERFÜGBARKEITSKONTROLLE • BUDGETVERANTWORTLICHE einen oder mehrere Verantwortliche definieren. Diese Einstellung nehmen Sie für jeden Kostenrechnungskreis vor und können bei Bedarf weiter nach Auftragsart und/oder Objektklasse einschränken (siehe Abbildung 6.4).

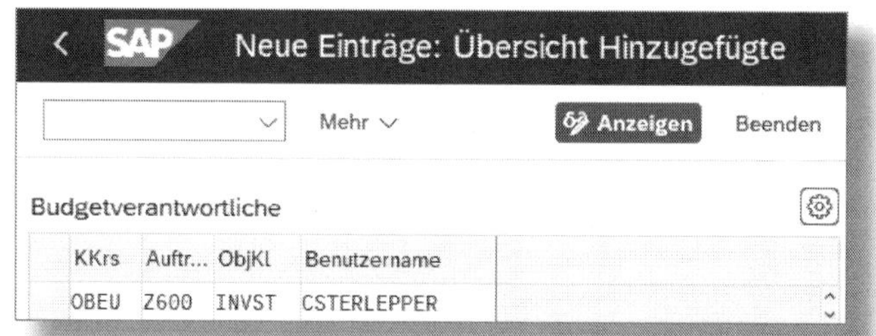

Abbildung 6.4: Budgetverantwortlichen festlegen

6.2.6 Ausnahmen von der Verfügbarkeitskontrolle

Sie können Kosten, die unter bestimmten Kostenarten gebucht wurden, von der Verfügbarkeitskontrolle ausnehmen, sodass diese nicht als Verfügungen gegen das Budget gelten. Hierfür wählen Sie im Customizing den Punkt CONTROLLING • INNENAUFTRÄGE • BUDGETIERUNG UND VERFÜGBARKEITSKONTROLLE • AUSNAHMEKOSTENARTEN FÜR VERFÜGBARKEITSKONTROLLE FESTLEGEN (Transaktion *OPTK*). Sie geben dann je Kostenrechnungskreis (Spalte KKRS) an, welche Kostenarten ausgeschlossen werden sollen (siehe Abbildung 6.5).

Bei Bedarf können Sie auch weiter nach Herkunftsgruppe (Spalte HERK.GRP.) oder nach KOSTENTYP (falls Sie die Funktionalität für Joint Ventures nutzen) einschränken. Um alle Kostenarten auszuschließen, die unter einer bestimmten Herkunftsgruppe gebucht wurden, können Sie die Kostenart auch mit dem Eintrag * maskieren.

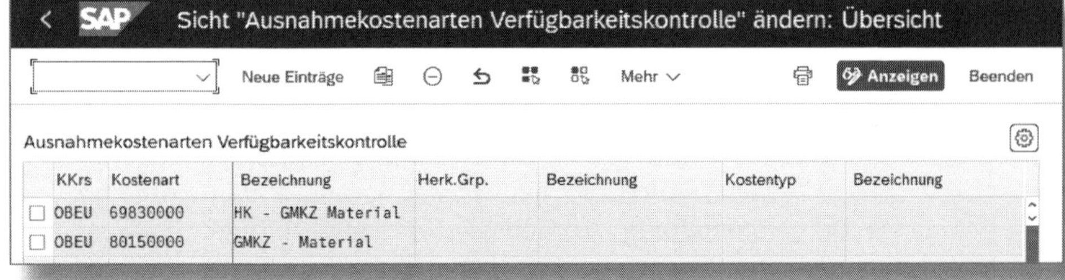

Abbildung 6.5: Ausnahmekostenarten eintragen

6.2.7 Verfügbarkeitskontrolle neu aufbauen

Immer wenn Sie Änderungen an den Einstellungen vorgenommen haben (z. B. in bestimmten Auftragsarten ein Budgetprofil eingetragen oder die Toleranzgrenzen geändert haben), müssen Sie die Verfügbarkeitskontrolle neu aufbauen. Auf diese Weise stellen Sie sicher, dass die verfügten Budgets in allen Innenaufträgen wieder aktuell sind.

Den Neuaufbau führen Sie im Customizing unter CONTROLLING • INNENAUFTRÄGE • BUDGETIERUNG UND VERFÜGBARKEITSKONTROLLE • VERFÜGBARKEITSKONTROLLE NEU AUFBAUEN (Transaktion *KO31*) durch. Sie können hier einzelne Aufträge oder ganze Auftragsarten bzw. – anhand eines Budgetprofils – die zu bearbeitenden Innenaufträge auswählen.

Nun haben Sie alle Customizing-Einstellungen zur Budgetverwaltung und Verfügbarkeitskontrolle kennengelernt. Als Nächstes wenden wir uns dem Obligo und der Mittelbindung zu.

7 Obligo und Mittelbindung

Ein Obligo gibt Auskunft über sicher zu erwartende Zahlungsverpflichtungen eines Unternehmens. Wir zeigen Ihnen, wie das Obligo im System gebildet wird, und erläutern das zugehörige Customizing. Darüber hinaus widmen wir uns im Speziellen der Mittelbindung und legen dar, welchen Funktionsumfang die neue Obligoverwaltung im Kontext mit S/4HANA aufweist.

7.1 Was ist Obligo?

Wenn Sie zu einem Auftrag eine Bestellanforderung oder eine Bestellung erfassen, ergibt sich daraus, dass Ihnen zu einem späteren Zeitpunkt Istkosten entstehen werden. Derartige, sicher zu erwartende Kosten nennt man *Obligo*. Im SAP-System können Sie ein Obligo dazu nutzen, den aktuellen Ausschöpfungsgrad Ihrer Plankosten bzw. Ihres Budgets zu überwachen.

Das Obligo wird automatisch beim Anlegen bzw. Ändern von Bestellanforderungen und Bestellungen im Einkauf erstellt und im Controlling fortgeschrieben, sofern Positionen der Bestellanforderungen bzw. Bestellungen auf Controlling-Objekte, wie Kostenstellen, Innenaufträge oder Projekte, kontiert sind.

7.2 Was ist eine Mittelbindung?

Eine *Mittelbindung* können Sie manuell erstellen, wenn Sie den Anfall von Istkosten mit Sicherheit erwarten, aber noch keine konkrete Bestellanforderung oder Bestellung angelegt haben. Bereits erfasste Mittelbindungen lassen sich ändern oder abbauen, sobald die erwarteten Istkosten angefallen sind. Dazu stehen Ihnen eigene Transaktionen im Anwendungsmenü zur Verfügung, die Sie unter CONTROLLING • IN-

NENAUFTRÄGE • ISTBUCHUNGEN • MITTELBINDUNG (Transaktionen *FMZ1*, *FMZ 2*, *FMZ 3*, *FMZ 6*) finden.

Um Obligo und Mittelbindung verwenden zu können, müssen Sie jedoch zunächst einige Einstellungen im Customizing vornehmen. Wir stellen Ihnen diese Schritte nun im Einzelnen vor.

7.3 Obligoverwaltung aktivieren

Als Erstes schalten Sie die Obligoverwaltung über CONTROLLING • INNENAUFTRÄGE • OBLIGO UND MITTELBINDUNG • OBLIGOVERWALTUNG AKTIVIEREN ein. Sie finden in dieser Transaktion drei Unterpunkte: Mittels OBLIGOVERWALTUNG IM KOSTENRECHNUNGSKREIS AKTIVIEREN (Transaktion *OKKP*) sorgen Sie dafür, dass die Funktionalität im Kostenrechnungskreis grundsätzlich zur Verfügung steht, und zwar nicht nur für die Innenaufträge, sondern auch für Kostenstellen, Projekte etc. Wählen Sie hier Ihren KOSTENRECHNUNGSKREIS aus, und aktivieren Sie die KOMPONENTE (siehe Abbildung 7.1).

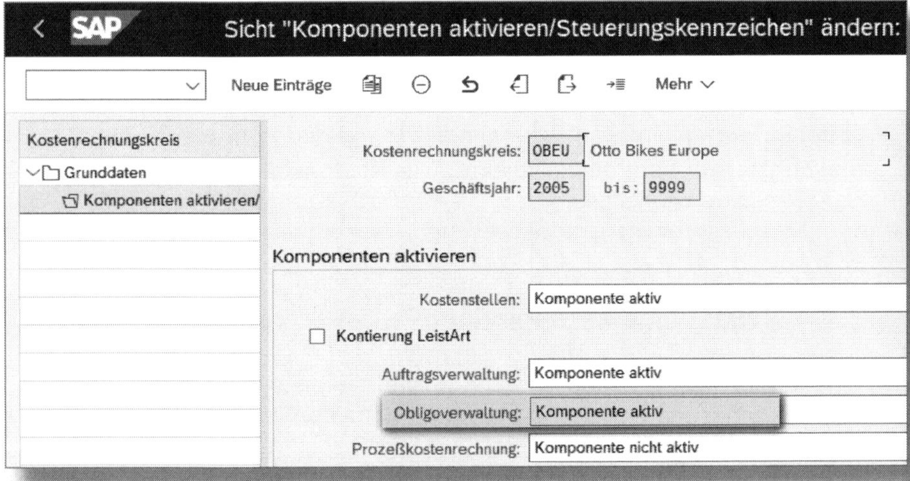

Abbildung 7.1: Obligoverwaltung im Kostenrechnungskreis aktivieren

7.4 Obligoverwaltung in Auftragsart aktivieren

Nachdem Sie die Obligoverwaltung im Kostenrechnungskreis grundsätzlich aktiviert haben, legen Sie im zweiten Punkt, OBLIGOVERWALTUNG IN AUFTRAGSARTEN HINTERLEGEN, fest, ob die Obligofortschreibung für bestimmte Arten von Innenaufträgen aktiv oder gesperrt sein soll (siehe Abbildung 7.2).

Abbildung 7.2: Obligo via Auftragsart aktivieren/deaktivieren

7.5 Einstellungen für die Mittelbindung

7.5.1 Nummernkreise für Mittelbindung definieren

Für die Mittelbindung benötigen Sie eigene Belegarten, um sie gegenüber anderen Geschäftsvorfällen kenntlich zu machen. Legen Sie zunächst über CONTROLLING • INNENAUFTRÄGE • OBLIGO UND MITTELBINDUNG • MITTELBINDUNG • NUMMERNKREISE DEFINIEREN (Transaktion *OK60*) einen oder mehrere Nummernkreise an. Weitere Details zum Pflegen von Nummernkreisen finden Sie in Abschnitt 3.2.

7.5.2 Belegarten für Mittelbindung definieren

Im nächsten Schritt können Sie unter CONTROLLING • INNENAUFTRÄGE • OBLIGO UND MITTELBINDUNG • MITTELBINDUNG • BELEGARTEN PFLEGEN eigene Belegarten für die Mittelbindung anlegen, sofern die von SAP ausgelieferte Belegart Ihren Anforderungen nicht genügt. In Abbildung 7.3 haben wir die SAP-Standardbelegart dargestellt.

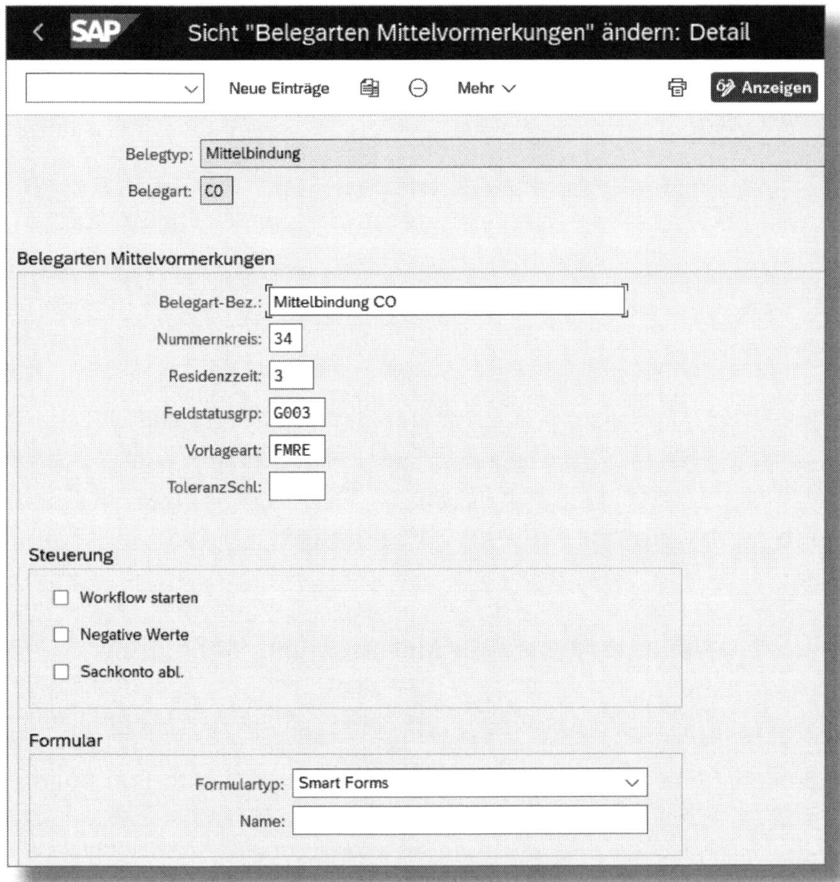

Abbildung 7.3: Belegart für Mittelbindung definieren

Unter BELEGART geben Sie eine Bezeichnung für den neuen Eintrag an. Der BELEGTYP definiert den Geschäftsvorfall, in dessen Zusammenhang eine Mittelbindung gebucht werden soll. Beachten Sie jedoch, dass Sie für Mittelbindungen im Controlling ausschließlich den Belegtyp 50 *(Mittelbindung)* verwenden können; die anderen Belegtypen, die das System hier anbietet, dienen der Verwendung in anderen Komponenten wie z. B. dem Haushaltsmanagement (PSM-FM). Auch die Einstellungen zu VORLAGEART, Toleranzschlüssel (TOLERANZSCHL) und im Block STEUERUNG haben im Controlling keine Bedeutung. Unter NUMMERNKREIS tragen Sie einen zuvor erstellten Nummernkreis ein. Die RESIDENZZEIT gibt an, wie viele Monate ein Beleg dieser Belegart mindestens im System verbleiben muss, bevor er archiviert werden darf.

Über die Feldstatusgruppe (FELDSTATUSGRP) steuern Sie, welche Felder beim Erstellen einer Mittelbindung angezeigt werden und wie diese sich verhalten (dies erläutern wir gleich im Anschluss näher).

Im Block FORMULAR können Sie schließlich ein Formular (Smart Form oder PDF-basiertes Formular) angeben, das zur Druckausgabe eines Mittelbindungsbelegs genutzt werden soll. SAP hat bereits ein Standardformular hinterlegt, das automatisch beim Drucken verwendet wird; sollte es Ihren Anforderungen nicht genügen, tragen Sie an dieser Stelle ein eigenes Formular ein.

7.5.3 Was ist eine Feldstatusgruppe?

Sie steuern in der Belegart anhand der *Feldstatusgruppe*, welche Felder beim Erfassen eines Belegs ausgeblendet und welche als Kann-Eingabe oder Pflichteingabe dargestellt werden. Feldstatusgruppen werden in einer *Feldstatusvariante* zusammengefasst und einem Buchungskreis zugeordnet.

Die Technik des Feldstatus stammt aus der Finanzbuchhaltung und wird ansonsten im Controlling nicht eingesetzt. Dass sie hier zum Einsatz kommt, liegt daran, dass die Funktionalität der Mittelbindung ihren Ursprung im Haushaltsmanagement hat, das wiederum anfänglich in der Finanzbuchhaltung angesiedelt war. Da dieselbe Funktionalität in so unterschiedlichen Zusammenhängen verwendet wird, ist die korrekte Einstellung des Feldstatus an dieser Stelle umso wichtiger. Sie müssen nämlich sicherstellen, dass der Anwender im Controlling nicht mit Feldern konfrontiert wird, die bei den Innenaufträgen überhaupt keine Relevanz haben, wie z. B. die Konzepte Finanzstelle oder Finanzposition aus dem Haushaltsmanagement.

7.5.4 Feldstatusvariante definieren

Unter CONTROLLING • INNENAUFTRÄGE • OBLIGO UND MITTELBINDUNG • MITTELBINDUNG • FELDSTEUERUNG MITTELBINDUNG • FELDSTATUSVARIANTE DEFINIEREN (Transaktion *FMU3*) erstellen Sie zunächst eine Feldstatusvariante bzw. nutzen die voreingestellte Variante FMRE (siehe Abbildung 7.4).

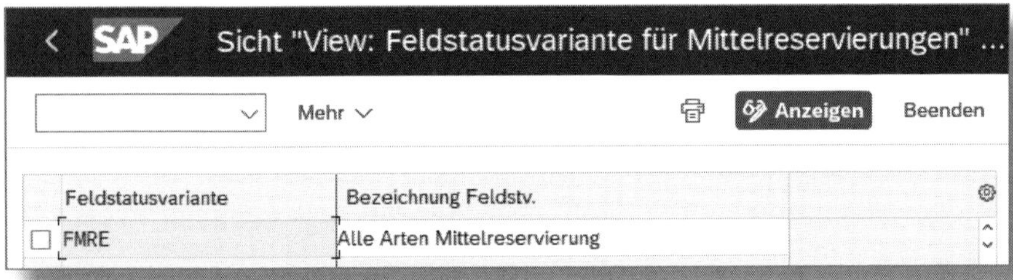

Abbildung 7.4: Feldstatusvariante definieren

7.5.5 Feldstatusvariante mit Buchungskreis verknüpfen

Im nächsten Punkt, CONTROLLING • INNENAUFTRÄGE • OBLIGO UND MITTELBINDUNG • MITTELBINDUNG • FELDSTEUERUNG MITTELBINDUNG • FELDSTATUSVARIANTE BUCHUNGSKREIS ZUORDNEN, verknüpfen Sie die Feldstatusvariante mit Ihrem Buchungskreis (siehe Abbildung 7.5).

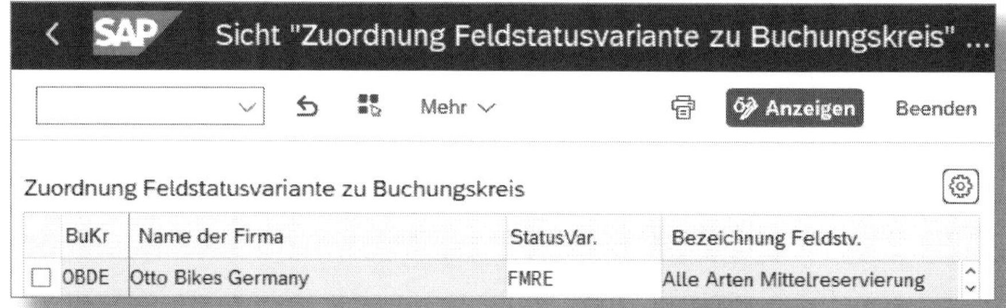

Abbildung 7.5: Feldstatusvariante zum Buchungskreis zuordnen

7.5.6 Feldstatusgruppen anlegen

Nachdem Sie die Feldstatusvariante definiert und zugeordnet haben, legen Sie nun die Feldstatusgruppen an. Wählen Sie dazu den Customizing-Eintrag CONTROLLING • INNENAUFTRÄGE • OBLIGO UND MITTELBINDUNG • MITTELBINDUNG • FELDSTEUERUNG MITTELBINDUNG • FELDSTATUSGRUPPEN DEFINIEREN (Transaktion *FMU5*, siehe Abbildung 7.6). SAP hat im Standard die Gruppe G001 ausgeliefert und voreingestellt.

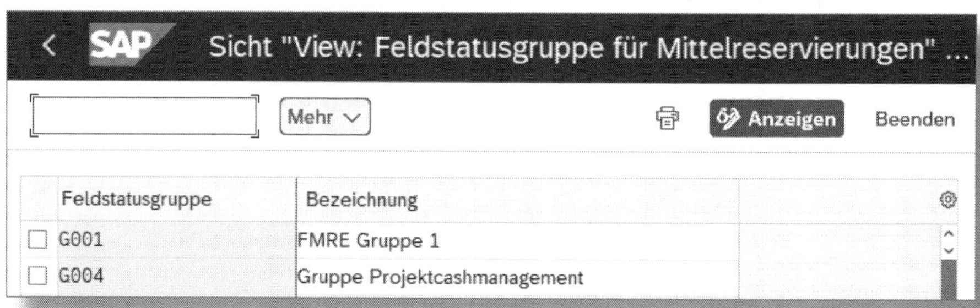

Abbildung 7.6: Feldstatusgruppen definieren

7.5.7 Feldauswahlleiste definieren

Über die *Feldauswahlleiste* steuern Sie schließlich, welche Felder beim Erfassen einer Mittelbindung ausgeblendet bzw. als Kann- oder Muss-

Eingabe angezeigt werden. Nutzen Sie hierfür die Customizing-Transaktion CONTROLLING • INNENAUFTRÄGE • OBLIGO UND MITTELBINDUNG • MITTELBINDUNG • FELDSTEUERUNG MITTELBINDUNG • FELDAUSWAHLLEISTE DEFINIEREN (Transaktion *FMU7*). SAP hat dort im Standard bereits einige Auswahlleisten bereitgestellt; für die Mittelbindung im Controlling ist der Eintrag MITTELV_CO vorgesehen (siehe Abbildung 7.7).

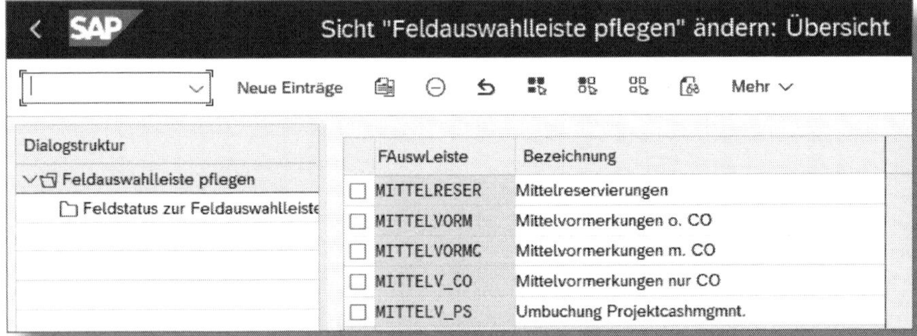

Abbildung 7.7: Feldauswahlleiste pflegen

Indem Sie eine Feldauswahlleiste markieren und dann auf FELDSTATUS ZUR FELDAUSWAHLLEISTE klicken, können Sie die Felder einstellen. Auch in diesem Zusammenhang möchten wir Ihnen ans Herz legen, keine SAP-Standardeinstellungen zu verändern, sondern sie bei Bedarf zu kopieren und erst anschließend an Ihre Anforderungen anzupassen.

7.5.8 Feldauswahlleiste mit Feldstatusvariante und -gruppe verknüpfen

Zum Schluss verknüpfen Sie über CONTROLLING • INNENAUFTRÄGE • OBLIGO UND MITTELBINDUNG • MITTELBINDUNG • FELDSTEUERUNG MITTELBINDUNG • FELDAUSWAHLLEISTE ZUORDNEN (Transaktion *FMUN*) die Feldauswahlleiste mit der Feldstatusvariante und -gruppe (siehe Abbildung 7.8).

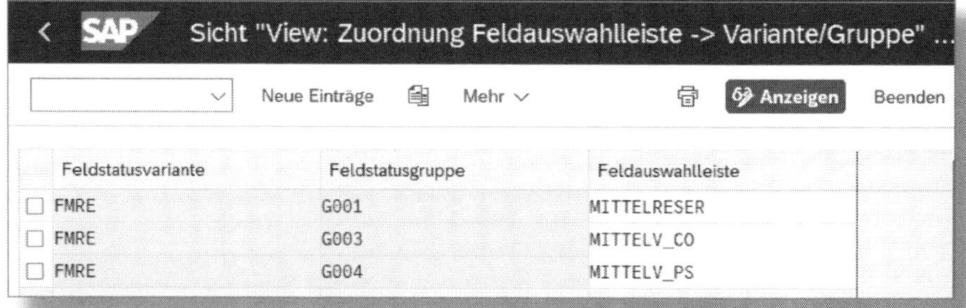

Abbildung 7.8: Feldauswahlleiste zur Feldstatusvariante und -gruppe zuordnen

Sie erinnern sich: Die Feldstatusvariante hatten wir zuvor dem Buchungskreis zugeordnet und die Feldstatusgruppe der Belegart. Damit ermittelt das System nun automatisch die entsprechende Feldauswahlleiste, wenn Sie in Ihrem Buchungskreis zur entsprechenden Belegart einen Beleg erfassen.

7.6 Neue Obligoverwaltung in SAP S/4HANA

Im Rahmen von SAP S/4HANA wurde eine neue Obligoverwaltung entwickelt (siehe Abbildung 7.9). Diese basiert auf Buchhaltungsbelegen in einem *Erweiterungsledger (Extension Ledger). Die Datenspeicherung erfolgt* grundsätzlich im Universal Journal (Tabelle ACDOCA), jedoch wird die Tabelle COOI bei der Bildung des Obligos parallel mitgeschrieben. Zudem ist diese Lösung ein Teil von *Predictive Accounting*, da auch Zukunftsprognosen auf Basis des Obligos abgebildet werden können. Das Erweiterungsledger ist einem Standardledger zugeordnet und erbt alle Buchhaltungsbelege. Im Erweiterungsledger finden die Delta-Buchungen statt. Das heißt, dass Buchungen, die ausdrücklich dort gebucht werden, auch nur in diesem sichtbar sind. Die Buchung ist demzufolge nicht im zugrunde liegenden Standardledger vorhanden.

Wir müssen an dieser Stelle darauf hinweisen, dass die Innenaufträge nicht mehr weiterentwickelt werden und folglich auch keine Neuerungen in Bezug auf das Predictive Accounting geplant sind. Dennoch wird eine Bestellposition, die auf einen Innenauftrag kontiert wird, als Obligo in ein Erweiterungsledger fortgeschrieben. Mit der Gegenbuchung des Wareneingangs wird das Obligo wieder aufgelöst.

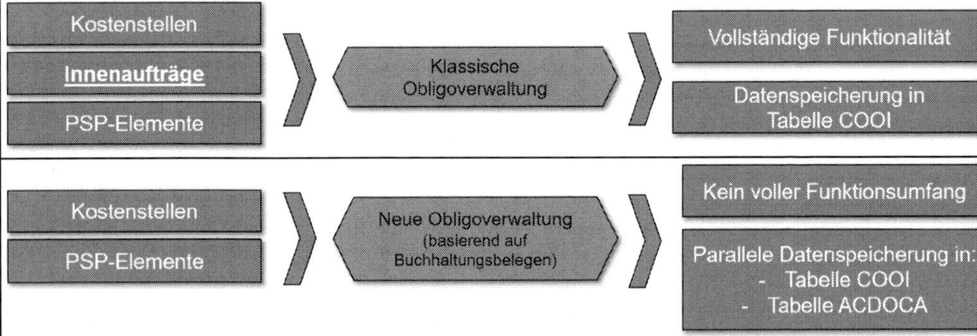

Abbildung 7.9: Klassische und neue Obligoverwaltung in SAP S/4HANA

Bitte beachten Sie, dass die neue Obligoverwaltung nur geeignet ist, wenn die Budgetverfügbarkeitsprüfung mit aktiver neuer Verfügbarkeitskontrolle für Kostenstellen verwendet wird.

! Neue Obligoverwaltung nicht mit Innenaufträgen nutzen

Da die neue Obligoverwaltung für Projekte und Kostenstellen entwickelt wurde, empfehlen wir, diese **nicht** im Kontext mit Innenaufträgen zu nutzen.

Nachfolgend haben wir aufgeführt, was Sie derzeit im Hinterkopf behalten müssen, wenn Sie die neue Obligoverwaltung basierend auf Buchhaltungsbelegen verwenden:

- Manuelle Obligos sind nicht abbildbar.
- Es werden grundsätzlich Projekte, Kostenstellen und Innenaufträge als Kontierungsarten unterstützt. Jedoch sollten Innen-

aufträge nicht in Verbindung mit der neuen Obligoverwaltung genutzt werden.

- Die neue Obligoverwaltung ist nicht kombinierbar mit der klassischen Verfügbarkeitskontrolle für Projekte und Aufträge.
- Bestellanforderungen und Bestellungen inklusive Materialstamm werden unterstützt.
- Das WE/RE-Konto muss »gecustomized« werden: Das neue Obligo wird wie ein Prognosewareneingang gebucht – sogar dann, wenn die Bestellung als nicht bewerteter Wareneingang markiert ist. Damit ist gemeint, dass die zu erwartenden Istkosten ausschließlich zum Zeitpunkt des Rechnungseingangs anfallen.
- Das neue Obligo in der ACDOCA kann nicht automatisch, also durch einen Report, angepasst oder korrigiert werden. Dies bedeutet, dass der Report RKANBU01 zur Korrektur des neuen Obligos im Universal Journal nicht zur Verfügung steht. Dieser Report bezieht sich ausschließlich auf das klassische Obligo in Verbindung mit der Tabelle COOI.
- Obligos aus Anzahlungen und der Obligovortrag werden nicht unterstützt.
- Für Frachtkosten sind keine separaten Obligos möglich.
- Nur das »aktuelle« Obligo kann gemeldet werden, das »geplante«, ebenso wie in der klassischen Obligolösung, dagegen nicht.
- Sachkonten des Kostenartentyps 90 für Bestellungen oder kontierte Bestellanforderungen werden nicht unterstützt. Da die Sachkontoart als »Bestandskonto« definiert ist, wird ein PSP-Element in Kombination mit einer Anlage nicht unterstützt.
- Die maximale Anzahl an Kontierungen auf eine einzelne Bestellung beträgt 499. Wenn Sie eine Bestellanforderung als Referenz für das Anlegen einer Bestellung verwenden, beträgt die maximale Anzahl unterstützter Kontierungen der entsprechenden Bestellanforderung 249.

- Die Obligozuschlagsberechnung ist nicht möglich.
- Das Konzept zusätzlicher statistischer Objekte in derselben Buchungsbelegposition wie das echte Objekt wird nicht unterstützt. Wenn ein statistisches Objekt in einer Bestellanforderung bzw. Bestellposition parallel zu einem echten Objekt verwendet wird, wird das statistische Objekt als separate Vorschaubelegposition gebucht. Somit entsteht ein Unterschied zur tatsächlichen Wareneingangs- bzw. Rechnungseingangsbuchung.

8 Istbuchungen

In diesem Kapitel zeigen wir Ihnen, welche unterschiedlichen Formen von Istbuchungen Sie im Zusammenhang mit Innenaufträgen vornehmen können und welche Einstellungen dafür notwendig sind. Am Anfang müssen Sie zunächst einige Grundeinstellungen wie Nummernkreise und die automatische Kontierung festlegen. Wir gehen dann auf die verschiedenen Möglichkeiten zur periodischen Verrechnung ein, um uns im Anschluss ausführlich mit den Funktionalitäten Verzinsung, Ergebnisermittlung und Abrechnung zu beschäftigen.

8.1 Allgemeine Einstellungen

8.1.1 Nummernkreise festlegen

Um Istbuchungen durchführen zu können, müssen Sie zuvor alle relevanten Controlling-Vorgänge Nummernkreisen zugeordnet haben. Die dafür notwendigen Einstellungen haben wir bereits in Abschnitt 3.2 beschrieben; über CONTROLLING • INNENAUFTRÄGE • AUFTRAGSSTAMMDATEN • NUMMERNKREISE FÜR AUFTRÄGE PFLEGEN (Transaktion *KONK*) können Sie diese noch einmal überprüfen.

8.1.2 Automatische Kontierung festlegen

Über CONTROLLING • INNENAUFTRÄGE • ISTBUCHUNGEN • AUTOMATISCHE KONTIERUNGSFINDUNG PFLEGEN (Transaktion *OKB9*) können Sie festlegen, ob bestimmte Kostenarten stets einen bestimmten Innenauftrag als Vorschlagskontierung erhalten.

Eine der wichtigsten Customizing-Transaktionen im Controlling ist die *automatische Kontierung (Default-Kontierung)*. Sie können zum einen

Vorschlagswerte für manuell erfasste Belege in der Finanzbuchhaltung vorgeben und zum anderen die Kontierungsfindung für automatisch erzeugte Belege einstellen.

Die automatische Kontierung besteht aus einer allgemeinen Ebene und einer Detailebene; an dieser Stelle betrachten wir nur die allgemeine Ebene.

Um für eine Kostenart einen Vorschlagswert vorzugeben, erstellen Sie einen Eintrag mit dem entsprechenden Buchungskreis und der gewünschten Kostenart. Dann geben Sie als Vorschlagskontierung entweder eine Kostenstelle (Spalte Kostenst.) oder einen Innenauftrag an (Spalte Auftrag, siehe Abbildung 8.1).

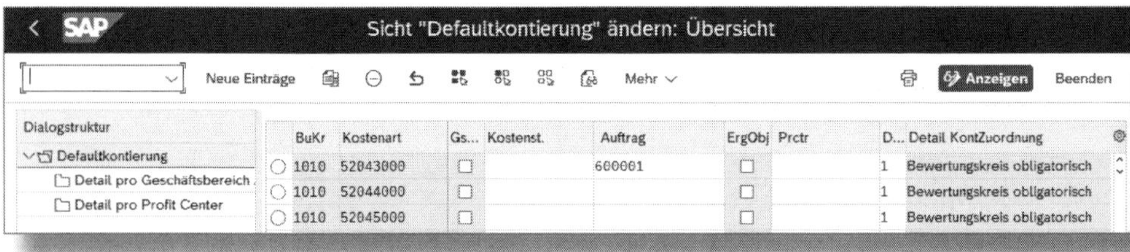

Abbildung 8.1: Automatische Kontierung einstellen

Ein Anwendungsbeispiel für ein solches Szenario sind Mietkosten, die Sie manuell in FI erfassen und auf einem Innenauftrag sammeln möchten. Beachten Sie, dass es sich lediglich um einen Vorschlagswert handelt – der Anwender kann diesen manuell beim Buchen noch ändern. In SAP ERP ist es möglich, in der Kostenart eine Vorschlagskontierung zu pflegen. Falls das geschehen ist, hat die Einstellung in der automatischen Kontierung Vorrang.

In SAP S/4HANA werden Kostenarten durch Sachkonten abgebildet, die Hinterlegung einer Vorschlagskontierung in der Kostenart ist nicht möglich. Hier wird die Vorschlagskontierung ausschließlich in *OKB9* gepflegt.

Auf der Detailebene können Sie Kostenarten in Abhängigkeit vom Profitcenter automatisch auf bestimmte Kostenstellen oder Innenaufträge kontieren.

8.1.3 Anzahlungsfortschreibung einstellen

Falls Sie mit erlösführenden Innenaufträgen beispielsweise Kundenprojekte abwickeln, kann es vorkommen, dass der Kunde zu Beginn des Projekts eine vereinbarte Anzahlung leistet. Dabei handelt es sich um eine Buchung, die ausschließlich in der Finanzbuchhaltung vorgenommen wird und im Prinzip im Controlling nicht sichtbar ist, da sie nicht auf Kostenarten gebucht wird. Damit Anzahlungen jedoch in Report-Painter-Berichten sichtbar werden können, hat SAP einen kleinen Kunstgriff eingebaut. Über CONTROLLING • INNENAUFTRÄGE • ISTBUCHUNGEN • DEFAULTKOSTENARTEN FÜR ANZAHLUNGEN DEFINIEREN (Transaktion *OKEP*) müssen Sie je eine Kostenart für kreditorische und eine für debitorische Anzahlungen eintragen, auf denen die Anzahlungen fortgeschrieben werden. Sie sind somit in Berichten sichtbar (siehe Abbildung 8.2). Die Kostenart für debitorische Anzahlungen muss vom Typ 11 (Erlöse) sein, die für kreditorische vom Typ 1 (Primärkosten).

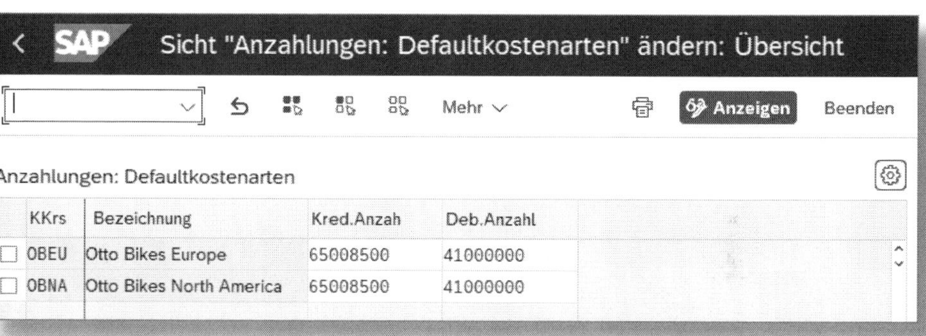

KKrs	Bezeichnung	Kred.Anzah	Deb.Anzahl
OBEU	Otto Bikes Europe	65008500	41000000
OBNA	Otto Bikes North America	65008500	41000000

Abbildung 8.2: Anzahlungsfortschreibung einstellen

8.1.4 Erfassungsvarianten definieren

Die *Erfassungsvariante* enthält alle Voreinstellungen zum Aufbau und Aussehen der Transaktionen, die folgende Buchungen durchführen:

- manuelle Umbuchung von Kosten
- manuelle Umbuchung von Erlösen

- Leistungsverrechnung
- manuelle Kostenverrechnung
- statistische Kennzahlen erfassen

Sofern die voreingestellten Erfassungsvarianten Ihren Anforderungen nicht genügen, können Sie im Customizing eigene erstellen, und zwar über CONTROLLING • INNENAUFTRÄGE • ISTBUCHUNGEN • EIGENE ERFASSUNGSVARIANTEN FÜR BUCHUNGEN IM CONTROLLING DEFINIEREN. Wie üblich gilt, dass Sie bestehende SAP-Varianten nicht verändern dürfen. Ihre eigenen Varianten dürfen nicht mit einer Zahl beginnen.

Als Beispiel zeigen wir Ihnen, wie Sie auf Basis einer bestehenden Erfassungsvariante eine eigene anlegen und um zusätzliche Felder erweitern (siehe Abbildung 8.3).

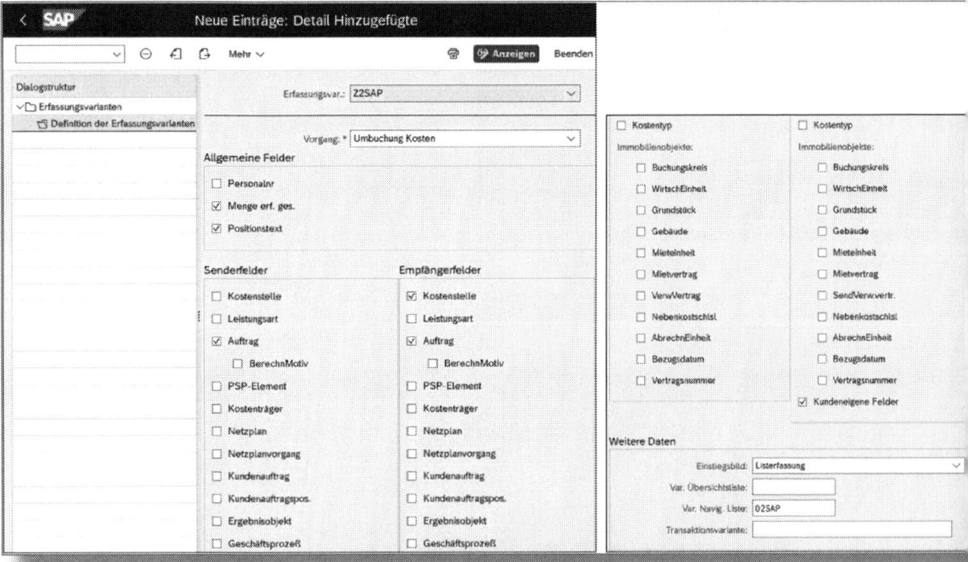

Abbildung 8.3: Eigene Erfassungsvariante erstellen

Zunächst haben wir die Erfassungsvariante 01SAP in unsere eigene, *Z2SAP*, kopiert. Über DEFINITION DER ERFASSUNGSVARIANTEN PRO VORGANG gelangen wir zu einer Liste mit den relevanten Vorgängen. Unter *Vorgängen* versteht man an dieser Stelle die unterschiedlichen Geschäftsvorfälle, in deren Rahmen Sie manuelle Istbuchungen vornehmen können. Die Erfassungsvarianten sind für alle Vorgänge einsetzbar; Sie pflegen für Ihre Variante je Vorgang, welche Felder jeweils angezeigt werden sollen.

Im Beispiel haben wir den Vorgang RKU1 – UMBUCHUNG KOSTEN ausgewählt und gelangen per Doppelklick zur Definition der Erfassungsvariante je Vorgang. Dort stellen Sie ein, welche Felder auf der Sender- und welche auf der Empfängerseite sichtbar sein sollen. In unserem Fall haben wir auf der Empfängerseite das Feld AUFTRAG noch zusätzlich ausgewählt.

Beachten Sie außerdem die Einstellungen unten im Block WEITERE DATEN: Unter EINSTIEGSBILD legen Sie fest, ob Sie beim Aufruf der Transaktion zuerst die *Listerfassung* oder die *Einzelerfassung* angezeigt bekommen möchten. Über den Parameter VAR. ÜBERSICHTSLISTE können Sie eine Anzeigevariante für die Übersichtsliste voreinstellen. Diese Variante müssen Sie zunächst in der Anwendung einrichten und sichern, danach können Sie sie hier eintragen. Entsprechend haben Sie die Möglichkeit, über VAR. NAVIG. LISTE eine Variante für die Navigationsliste zu hinterlegen. Auch diese müssen Sie zunächst in der Anwendung erstellen und abspeichern.

Sie können die Erfassungsvariante (Feld ERFASSVAR) selektieren, wie im Drop-down-Menü (siehe Abbildung 8.4) ersichtlich, und sie somit in die Transaktion *KB11N* einbinden.

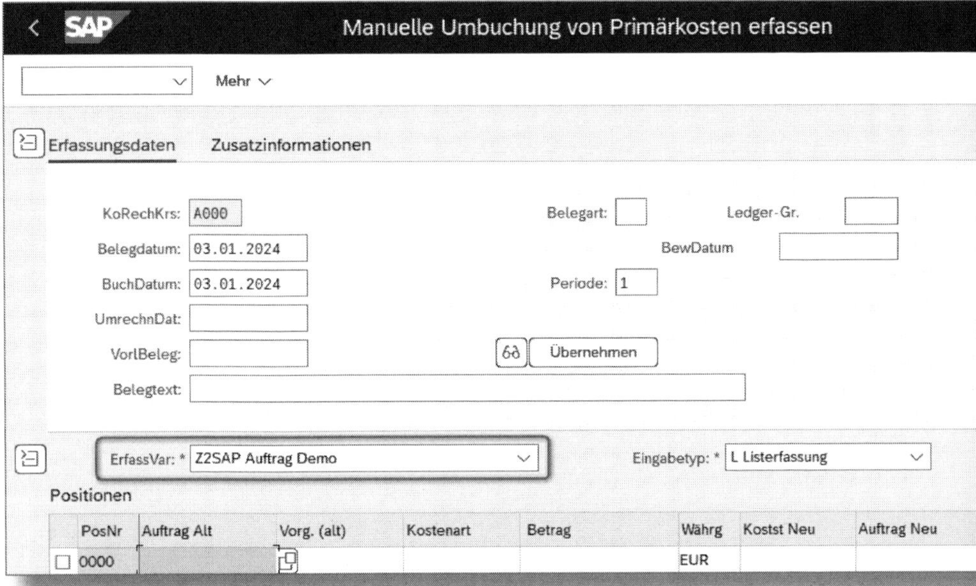

Abbildung 8.4: Erfassungsvariante selektieren

Schließlich können Sie auch eine sogenannte Transaktionsvariante eintragen. Damit lässt sich beim Aufruf der Transaktion z. B. die Reihenfolge der Eingabefelder verändern oder diese mit Werten vorbelegen. Sie pflegen Transaktionsvarianten im Customizing über SAP NETWEAVER • ALLGEMEINE EINSTELLUNGEN • ANZEIGEEIGENSCHAFTEN VON FELDERN • FELDER FÜR ANWENDUNGSTRANSAKTIONEN KONFIGURIEREN (Transaktion *SHD0*). Wir werden dies allerdings im Rahmen dieses Buches nicht im Detail erläutern, da dies ein Thema ist, das mehr in den Bereich Basisadministration und Dynpro-Entwicklung gehört und deshalb nicht in unserem Fokus steht.

8.2 Periodische Verrechnungen

Zum Periodenabschluss stehen Ihnen verschiedene Funktionalitäten zur automatischen Weiterverrechnung von Kosten zur Verfügung; im Einzelnen sind dies Gemeinkostenzuschläge, periodische Umbuchungen und Templates. Wir werden uns im Folgenden auf die Gemeinkostenzuschläge und die periodischen Umbuchungen konzentrieren.

8.2.1 Gemeinkostenzuschlag

Gemeinkostenzuschläge setzen Sie ein, um Gemeinkosten von einem Innenauftrag in Abhängigkeit von bestimmten Kostenarten an andere Innenaufträge oder Kostenstellen zu verrechnen. Ein gängiges Beispiel für die Verwendung von Gemeinkostenzuschlägen ist das Warenlager: Dort fallen Gemeinkosten wie Abschreibungen, Miete, Gebäudekosten oder Personalkosten an. Bei jedem Controlling-Objekt, für das Waren vom Lager entnommen werden (wie z. B. Fertigungsaufträge, Kundenaufträge, Innenaufträge, Projekte oder auch Kostenstellen), können Sie einen gewissen Betrag für die Inanspruchnahme des Lagers aufschlagen. Der Zuschlagsbetrag errechnet sich in Abhängigkeit von einer oder mehreren bestimmten Kostenarten (in diesem Fall Materialverbrauch) und anhand eines im Gemeinkostenzuschlag hinterlegten Zuschlagsprozentsatzes. Der Innenauftrag, der den Zuschlag erhebt, wird im Gegenzug um den Zuschlagsbetrag entlastet.

Gemeinkostenzuschlag im Lager

Sie könnten z. B. für die Lagerkostenstelle einen Gemeinkostenzuschlag in Höhe von zwei Prozent auf den Verbrauch von Fertigprodukten erheben. Entnimmt nun ein F&E-Innenauftrag ein Fertigprodukt im Wert von 1.000 EUR vom Lager, würde der Gemeinkostenzuschlag 20 EUR von der Lagerkostenstelle auf den F&E-Innenauftrag buchen.

Für Innenaufträge erstellen Sie die Gemeinkostenzuschläge im Ist im Menübaum CONTROLLING • INNENAUFTRÄGE • ISTBUCHUNGEN • GEMEINKOSTENZUSCHLÄGE. Dort erstellen Sie das Kalkulationsschema und die einzelnen Bestandteile (Berechnungsbasen, Zuschlagssätze und Entlastungen). Sie können außerdem Zuschlagsschlüssel definieren, um die Bezuschlagung detaillierter zu gestalten. Abbildung 8.5 zeigt das

KALKULATIONSSCHEMA *Z00010*, das wir für die Bezuschlagung eines Messeauftrags angelegt haben.

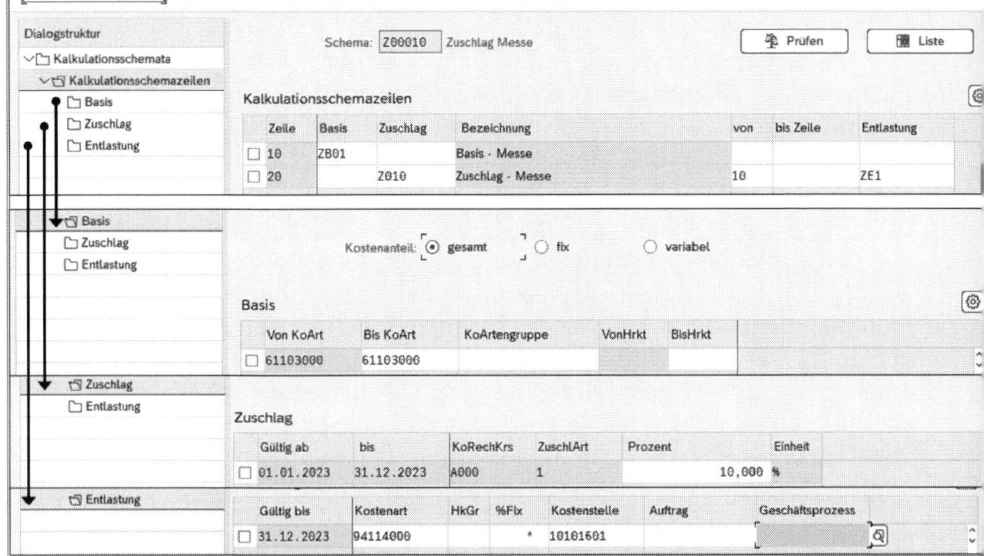

Abbildung 8.5: Kalkulationsschemata – Gemeinkostenzuschlag

Die Berechnungsbasis in unserem Beispiel ist die Kostenart (KOART) *61103000*. Typischerweise werden Intervalle oder Kostenartengruppen – je nach Anforderung – als Basis hinterlegt. Der ZUSCHLAG beträgt *10* Prozent in Bezug auf die Basis (ZEILE *10*). Dies bedeutet in unserem Fall, dass das System zehn Prozent von der KOSTENART *61103000* berechnen wird. Die ENTLASTUNG wird mit der KOSTENART *94114000* von der KOSTENSTELLE *10101601* gebucht.

Bevor Sie die Zuschlagsberechnung durchführen, müssen Sie sicherstellen, dass das Kalkulationsschema in den Stammdaten des Auftrags hinterlegt ist.

Um das Kalkulationsschema und ggf. einen Zuschlagsschlüssel mit einem Innenauftrag zu verknüpfen, können Sie diese Elemente entweder direkt in den Stammdaten im Abschnitt PERIODENABSCHLUSS eingeben oder im Musterauftrag der entsprechenden Auftragsart als Voreinstellung eintragen. Diese Einstellung nehmen Sie über CONTROLLING • INNENAUFTRÄGE • ISTBUCHUNGEN • GEMEINKOSTENZUSCHLÄGE • KALK. SCHEMA UND ZUSCHL.SCHLÜSSEL IN MUSTERAUFTRÄGEN PFLEGEN vor.

Anschließend können Sie mit der Transaktion *KGI2* (Einzelverarbeitung Ist) oder *KGI4* (Sammelverarbeitung Ist) die Bezuschlagung durchführen (siehe Abbildung 8.6). Durch Setzen des Hakens bei TESTLAUF ist eine Simulation der Zuschlagsberechnung möglich. Wenn Sie keine Fehler entdecken, können Sie den Haken entfernen und den Echtlauf ausführen.

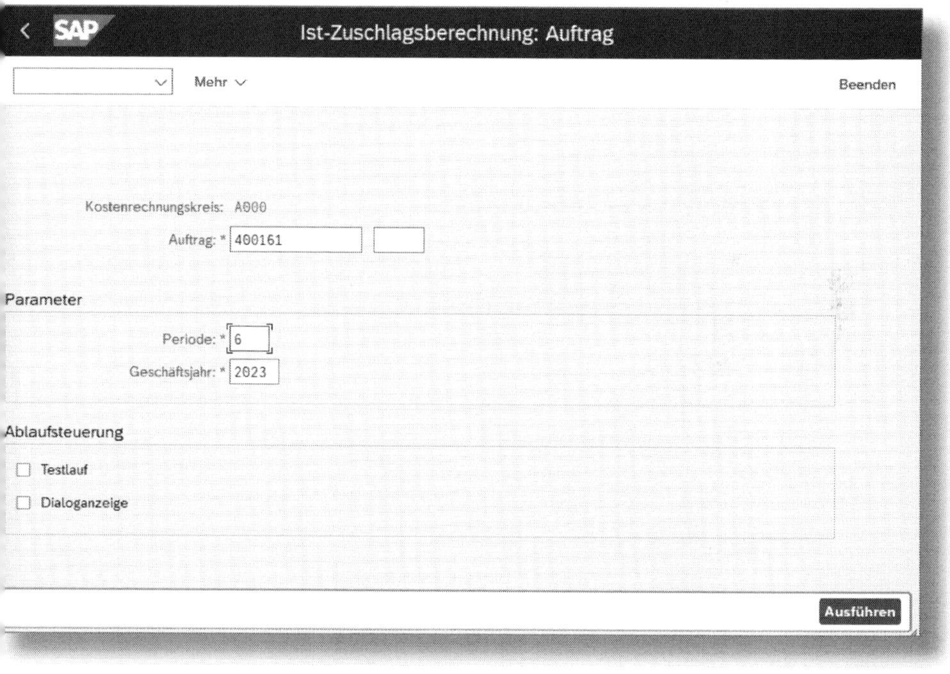

Abbildung 8.6: Istzuschlagsberechnung

Nachdem die Kalkulation durchgeführt wurde, können Sie den Wertefluss nachvollziehen (siehe Abbildung 8.7). Der EMPFÄNGER, also der Messeauftrag *400161*, wurde mit Istkosten in der Höhe von 499,50 EUR (zehn Prozent von 4.995 EUR Istkosten) belastet, und die Kostenstelle *10101601* um diesen Betrag entlastet.

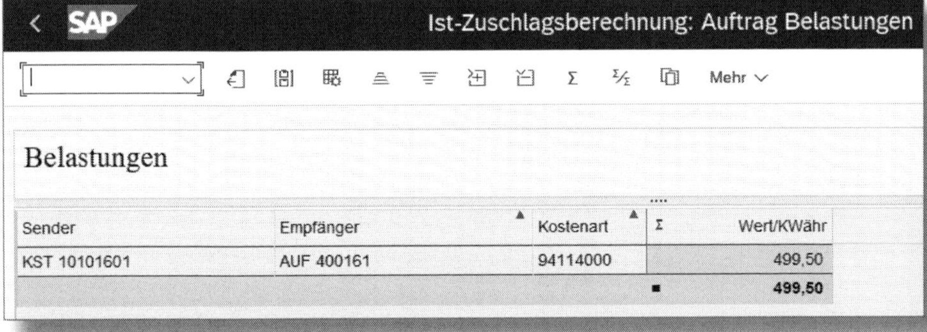

Abbildung 8.7: Istzuschlagsberechnung – Wertfluss

8.2.2 Periodische Umbuchung

Mit der periodischen Umbuchung können Sie Korrekturen in Innenaufträgen, Kostenstellen, Geschäftsprozessen oder Projekten durchführen.

Beispielsweise lässt sich ein Innenauftrag als Kostensammler definieren; die angefallenen Kosten können am Periodenende auf die verursachenden Kostenstellen umgebucht werden. Die ursprüngliche Kostenart bleibt erhalten, sodass sich die Umbuchung jederzeit transparent nachvollziehen lässt.

Periodische Umbuchungen im Ist für Innenaufträge führen Sie über CONTROLLING INNENAUFTRÄGE • PERIODENABSCHLUSS • EINZELFUNKTIONEN (Transaktion *KSW5*) aus (siehe Abbildung 8.8).

Bevor Sie eine Umbuchung durchführen, müssen Sie einen sogenannten Zyklus definieren. Diesen legen Sie mit der Transaktion *KSW1* an. Alternativ können Sie *KSW5* aufrufen und über ZUSÄTZE • ZYKLUS • ANLEGEN ebenfalls den Zyklus erstellen (siehe Abbildung 8.8).

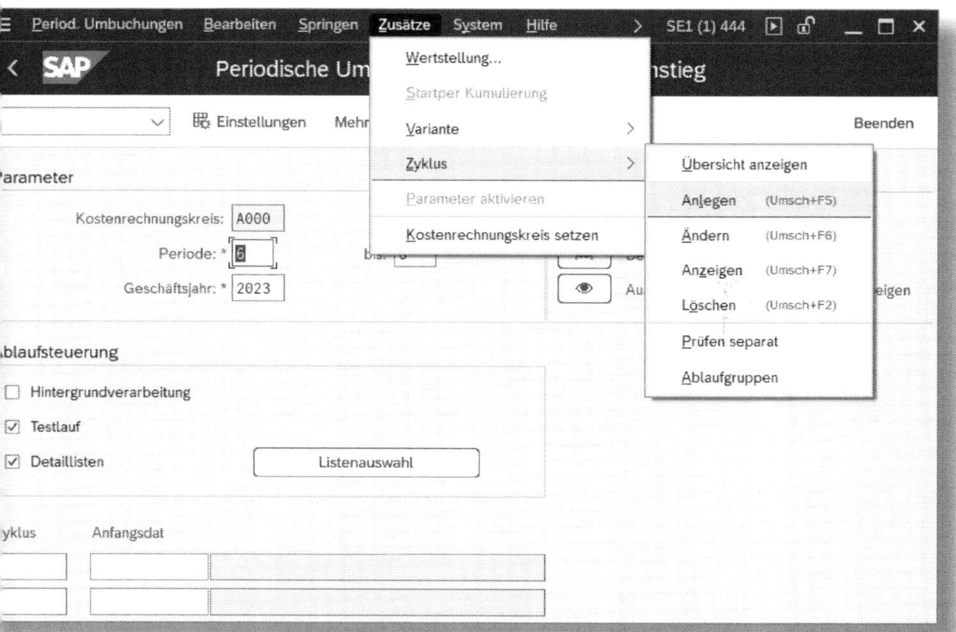

Abbildung 8.8: KSW5 – periodische Umbuchung

In einem *Zyklus* legen Sie fest, von welchem Senderobjekt (z. B. Innenauftrag oder Gruppe von Innenaufträgen) Sie welche Kostenarten (z. B. alle Personalkosten oder alle Fahrzeugkosten) an welche Empfängerobjekte (z. B. andere Innenaufträge, Kostenstellen oder Geschäftsprozesse) weiterverrechnen wollen.

Nach welchen Kriterien Sie die zu verrechnenden Kosten den Empfängern zuordnen, steuern Sie über *Empfängerbezugsbasen*. Dies können beispielsweise feste Prozentsätze, der Saldo einer bestimmten Kostenart auf dem Empfänger oder auch eine statistische Kennzahl sein.

Ein Zyklus enthält somit eine oder mehrere Regeln, wie Kosten verrechnet werden. Sie führen Ihre Zyklen jeweils zum Periodenende aus, d. h. idealerweise nach dem Schließen der Buchungsperioden in der Finanzbuchhaltung, um sicherzustellen, dass danach keine Buchungen mehr erfolgen. Sie erhalten dann eine Auswertung über die gebuchten Belege und können den Zyklus auch wieder stornieren. SAP bietet Ihnen damit ein sehr flexibles und praktisches Werkzeug an, um wiederkehrende monatliche Verrechnungen auszuführen.

Zyklus anlegen

Legen Sie einen Namen für den Zyklus fest (dieser muss im Kostenrechnungskreis eindeutig sein) und ein Datum, ab dem er ausgeführt werden darf (siehe Abbildung 8.9).

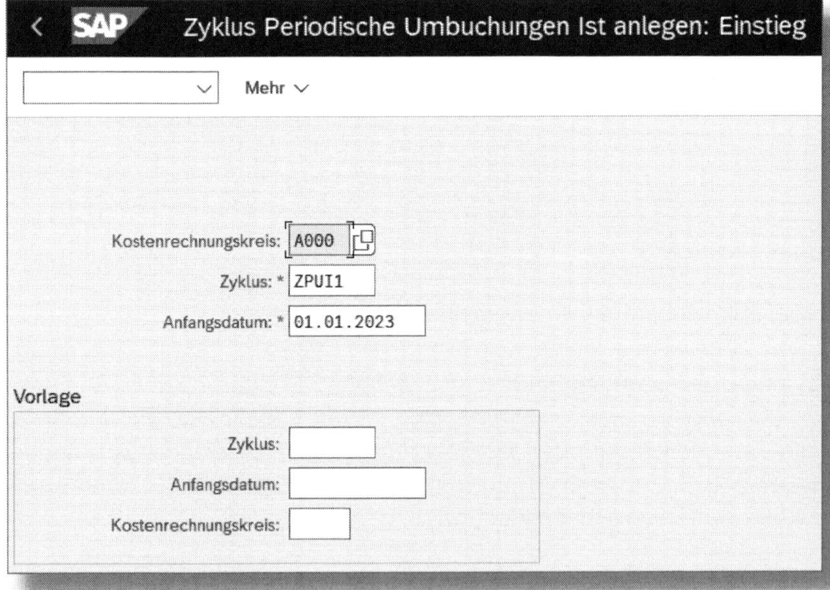

Abbildung 8.9: Zyklus anlegen

Zykluskopfdaten

Im Anschluss pflegen Sie die Kopfdaten des Zyklus. Darin sind Steuerungsdaten enthalten, die für alle Segmente gültig sind (siehe Abbildung 8.10). Zunächst müssen Sie ein Enddatum eingeben; dies bedeutet, dass der Zyklus nach diesem Datum nicht mehr ausgeführt werden darf. Dieses Datum lässt sich – im Gegensatz zum ANFANGSDATUM – auch nachträglich ändern. Außerdem können Sie einen TEXT erfassen.

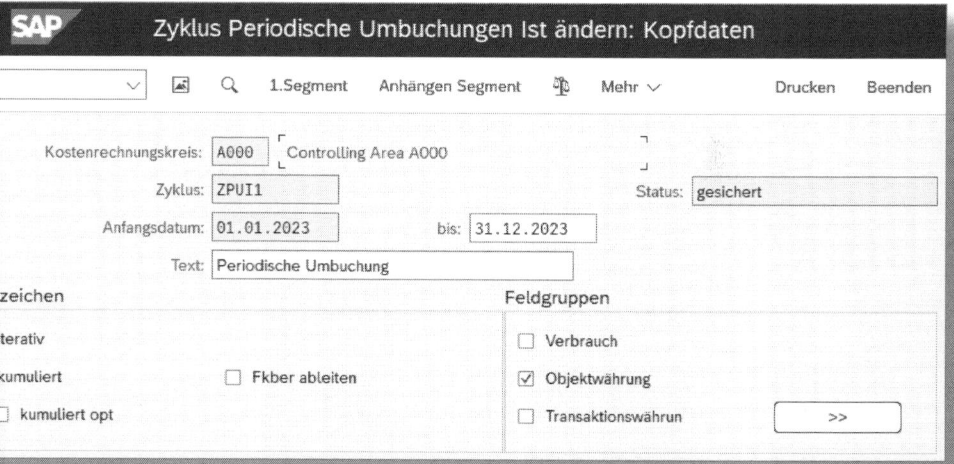

Abbildung 8.10: Kopfdaten pflegen

In den Kopfdaten finden Sie ferner zwei Blöcke mit Parametern: KENNZEICHEN und FELDGRUPPEN. Welche Parameter hier verwendet werden können, hängt von der Art des Verrechnungszyklus ab.

Das Kennzeichen ITERATIV wird in allen Verrechnungsarten außer der indirekten Leistungsverrechnung genutzt, es bedeutet, dass wechselseitige Beziehungen zwischen Sendern und Empfängern berücksichtigt werden. Die Ausführung des Zyklus wird so lange wiederholt, bis die Sender vollständig entlastet sind.

Iteration im Verrechnungszyklus

Im ersten Segment verrechnet eine Verwaltungskostenstelle zehn Prozent ihrer Gesamtkosten von 3.000 EUR an die IT.

Im zweiten Segment belastet die IT zehn Prozent ihrer Gesamtkosten von 6.000 EUR an die Finanzbuchhaltung.

Die **Ausgangssituation** stellt sich wie folgt dar:

- Verwaltung: 3.000 EUR
- IT: 6.000 EUR
- Finanzbuchhaltung: 0 EUR

Alle Segmente werden beim Aufruf des Zyklus gleichzeitig ausgeführt. Nach der ersten Iteration hat die Verwaltung alle Kosten weiterbelastet, 300 EUR davon an die IT. Die IT wiederum hat 6.000 EUR verrechnet, 600 EUR davon an die Finanzbuchhaltung; gleichzeitig wurden ihr jedoch 300 EUR von der Verwaltung belastet.

Situation nach der ersten Iteration:

- Verwaltung: 0 EUR
- IT: 300 EUR
- Finanzbuchhaltung: 600 EUR

Beim Durchlaufen der zweiten Iteration belastet dann die IT die verbliebenen 300 EUR weiter, 30 EUR davon an die Finanzbuchhaltung.

Situation nach der zweiten Iteration:

- Verwaltung: 0 EUR
- IT: 0 EUR
- Finanzbuchhaltung: 630 EUR

Beachten Sie, dass hier auch durchaus komplexere Szenarien möglich sind – würde z. B. die IT wiederum die Verwaltung rückbelasten, müsste die Iteration noch häufiger durchlaufen werden, nämlich so lange, bis alle Kosten verrechnet sind.

Kumulierte Verrechnung

Über den Parameter KUMULIERT, der in allen Verrechnungsarten außer der indirekten Leistungsverrechnung verwendet wird, steuern Sie, ob die Empfängerbezugsbasen über das Geschäftsjahr kumuliert werden. Das bedeutet, dass bei jedem Aufruf des Zyklus die Bezugsbasen von der ersten bis zur aktuellen Periode gesammelt und nicht für jede Periode isoliert betrachtet werden. Das System bucht dann in der aktuellen Periode lediglich die Differenz zu den bisher im laufenden Geschäftsjahr kumuliert gebuchten Beträgen.

Diesen Parameter können Sie nur einsetzen, wenn Sie die Sender-Empfänger-Beziehungen unterjährig nicht ändern und in allen Segmenten des Zyklus als Senderregel GEBUCHTE BETRÄGE sowie als Empfängerbezugsbasis VARIABLE ANTEILE wählen.

Wenn Sie den Parameter VERBRAUCH aktivieren, werden neben den Kosten auch die mit den Primärkosten gebuchten Verbrauchswerte verteilt.

Verrechnung in Objektwährung

Standardmäßig werden alle Verrechnungen in der Kostenrechnungskreiswährung durchgeführt. Wenn Sie jedoch den Parameter OBJEKTWÄHRUNG aktivieren, können Sie für Sender und Empfänger eine abweichende Objektwährung nutzen. Somit werden alle Verrechnungen zusätzlich auch in der Objektwährung durchgeführt. Voraussetzung dafür ist, dass in einer Verrechnung alle Sender und Empfänger dieselbe Objektwährung haben.

Verrechnung in Transaktionswährung

Der Parameter TRANSAKTIONSWÄHRUNG bewirkt, dass in einer Verrechnung alle Belege, die in einer Fremdwährung gebucht sind (also in einer von der Kostenrechnungskreiswährung abweichenden Währung), sowohl in Kostenrechnungskreiswährung als auch in Fremdwährung verrechnet werden.

Die Parameter OBJEKTWÄHRUNG und TRANSAKTIONSWÄHRUNG können Sie nur in der periodischen Umbuchung, der Verteilung und der Umlage verwenden. Sie sind darüber hinaus nur dann auswählbar, wenn Sie in den Steuerungsparametern des Kostenrechnungskreises ALLE WÄHRUNGEN aktiviert haben (siehe Abschnitt 2.6, Abbildung 2.12).

Segment anlegen

Nachdem Sie die Kopfdaten des Zyklus bearbeitet haben, legen Sie über ANHÄNGEN SEGMENT das erste Segment an (siehe Abbildung 8.11).

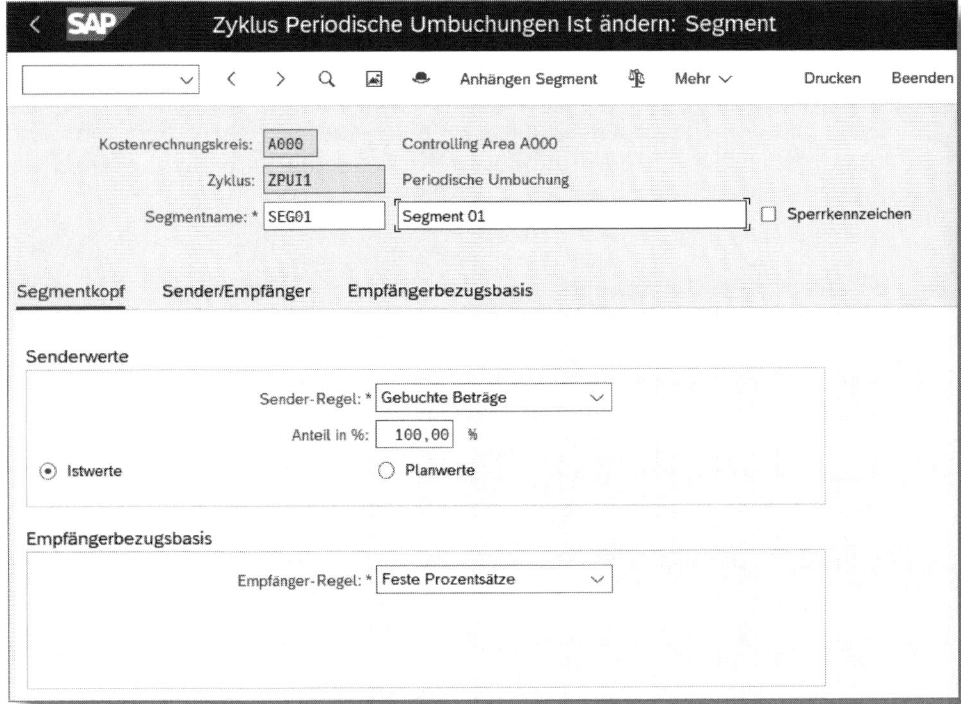

Abbildung 8.11: Segment anlegen

Segmentkopf pflegen

Im Segmentkopf vergeben Sie zunächst einen Namen (dieser muss innerhalb des Zyklus eindeutig sein) und eine Bezeichnung. Mit dem SPERRKENNZEICHEN können Sie später einzelne Segmente sperren und den Rest des Zyklus weiterverwenden.

Senderregel

Im Block SENDERWERTE pflegen Sie als Erstes die SENDER-REGEL. Diese gibt vor, welcher Wert auf dem Sender entlastet werden soll. In der Regel werden Sie hier *Gebuchte Beträge* wählen. Dies bewirkt, dass der Periodensaldo des Senders bezüglich der Kostenarten, die Sie auf der Registerkarte SENDER/EMPFÄNGER angeben, komplett entlastet wird. Stattdessen könnten Sie auch *Feste Beträge* erfassen. In diesem Fall geben Sie auf der Registerkarte SENDERWERTE einen Betrag an, in dessen Höhe der Sender entlastet werden soll. Wählen Sie *Feste Tarife*, können Sie unter SENDERWERTE einen Tarif festlegen, der mit dem Wert unter EMPFÄNGERGEWICHTUNGSFAKTOREN je Empfänger multipliziert wird, um den Verrechnungswert zu ermitteln. Im Beispiel wollen wir die Istkosten des Auftrags 400161 (Messe Frankfurt) zu zehn Prozent auf die Kostenstelle des Vertriebs verrechnen, daher wählen wir *Gebuchte Beträge*.

Flexible Darstellung der Sichten

Im oben dargestellten Beispiel sind die Sichten SENDERWERTE und EMPFÄNGERGEWICHTUNGSFAKTOREN nicht erkennbar. Dies liegt daran, dass wir unter EMPFÄNGERBEZUGSBASIS den Wert *Feste Prozentsätze* ausgewählt haben; in diesem Fall müssen Sie in den entsprechenden Sichten nichts eintragen, sie werden daher automatisch ausgeblendet.

Mittels des Parameters ANTEIL IN % legen Sie fest, dass vom Senderwert nur ein bestimmter Prozentsatz verrechnet wird. In unserem Beispiel möchten wir jedoch auf Basis des Gesamtwertes verrechnen, daher haben wir *100* Prozent eingetragen. In der Empfängerregel werden wir nur *10* Prozent der Kosten weiterbelasten (siehe Abbildung 8.13).

Wenn Sie als Senderwert *Gebuchte Beträge* gewählt haben (siehe Abbildung 8.11), geht das System standardmäßig davon aus, dass Sie sich dabei auf Istwerte beziehen – der Parameter ISTWERTE ist daher voreingestellt. Wählen Sie jedoch stattdessen PLANWERTE, werden beim Ausführen des Zyklus die Planwerte des Senders herangezogen und im Ist verrechnet.

Empfängerregel

Im Block EMPFÄNGERBEZUGSBASIS steuern Sie über die EMPFÄNGER-REGEL, wie die zu verrechnenden Werte den Empfängern zugeordnet werden (siehe Abbildung 8.11). Wählen Sie hier *Variable Anteile*, können Sie die Empfängerwerte variabel anhand von anderen Kostenarten, statistischen Kennzahlen etc. ermitteln lassen. Alternativ lässt sich die Aufteilung auf die Empfänger anhand von *Festen Beträgen*, *Festen Prozentsätzen* oder *Festen Anteilen* vornehmen. Bei festen Beträgen tragen Sie direkt auf der Sicht EMPFÄNGERBEZUGSBASIS die Beträge ein, die auf den jeweiligen Empfänger verrechnet werden sollen. Bei festen Prozentsätzen geben Sie je Empfänger einen Prozentsatz an, das System verrechnet dann je Empfänger den angegebenen Prozentsatz des Senderwertes. Feste Anteile funktionieren ähnlich wie feste Prozentsätze: Sie geben dabei je Empfänger einen beliebigen Wert an; das System addiert diese Werte und verrechnet bei jedem Empfänger den Senderwert in Relation zum jeweiligen Anteil der Summe der Anteile.

Empfängerwerte als feste Anteile

Der Senderwert sei 1.000. Sie geben für drei Empfänger feste Anteile an:

Empfänger 1: 10.000, Empfänger 2: 100.000, Empfänger 3: 300.

Der Gesamtwert der Anteile beträgt 110.300. Der Senderwert wird wie folgt verrechnet:

Empfängerwert = Senderwert × Anteil/Summe Anteile

Damit ergibt sich für unser Beispiel:

- Empfängerwert 1 = 1.000 × 10.000/110.300 = 90,66
- Empfängerwert 2 = 1.000 × 100.000/110.300 = 906,62
- Empfängerwert 3 = 1.000 × 300/110.300 = 2,72

Für das aktuelle Beispiel wollen wir im Rahmen einer periodischen Umbuchung die Kosten anhand *Fester Prozentsätze* verrechnen. Beachten Sie, dass im Block EMPFÄNGERBEZUGSBASIS noch weitere Parameter zur Verfügung stehen, die aber nur eingeblendet werden, wenn Sie als EMPFÄNGER-REGEL die Einstellung *Variable Anteile* auswählen.

Sender/Empfänger

In der Registerkarte SENDER/EMPFÄNGER legen Sie fest, welche Kostenträger Sie umbuchen möchten und welche Kostenarten dies betreffen soll (siehe Abbildung 8.12).

Segmentkopf | Sender/Empfänger | Empfängerbezugsbasis

	von	bis	Gruppe
Sender:			
Auftrag:	400161		
Kostenstelle:			
FunktBereich:			
Kostenträger:			
PSP-Element:			
Kostenart:	60000000	99000000	
Empfänger:			
Auftrag:			
Kostenstelle:	10101602		
FunktBereich:			
Kostenträger:			
PSP-Element:			
		WirtschaftsEH:	
		Grundstück:	
		Gebäude:	
		AbrechnungsEH:	

Abbildung 8.12: Sender und Empfänger definieren

In unserem Beispiel buchen wir die anteiligen Kosten des AUFTRAGS *400161* in Bezug auf das KOSTENARTEN-Intervall *60000000* bis *99000000* auf die KOSTENSTELLE *10101602* um.

Empfängerbezugsbasis einstellen

Auf der Registerkarte EMPFÄNGERBEZUGSBASIS stellen Sie nun ein, wie die Empfängerwerte ermittelt werden sollen (siehe Abbildung 8.13). Welche Felder hier angezeigt werden, hängt von den Einstellungen ab, die Sie im SEGMENTKOPF vorgenommen haben.

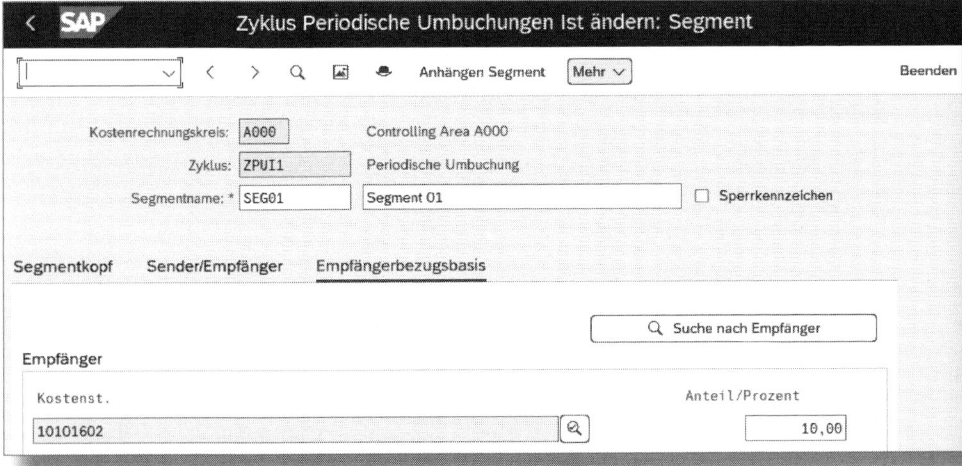

Abbildung 8.13: Empfängerbezugsbasis pflegen

Bei der periodischen Umbuchung wollen wir anhand von festen Prozentsätzen verrechnen; entsprechend geben wir hier für jeden der Empfänger, die wir unter SENDER/EMPFÄNGER eingetragen haben, einen Prozentsatz an. In unserem Beispiel betrifft dies lediglich eine Kostenstelle.

Periodische Umbuchung ausführen

Die periodische Umbuchung im Ist für Innenaufträge führen Sie über CONTROLLING INNENAUFTRÄGE • PERIODENABSCHLUSS • EINZELFUNKTIONEN (Transaktion *KSW5*) aus (siehe Abbildung 8.14).

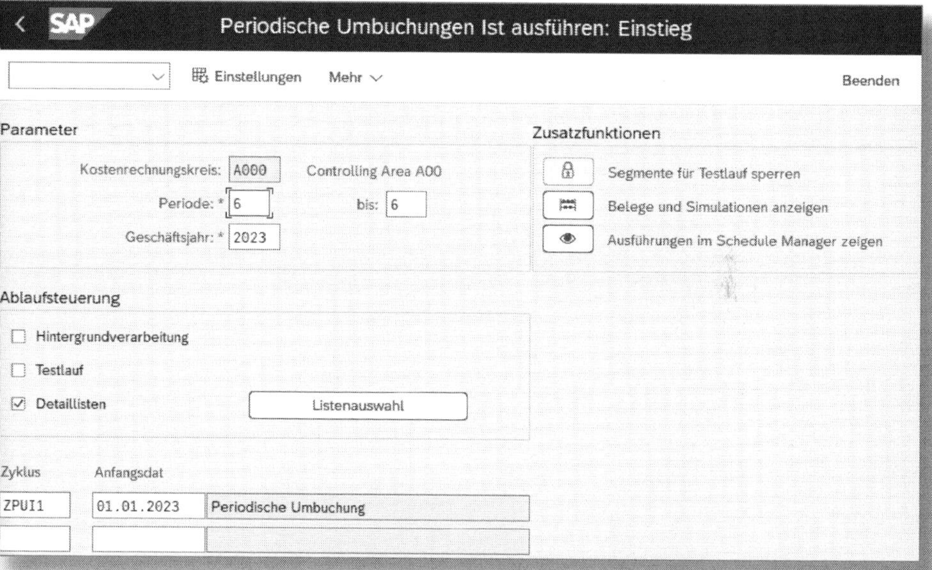

Abbildung 8.14: Periodische Umbuchung durchführen

Tragen Sie den Zeitraum und den Zyklus ein. Anschließend starten Sie die Umbuchung, indem Sie auf den Button **Ausführen** klicken.

Sie erhalten nun die Grundliste der durchgeführten Umbuchungen. Über SPRINGEN • EINZELPOSTEN können Sie sich die gebuchten Werte im Detail anzeigen lassen (siehe Abbildung 8.15).

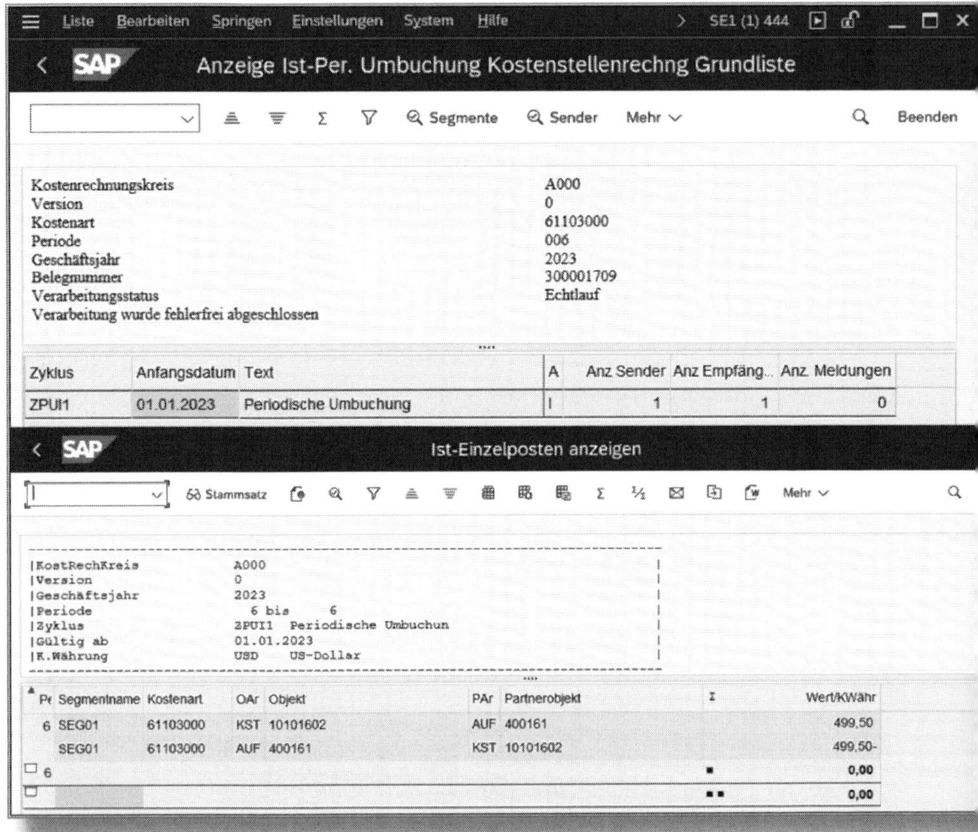

Abbildung 8.15: Grundliste – Einzelposten

Sie haben damit die Methode zur periodischen Umbuchung auf Basis von Zyklen kennengelernt. Wir erläutern im Folgenden weitere Funktionen im Rahmen des Monatsabschlusses.

8.3 Verzinsung

8.3.1 Was ist Verzinsung?

Bei Innenaufträgen, die eine längere Laufzeit haben und ggf. eine hohe Kostenbelastung aufweisen, können Sie Zinsen berechnen und auf die Aufträge buchen, um z. B. die Kapitalbindung zu bewerten. Es ist auch möglich, Habenzinsen für erlösführende Aufträge zu berechnen. Die *Verzinsung* können Sie sowohl im Plan durchführen, um die Planung zu unterstützen, als auch im Ist. Dabei ist zu beachten, dass die Verzinsung bei Innenaufträgen lediglich auf Basis der Kosten und Erlöse erfolgt und sich nicht auf Ein- und Auszahlungen bezieht. Bei der Verzinsung im Plan werden nur Planwerte herangezogen, die auf Kostenarten geplant sind; Gesamtwerte werden nicht berücksichtigt.

8.3.2 Überblick über die Verzinsung

Im Customizing müssen Sie einige Einstellungen vornehmen, um eine Verzinsung durchführen zu können. Zentrales Element ist dabei das Zinsschema, dem alle weiteren Parameter zugeordnet sind und das über den Musterauftrag die Verknüpfung zum Innenauftrag herstellt. Dem Zinsschema ordnen Sie ein Zinskennzeichen zu, über das Sie steuern, welche Zinssätze gelten sollen, ob Sie nach Beträgen staffeln und unter welchen Konten die Verzinsung gebucht werden soll. Darüber hinaus legen Sie anhand von *Wertkategorien* fest, welche Kostenarten bei der Verzinsung berücksichtigt werden.

Wir erläutern Ihnen nun anhand eines Beispiels, wie Sie die Verzinsung für erlösführende Aufträge einstellen können. Dabei gehen wir davon aus, dass für Habenzinsen (also Zinsen auf Erlöse) ein Zinssatz von einem Prozent gilt, für Kosten hingegen ein Satz von zwei Prozent.

8.3.3 Zinskennzeichen definieren

Als Erstes legen Sie über CONTROLLING • INNENAUFTRÄGE • ISTBUCHUNGEN • VERZINSUNG • ZINSKENNZEICHEN DEFINIEREN (Transaktion *OPIE*) ein Zinskennzeichen (Spalte ZINS-KZ.) an. Sie geben hier einen Schlüssel und eine BEZEICHNUNG an (siehe Abbildung 8.16); außerdem ordnen Sie eine VERZINSUNGSART zu. Für Innenaufträge können Sie ausschließlich die Saldenverzinsung verwenden, bei der die Zinsen auf der Grundlage des gesamten Saldos des Auftrags ermittelt werden.

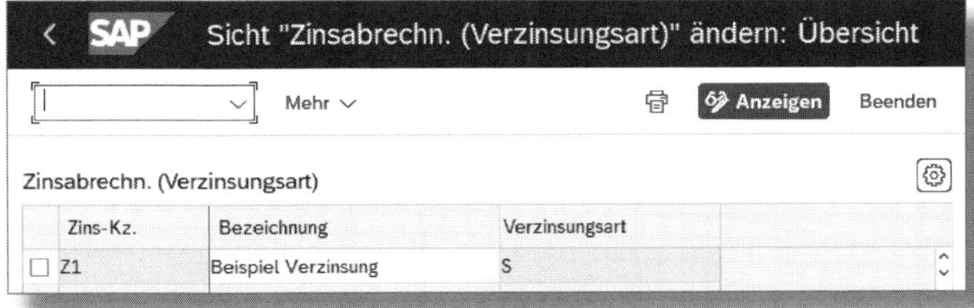

Abbildung 8.16: Zinskennzeichen erstellen

Zu Ihrem Zinskennzeichen legen Sie über CONTROLLING • INNENAUFTRÄGE • ISTBUCHUNGEN • VERZINSUNG • KONDITIONEN ZUM ZINSKENNZEICHEN • ALLGEMEINE KONDITIONEN FESTLEGEN (Transaktion *OPIH*) verschiedene Einstellungen fest (siehe Abbildung 8.17).

Über die KALENDERART bestimmen Sie, ob Sie je Geschäftsjahr 360 oder 365 Tage berücksichtigen und ob alle Monate mit 30 Tagen angesetzt werden sollen oder mit der tatsächlichen Anzahl pro Monat. Der Eintrag *G* im Beispiel bedeutet, dass wir 365 Tage pro Geschäftsjahr annehmen und die Monate 28, 30 oder 31 Tage haben können. Der GRENZBETRAG setzt eine Schwelle, unterhalb derer überhaupt keine Zinsen berechnet werden.

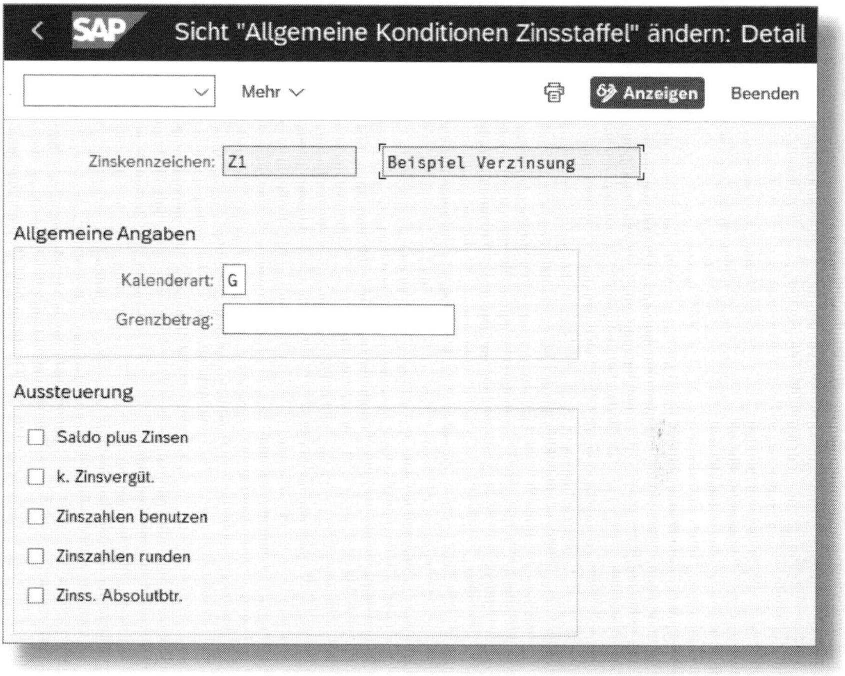

Abbildung 8.17: Allgemeine Konditionen zum Zinskennzeichen

Schließlich stehen noch einige Parameter im Bereich AUSSTEUERUNG zur Verfügung: SALDO PLUS ZINSEN bedeutet, dass beim Ausdrucken der Saldo plus Zinsen angegeben wird. Aktivieren Sie K. ZINSVERGÜT., werden Zinsen lediglich auf Kosten, aber nicht auf Erlöse berechnet. Wenn Sie einen Haken bei ZINSZAHLEN BENUTZEN setzen, rechnet das System anhand von Zinszahlen, andernfalls werden die Zinsen direkt ermittelt. Zusätzlich können Sie die ZINSZAHLEN RUNDEN. Der Parameter ZINSS. ABSOLUTBTR. schließlich steuert, ob Sie bei gestaffelten Zinssätzen den Absolutbetrag für die Ermittlung des Staffelsatzes heranziehen oder ob Sie die Beträge aufteilen.

Aufgrund des Absolutbetrags ermittelte Zinssätze

Sie haben die folgenden Zinsstaffeln definiert:

- für Beträge von 0 bis 1.000 EUR: 5 %
- für Beträge von 1.001 bis 2.000 EUR: 6 %
- für Beträge ab 2.001 EUR: 7 %

Nehmen wir nun an, die Gesamtkosten auf dem Auftrag betragen 2.500 EUR. Ist die Option ZINSS. ABSOLUTBTR. aktiviert, wird der Gesamtbetrag mit sieben Prozent verzinst. Ansonsten werden die Zinsen wie folgt ermittelt: Fünf Prozent auf 1.000 EUR, sechs Prozent auf 1.000 EUR und sieben Prozent auf 500 EUR.

8.3.4 Zinssätze festlegen

Nun definieren Sie die Zinssätze über CONTROLLING • INNENAUFTRÄGE • ISTBUCHUNGEN • VERZINSUNG • KONDITIONEN ZUM ZINSKENNZEICHEN • ZINSSÄTZE FESTLEGEN. Wählen Sie zuerst über die BEWEGUNGSART (unter KONDITION) aus, ob Sie sich auf Soll- oder Habenzinsen für die Saldenverzinsung beziehen möchten (siehe Abbildung 8.18 und Abbildung 8.19).

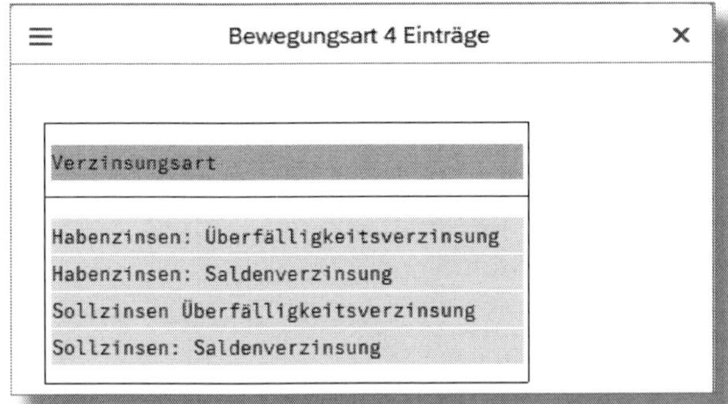

Abbildung 8.18: Zinssätze festlegen – Auswahl »Kondition«, F4-Hilfe des Feldes »Kondition«

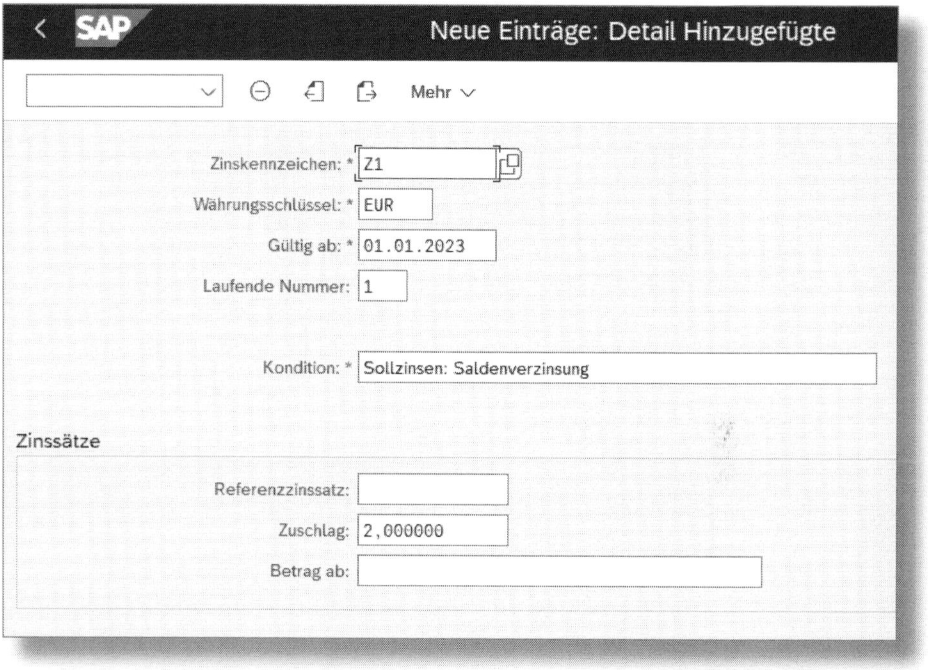

Abbildung 8.19: Zinssätze festlegen

Es werden hier auch Bewegungsarten für die Überfälligkeitsverzinsung angeboten, diese sind aber für die Verzinsung von Innenaufträgen nicht relevant. Unter ZINSSÄTZE geben Sie einen im System hinterlegten REFERENZZINSSATZ an (z. B. den Diskontsatz); zusätzlich können Sie einen ZUSCHLAG erheben. Wäre der Referenzzinssatz aktuell beispielsweise ein Prozent und Sie tragen einen Zuschlag von drei Prozent ein, ergibt sich insgesamt ein Zinssatz von vier Prozent. Lassen Sie den Referenzzinssatz weg, gilt allein der Zuschlag als Zinssatz. Im Beispiel haben wir einen Zinssatz von zwei Prozent für die Sollzinsen eingetragen. Unter BETRAG AB legen Sie fest, ab welchem Betrag der Zinssatz gelten soll; auf diese Weise bilden Sie Zinsstaffeln ab, wie im oben dargestellt.

Beachten Sie, dass Sie je Zinskennzeichen mindestens einen Zinssatz für Haben- und einen für Sollzinsen anlegen müssen.

8.3.5 Zinsschema anlegen

Wir kommen nun zum Zinsschema, das Sie über Controlling • Innenaufträge • Istbuchungen • Verzinsung • Zinsschemata • Zinsschemata anlegen erstellen. Im Abschnitt Verarbeitung sind die Optionen autom. ableiten und separat verzinsen nur für Projekte relevant, für Innenaufträge ist es unerheblich, welche von beiden Sie auswählen (siehe Abbildung 8.20). Aktivieren Sie jedoch nicht verzinsen, werden Aufträge mit diesem Zinsschema nicht verzinst. Unter Basiswerte bestimmen Sie, ob die Verzinsung das Buchungsdatum der einzelnen Belege berücksichtigen (Einzelposten) oder sich auf Summensätze beziehen soll, wobei dann je Periode alle Belege auf die Periodenmitte datiert werden.

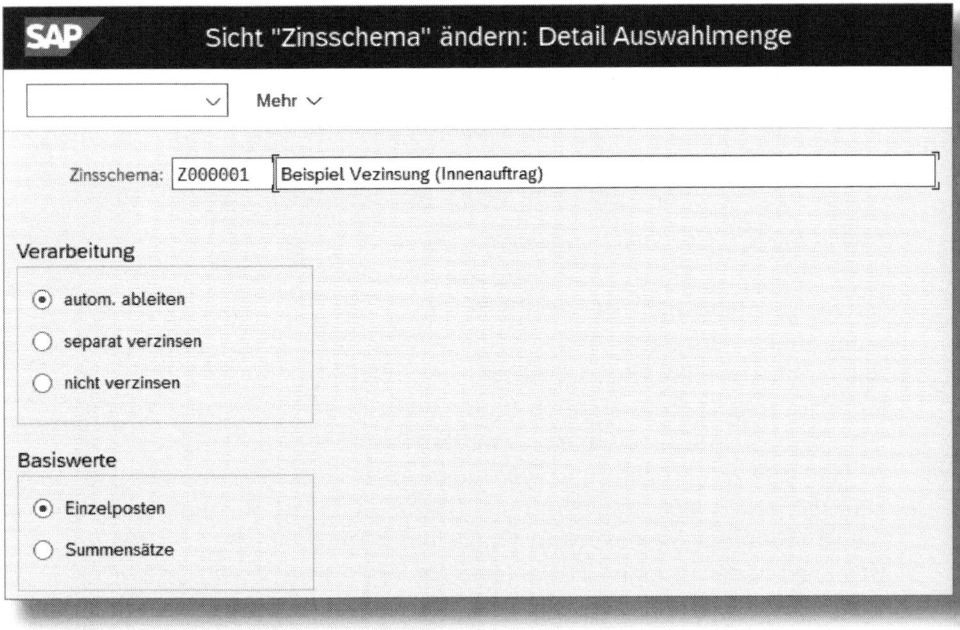

Abbildung 8.20: Zinsschema anlegen

Einzelposten vs. Summensätze

Sie haben auf Ihrem Auftrag am 1.11. Kosten in Höhe von 1.000 EUR gebucht und am 10.11. noch einmal 2.000 EUR. Bei einem Sollzinssatz von zwei Prozent ergibt sich mit der Berücksichtigung von Einzelposten die folgende Verzinsung:

- 1. bis 9.11. (9 Tage): Saldo 1.000 EUR; Zinsbetrag: 0,49 EUR
- 10. bis 30.11. (21 Tage): Saldo 3.000 EUR; Zinsbetrag: 3,45 EUR

Betrachten Sie Summenwerte, errechnet sich der Zinsbetrag wie folgt:

- Saldo 3.000 EUR über 15 Tage; Zinsbetrag: 2,63 EUR

Wenn Sie das Zinsschema angelegt haben, stellen Sie über CONTROLLING • INNENAUFTRÄGE • ISTBUCHUNGEN • VERZINSUNG • ZINSSCHEMATA • DETAILEINSTELLUNGEN ZUM ZINSSCHEMA VORNEHMEN (Transaktion *OPIB*) weitere Details ein. Sie können festlegen, ob für Aufträge mit dem jeweiligen Zinsschema Zinsen erst ab einer bestimmten Laufzeit berechnet werden sollen oder nicht. Unter BEDINGUNGEN geben Sie anhand des Parameters MINDAUER an, wie viele Tage seit der ersten Buchung auf dem Innenauftrag vergangen sein müssen, bevor Zinsen ermittelt werden (siehe Abbildung 8.21). Der SCHWELLWERT bestimmt den Mindestbetrag an Kosten, der auf dem betroffenen Auftrag aufgelaufen sein muss, bevor das System Zinsen berechnet. Aktivieren Sie den Parameter UND-VERKNÜPFUNG, prüft das System bei der Verzinsung sowohl gegen die Mindestlaufzeit als auch gegen den Schwellwert: Nur wenn beide Bedingungen erfüllt sind, werden Zinsen berechnet. Die weiteren Parameter sind nur für Investitionsaufträge relevant.

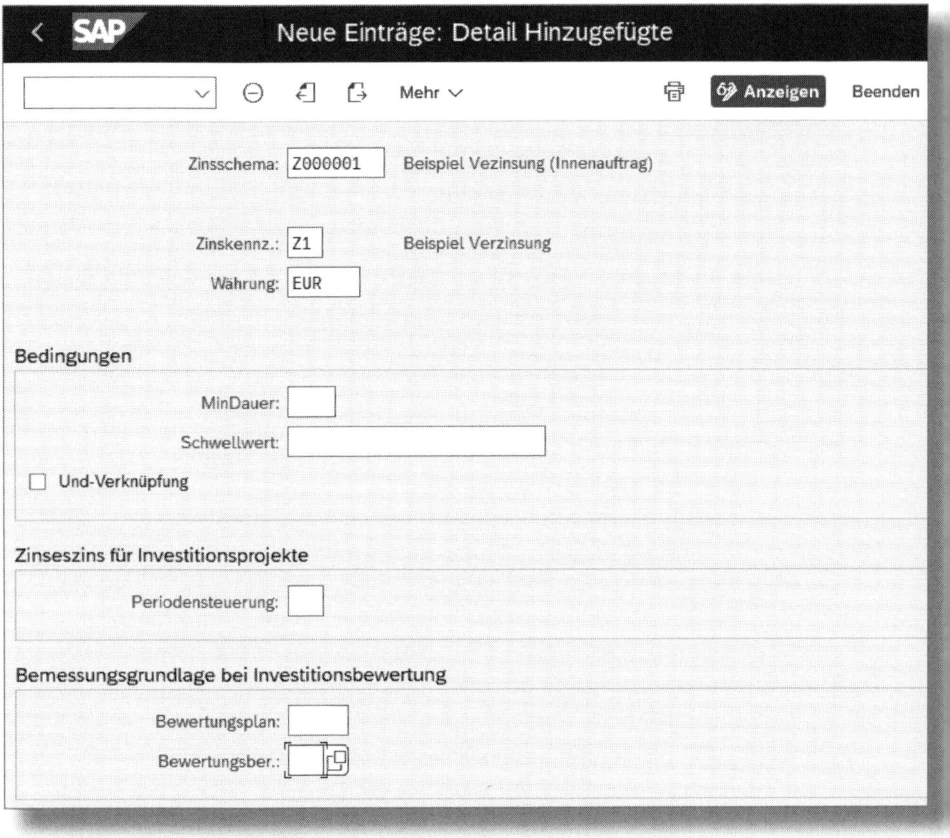

Abbildung 8.21: Detaileinstellungen zum Zinsschema

8.3.6 Wertkategorien definieren

Wie bereits in Abschnitt 8.3.2 erwähnt, steuern Sie mithilfe von Wertkategorien, welche Kostenarten bei der Ermittlung der Zinsen überhaupt berücksichtigt werden. Bei Wertkategorien handelt es sich um ein Konzept zur Verdichtung von Kostenarten, das in Berichten der Instandhaltung (Modul PM) und im Projektsystem (Modul PS) verwendet wird; im Controlling findet es allerdings keine weitere Anwendung. Da SAP die Verzinsung ursprünglich für das Projektsystem entwickelt und erst später auch für Innenaufträge ermöglicht hat, begegnen Sie den Wertkategorien nur an dieser Stelle im Controlling. Sie können sie frei definieren und mit Kostenarten verknüpfen.

Wertkategorien legen Sie im Customizing unter dem Pfad PROJEKTSYSTEM • KOSTEN • WERTKATEGORIEN • WERTKATEGORIEN PFLEGEN (Transaktion *OPI1*) an (siehe Abbildung 8.22).

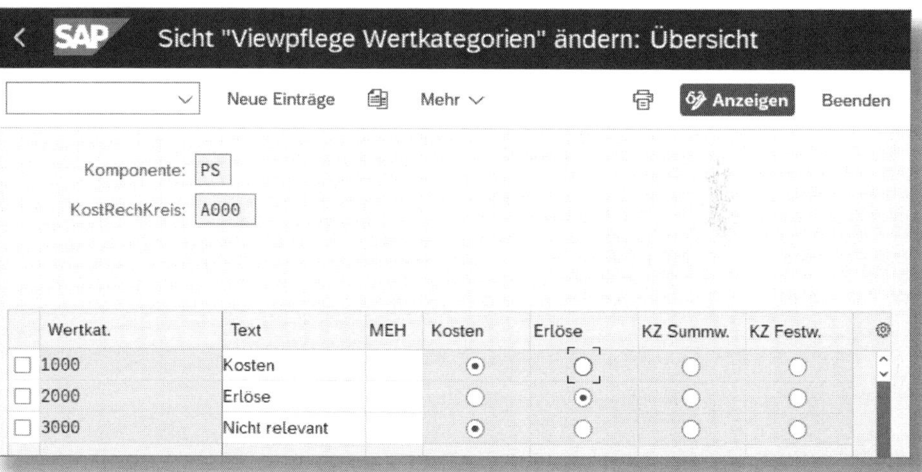

Abbildung 8.22: Wertkategorien anlegen

Vergeben Sie für jede Wertkategorie einen Schlüssel und einen Text. Entscheiden Sie dann, ob es sich dabei um KOSTEN oder ERLÖSE handelt. Da Sie Wertkategorien für Innenaufträge nicht im Reporting benutzen können, wird es in der Regel ausreichen, wenn Sie wie im Beispiel nur je eine Wertkategorie für Kosten, Erlöse und nicht relevante Kosten erstellen.

Unter PROJEKTSYSTEM • KOSTEN • WERTKATEGORIEN • KOSTENARTEN WERTKATEGORIEN ZUORDNEN (Transaktion *OPI2*) verknüpfen Sie die Wertkategorien mit Kostenarten (siehe Abbildung 8.23). Sie können dabei Einzelwerte, Intervalle oder Kostenartengruppen angeben.

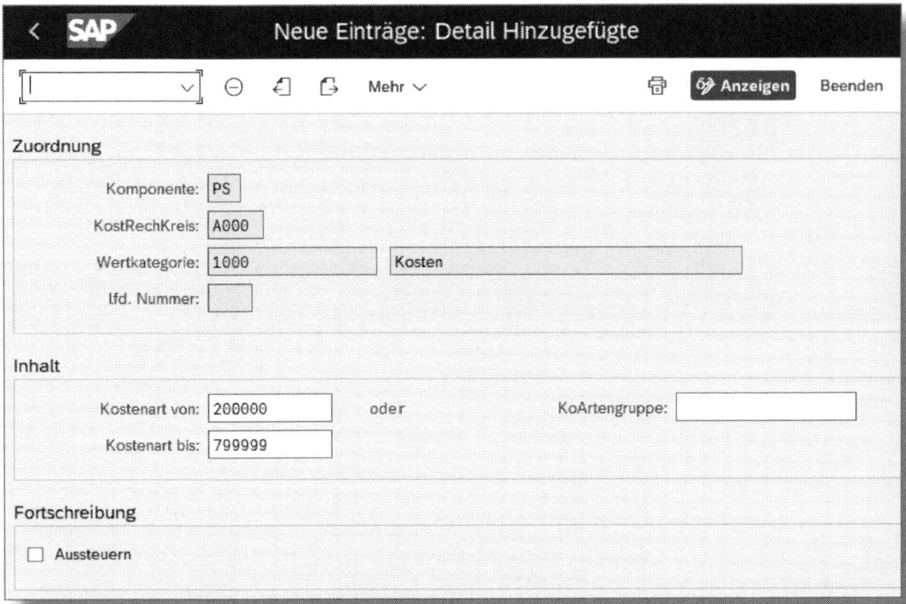

Abbildung 8.23: Kostenarten Wertkategorien zuordnen

8.3.7 Zinsrelevanz festlegen

Zurück im Einstellungsmenü für Innenaufträge entscheiden Sie unter dem Customizing-Punkt Controlling • Innenaufträge • Istbuchungen • Verzinsung • Zinsschemata • Zinsrelevanz für Wertkategorien festlegen (Transaktion *OPIC*), welche Wertkategorien bei der Verzinsung berücksichtigt werden (siehe Abbildung 8.24). Sie definieren dabei je Zinsschema und Zinskennzeichen (Spalte Zins...), welche Wertkategorien als Kosten bzw. Erlöse betrachtet (Spalte Kosten & Erlöse) und welche nicht berücksichtigt werden sollen (Spalte keine). Die Sektion Zahlungen (Spalte Zahlun...) hat für Innenaufträge keine Bedeutung.

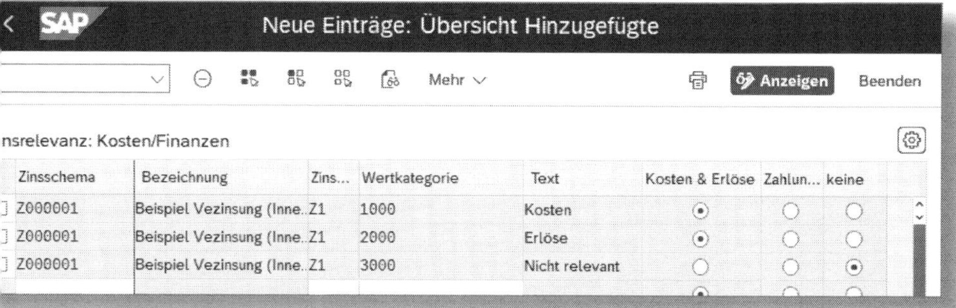

Abbildung 8.24: Zinsrelevanz der Wertkategorien einstellen

Um ein Zinsschema Aufträgen zuzuordnen, hinterlegen Sie es in einem Musterauftrag und ordnen diesem den entsprechenden Auftrag zu (siehe Abschnitt 3.1).

8.3.8 Buchungsschema anlegen

Zum Schluss hinterlegen Sie unter CONTROLLING • INNENAUFTRÄGE • ISTBUCHUNGEN • VERZINSUNG • VERBUCHUNGSSTEUERUNG • BUCHUNGSSCHEMA FÜR BUCHHALTUNG DEFINIEREN (Transaktion *OPID*) die Konten, auf denen das System die Verzinsung verbuchen soll (siehe Abbildung 8.25). Das Buchungsschema besteht aus drei Bestandteilen: dem Schema selbst, den Kontosymbolen und der Kontenfindung.

Im BUCHUNGSSCHEMA legen Sie je GESCHÄFTSVORFALL ❶ fest, mit welchen Buchungsschlüsseln und anhand welcher Kontosymbole gebucht werden soll. Der Geschäftsvorfall ist fest im System vorgegeben und hängt vom Szenario ab; in unserem Fall stehen die Geschäftsvorfälle *1000* (Zinsertragsbuchung) und *2000* (Zinsaufwandsbuchung) zur Verfügung. Der Buchungsschlüssel bestimmt, ob die jeweilige Buchung im SOLL *(40)* oder HABEN *(50)* erfolgen soll; das Kontosymbol steuert, auf welche Konten gebucht werden soll.

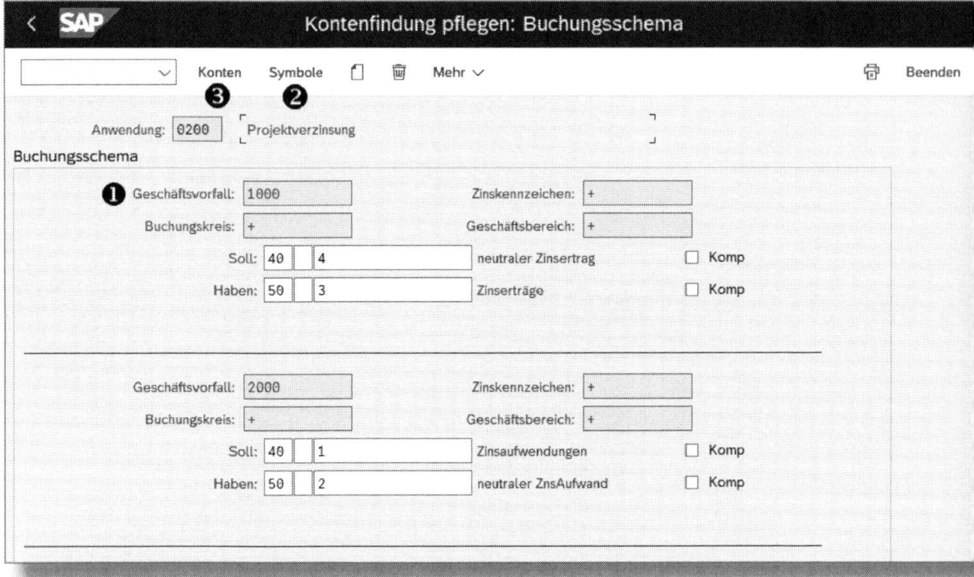

Abbildung 8.25: Buchungsschema für Verzinsung einstellen

Über den Menüpunkt SYMBOLE ❷ gelangen Sie auf eine weitere Sicht, in der Sie die Bezeichnungen der Kontensymbole pflegen können. Klicken Sie dann auf KONTEN ❸, kommen Sie zur Kontenfindung, in der Sie pro Kontensymbol ein Konto hinterlegen.

In der Regel wird es nicht erforderlich sein, dass Sie Veränderungen am Buchungsschema oder an den Kontoschlüsseln vornehmen, Sie sollten lediglich die Sachkonten hinterlegen. Dabei müssen die Konten für Zinserträge und Zinsaufwendungen im System als Kostenarten definiert sein, da sie auf die betroffenen Aufträge gebucht werden. SAP empfiehlt, die jeweiligen Gegenkonten hingegen nicht als Kostenarten anzulegen, sondern sie nur in FI zu buchen. Damit gleichen sich beide Buchungen in FI ergebnisneutral aus, während die Zinsaufwendungen und Zinserträge im Controlling ausgewiesen werden.

Zinsaufwand in FI und CO

Nehmen wir an, auf dem Auftrag 12345 wurde Materialverbrauch in Höhe von 1.000 EUR gebucht; die Gegenbuchung erfolgte gegen das Materialbestandskonto. Der Saldo des Auftrags beträgt somit 1.000 EUR. Nun wird eine Verzinsung durchgeführt; es werden 20 EUR Sollzinsen ermittelt und zwischen dem Konto NEUTRALER ZINSAUFWAND (nur in FI) und dem Zinsaufwand auf dem Auftrag verbucht. Der Saldo beläuft sich nun 1.020 EUR. Die gesamten kalkulatorischen Zinsaufwendungen im Modul CO betragen damit 20 EUR; in FI gleichen sich das Zinsaufwandskonto und das neutrale Zinsaufwandskonto aus, die kalkulatorischen Zinsen sind damit nicht ergebniswirksam. Hätten Sie den Betrag auf dem Konto für neutralen Zinsaufwand auch in CO gebucht, wären die kalkulatorischen Zinsen in CO in der Summe ebenfalls null.

8.3.9 Erweiterungen für die Verzinsung

Damit haben Sie die Customizing-Einstellungen für die Verzinsung kennengelernt. Ihnen stehen außerdem diverse Erweiterungen zur Verfügung, um diese Funktionalität ggf. noch besser an Ihre Anforderungen anzupassen:

- KPSHZIN1 für die Modifikation der Einzelpostentabelle
- KPSHZIN2 für Prüfungen der Einzelpostenrelevanz im Ist
- KPSHZIN4 für das Zinsergebnis
- KPSPZIN1 für das Lesen der zinsrelevanten Sätze bei der Planverzinsung
- KPSPZIN2 für Prüfungen der Einzelpostenrelevanz im Plan
- KPSPZIN4 für kundeneigene Verbuchungen im Plan
- KPSPZIN3 für das Bestimmen des Verzinsungsenddatums im Plan

Alle genannten Erweiterungen implementieren Sie über die Transaktion *CMOD*. Wir schließen damit diesen Abschnitt ab und wenden uns der Ergebnisermittlung zu.

8.4 Ergebnisermittlung

8.4.1 Was ist die Ergebnisermittlung?

Bei erlösführenden Aufträgen, die länger als eine Buchungsperiode laufen und bei denen die Faktura an den Kunden erst gegen Ende des Auftragsdurchlaufs erstellt wird, müssen Sie jeweils zum Periodenende die *Ware in Arbeit (WIP)* bzw. die unverrechneten Lieferungen und Leistungen ermitteln und in der Bilanz im Bestand aktivieren. Dies dient dazu, Ihr Ergebnis realistischer darzustellen, denn ansonsten würden alle erlösführenden Aufträge für den Großteil ihrer Laufzeit Verluste ausweisen. Die Funktionalität in SAP S/4HANA zur Ermittlung der genannten Kennzahlen heißt *Ergebnisermittlung*. Wie die Verzinsung wurde sie ursprünglich nur für Projekte im Modul PS entwickelt und nachträglich auch auf Innenaufträge übertragen.

Es ist unüblich, Kundenprojekte über eine längere Laufzeit mit Innenaufträgen anstelle von Projekten abzubilden, da Projekte eine wesentlich mächtigere Funktionalität anbieten. Gleichwohl ist es möglich. SAP bietet in kaufmännischer Hinsicht sogar nahezu identische Funktionalitäten für beide Konzepte an.

8.4.2 Überblick über die Ergebnisermittlung

Die Ergebnisermittlung für Innenaufträge können Sie im Anwendungsmenü über die Transaktion *KKA1* aufrufen; Sie finden jedoch die dazugehörigen Customizing-Einstellungen nicht im Einstellungsmenü zu den Innenaufträgen, sondern nur im Projektsystem. Wir erläutern Ihnen nun zunächst die Funktionsweise der Ermittlung von Ware in Arbeit anhand eines Beispiels und gehen dann die notwendigen Customizing-Einstellungen durch.

Methoden der Ergebnisermittlung

Bei der Ermittlung von Ware in Arbeit können Sie in SAP S/4HANA unterschiedliche Methoden einsetzen; die gängigste ist die *erlösproportionale Methode*, die wir an dieser Stelle anhand eines Beispiels vorstellen. Es gibt noch weitere Möglichkeiten zur periodischen Bewertung von Kundenprojekten, wie z. B. die Percentage-of-Completion-Methode (POC). Diese wird in US-GAAP oder IAS typischerweise nur in größeren Projekten eingesetzt, wir empfehlen Ihnen dringend, für solche Projekte das Projektsystem (PS) und keine Innenaufträge zu nutzen.

Literaturtipp

Eine detaillierte Erläuterung der POC-Methode finden Sie im Buch »Projektcontrolling mit SAP PS« (Renata Munzel/Martin Munzel, Espresso Tutorials, 2017).

Die erlösproportionale Methode setzt zunächst voraus, dass Sie in Ihrem Auftrag die Kosten und Erlöse korrekt geplant haben. Zum Periodenende ermittelt das System anhand der aufgelaufenen Istwerte und der Planzahlen den Wert der Ware in Arbeit, der Kosten des Umsatzes und eventuell anfallender Rückstellungen für drohende Verluste.

Errechnete Kosten

Um die genannten Werte zu ermitteln, benutzt das System zunächst die Hilfsgröße der *errechneten Kosten*. Diese entsprechen denjenigen Kosten, die bei einem gegebenen Istumsatz laut Plan angefallen sein müssen:

$$\text{Errechnete Kosten} = \text{Plankosten} \times \text{Istumsatz}/\text{Planumsatz}$$

Kosten des Umsatzes

Die Kosten des Umsatzes entsprechen den errechneten Kosten, denn es handelt sich hierbei um die Kosten, die zur Realisierung des erbrachten Umsatzes angefallen sind:

Kosten des Umsatzes = errechnete Kosten

Ware in Arbeit

Sind die Istkosten größer als die errechneten Kosten, ergibt sich die Ware in Arbeit als die Differenz aus beiden:

Wenn Istkosten > errechnete Kosten:
Ware in Arbeit = Istkosten – errechnete Kosten

Die Ware in Arbeit entspricht somit dem Teil der Istkosten, dem kein Istumsatz gegenübersteht.

Rückstellungen für fehlende Kosten

Für den Fall, dass die Istkosten geringer sind als die errechneten Kosten, wurde bereits mehr fakturiert, als laut Plan bei den gegebenen Istkosten möglich gewesen wäre. Es ist daher damit zu rechnen, dass noch weitere Kosten anfallen. Das System bildet deshalb Rückstellungen für fehlende Kosten in Höhe der Differenz aus den Istkosten und den errechneten Kosten:

Wenn Istkosten < errechnete Kosten:
Rückstellungen für fehlende Kosten = Istkosten - errechnete Kosten

Die Kosten des Umsatzes bleiben davon unberührt; sie entsprechen in diesem Fall der Summe aus den Istkosten und den Rückstellungen.

Sollten die Istkosten die Plankosten übersteigen, setzt das System in den Berechnungen die Istkosten anstelle der Plankosten. Sobald der Auftrag den Status TECHNISCH ABGESCHLOSSEN hat, werden alle Kosten als Kosten des Umsatzes angezeigt; bestehende Ware in Arbeit oder Rückstellungen werden aufgelöst.

Beispielfall zur Ergebnisermittlung

Wir verdeutlichen dies an einem konkreten Beispiel. Nehmen wir an, Sie haben 100.000 EUR Erlöse und 80.000 EUR Kosten geplant:

- In Periode 1 fallen Istkosten in Höhe von 30.000 EUR an (siehe Tabelle 8.1). Die errechneten Kosten sind 0, da auch der Istumsatz noch 0 beträgt. Die Ware in Arbeit beträgt 30.000 EUR.
- In Periode 2 wird eine Teilfaktura über 25.000 EUR gebucht. Dadurch ergeben sich errechnete Kosten von 20.000 EUR (80.000 × 25.000/100.000 = 20.000). Entsprechend reduziert sich die Ware in Arbeit von 30.000 EUR auf 10.000 EUR (Istkosten – errechnete Kosten).
- In Periode 3 wird eine weitere Teilfaktura über 25.000 EUR gebucht. Der kumulierte Istumsatz ist damit im Verhältnis zu den kumulierten Istkosten höher als geplant bzw. die kumulierten Istkosten sind niedriger als erwartet (errechnete Kosten = 80.000 × 50.000/100.000 = 40.000). Das System bildet damit eine Rückstellung für fehlende Kosten in Höhe der Differenz von den errechneten Kosten und den kumulierten Istkosten (40.000 – 30.000 = 10.000).
- In Periode 4 schließlich werden die restlichen noch erwarteten Kosten in Höhe von 50.000 EUR gebucht, und es wird eine Schlussrechnung über denselben Betrag erstellt. Der Auftrag wird damit technisch abgeschlossen, und zum Periodenende werden eventuell noch bestehende Ware in Arbeit und Rückstellungen aufgelöst. Es wird nun das tatsächliche Ergebnis des Auftrags in der GuV gezeigt.

Periode	Istkosten der Periode	Kumulierte Istkosten	Umsatz der Periode	Kumulierter Umsatz	Errechnete Kosten = Kosten des Umsatzes	Ware in Arbeit	Rückstellung
1	30.000	30.000	0	0	0	30.000	0
2	0	30.000	25.000	25.000	20.000	10.000	0
3	0	30.000	25.000	50.000	40.000	0	10.000
4	50.000	80.000	50.000	100.000	80.000	0	0

Tabelle 8.1: Beispiel für Ware in Arbeit (alle Werte in EUR)

8.4.3 Customizing zur Ergebnisermittlung

Alle Customizing-Einstellungen zur Ergebnisermittlung nehmen Sie in Abhängigkeit vom Kostenrechnungskreis, von einer Abgrenzungsversion und einem Abgrenzungsschlüssel vor (siehe Tabelle 8.2). Zu jeder dieser Kombinationen stellen Sie zunächst ein, welche auf erlösführenden Innenaufträgen gebuchten Kostenarten überhaupt aktiviert werden sollen, und ordnen sie einem *Zeilenidentifikator* (Zeilen-ID) zu, um diese Kosten zu klassifizieren. Je Zeilen-ID müssen Sie dann eine sekundäre Abgrenzungskostenart angeben, unter der die ermittelten Werte fortgeschrieben werden. Zum Schluss legen Sie dann unter den Buchungsregeln fest, auf welche Konten in der Finanzbuchhaltung die Ware in Arbeit gebucht werden soll.

Wir zeigen Ihnen nun anhand des in Tabelle 8.2 dargestellten Beispiels die notwendigen Einstellungen, um die Ware in Arbeit getrennt nach Material- und Personalkosten abzubilden und Versandkosten von der Aktivierung auszuschließen.

Je Kostenrechnungskreis, Abgrenzungsversion, Abgrenzungsschlüssel			
Zuordnung zu Zeilen-IDs	Fortschreibung der Zeilen-IDs		Buchungsregeln je Zeilen-ID
400000–409999 Verbrauch Rohstoffe	Zeilen-ID: Materialkosten (MAT)	752000 Fortschreibung Materialkosten	791000 Bestand WIP Materialkosten 891000 Bestandsänderungen WIP Materialkosten
790000–790999 Montagestunden	Zeilen-ID: Personalkosten (LBR)	753999 Fortschreibung Personalkosten	792000 Bestand WIP Personal 892000 Bestandsänderungen WIP Personal
480000–489999 Versandkosten	Zeilen-ID: nicht zu aktivieren (NR)	–	–
800000–899999 Erlöse	Zeilen-ID: Erlöse (ERL)	754000 Fortschreibung Erlöse	–

Tabelle 8.2: Übersicht über die Customizing-Einstellungen zur Ergebnisermittlung

Abgrenzungsschlüssel

Sie legen im Customizing unter PROJEKTSYSTEM • ERLÖSE UND ERGEBNIS • AUTOMATISCHE UND PERIODISCHE VERRECHNUNGEN • ERGEBNISERMITTLUNG • ABGRENZUNGSSCHLÜSSEL UND -VERSIONEN • ABGRENZUNGSSCHLÜSSEL FÜR ERGEBNISERMITTLUNG PFLEGEN (Transaktion *OKG1*) zunächst die Abgrenzungsschlüssel an (siehe Abbildung 8.26). Dabei verwenden Sie dieselbe Funktionalität wie für die Ermittlung der Ware in Arbeit für Aufträge, sodass Sie an dieser Stelle auch Einstellungen sehen, die im Zusammenhang mit Fertigungsaufträgen vorgenommen wurden.

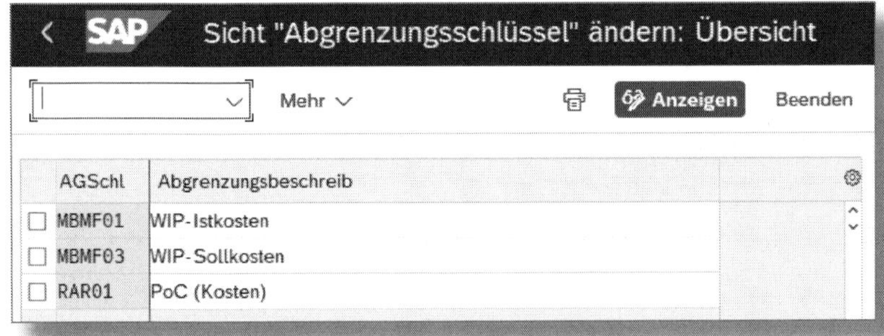

Abbildung 8.26: Abgrenzungsschlüssel pflegen

Ein Abgrenzungsschlüssel ist kostenrechnungskreisunabhängig, d. h., Sie können dieselben Schlüssel in unterschiedlichen Kostenrechnungskreisen für verschiedene Zwecke nutzen. Der Abgrenzungsschlüssel stellt die Verbindung Ihrer Customizing-Einstellungen mit der Ergebnisermittlung der Innenauftragsarten her. Sie können im selben Kostenrechnungskreis und zur selben Abgrenzungsversion unterschiedliche Abgrenzungsschlüssel einsetzen, um z. B. für verschiedene Auftragsarten unterschiedliche Einstellungen zur Ergebnisermittlung vorzunehmen und so etwa unterschiedliche Methoden zur Ermittlung von Ware in Arbeit einzusetzen.

Abgrenzungsversion

Abgrenzungsversion anlegen

Im nächsten Schritt legen Sie eine Abgrenzungsversion an. Als Voraussetzung müssen Sie mindestens eine Version definiert haben, die das Führen von Ware in Arbeit bzw. Ergebnisermittlung zulässt. Die Abgrenzungsversion erstellen Sie über PROJEKTSYSTEM • ERLÖSE UND ERGEBNIS • AUTOMATISCHE UND PERIODISCHE VERRECHNUNGEN • ERGEBNISERMITTLUNG • ABGRENZUNGSSCHLÜSSEL UND -VERSIONEN • ABGRENZUNGSVERSIONEN DEFINIEREN (Transaktion *OKG2*, siehe Abbildung 8.27). Zunächst geben Sie die Beschreibung der Version an, in unserem Beispiel *WIP-/Ergebnisermittlung*.

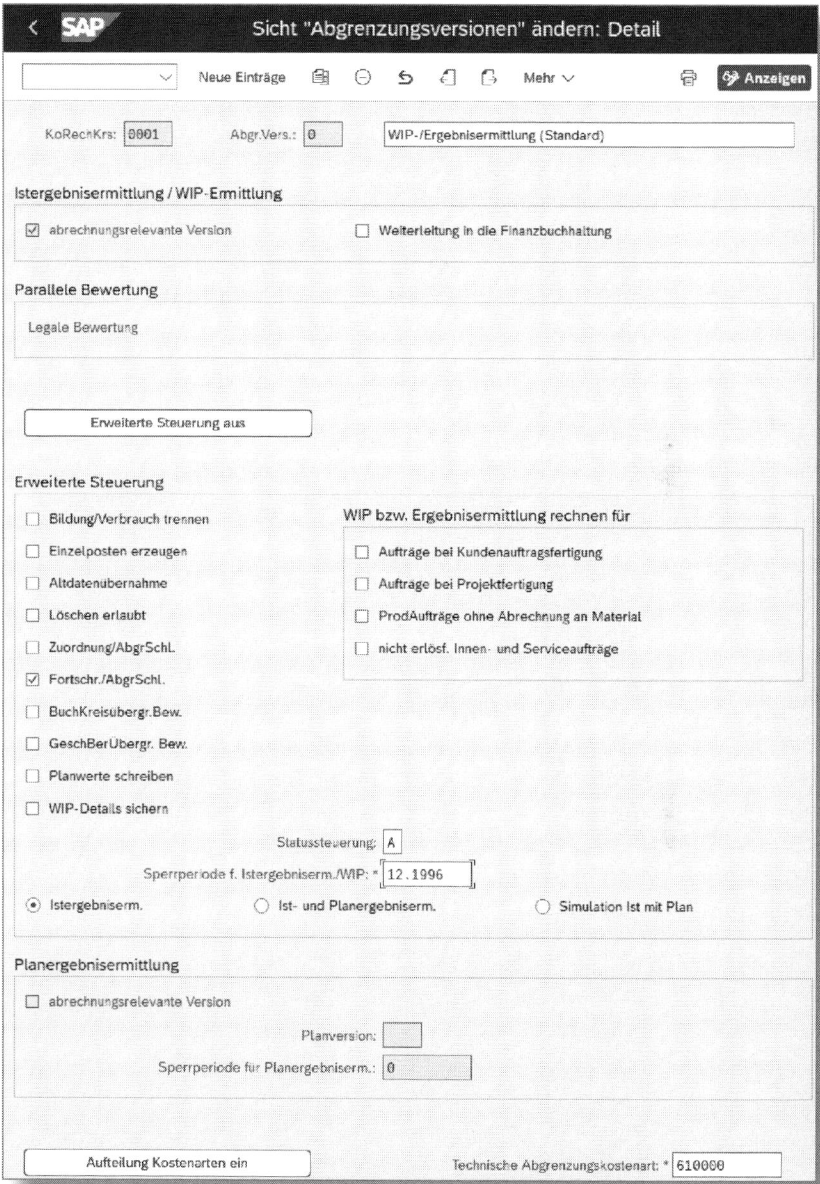

Sicht "Abgrenzungsversionen" ändern: Detail

Neue Einträge | Mehr | Anzeigen

KoRechKrs: 0001 | Abgr.Vers.: 0 | WIP-/Ergebnisermittlung (Standard)

Istergebnisermittlung / WIP-Ermittlung

☑ abrechnungsrelevante Version

☐ Weiterleitung in die Finanzbuchhaltung

Parallele Bewertung

Legale Bewertung

Erweiterte Steuerung aus

Erweiterte Steuerung

☐ Bildung/Verbrauch trennen
☐ Einzelposten erzeugen
☐ Altdatenübernahme
☐ Löschen erlaubt
☐ Zuordnung/AbgrSchl.
☑ Fortschr./AbgrSchl.
☐ BuchKreisübergr.Bew.
☐ GeschBerÜbergr. Bew.
☐ Planwerte schreiben
☐ WIP-Details sichern

WIP bzw. Ergebnisermittlung rechnen für

☐ Aufträge bei Kundenauftragsfertigung
☐ Aufträge bei Projektfertigung
☐ ProdAufträge ohne Abrechnung an Material
☐ nicht erlösf. Innen- und Serviceaufträge

Statussteuerung: A

Sperrperiode f. Istergebnisерм./WIP: * 12.1996

◉ Istergebniserm. ○ Ist- und Planergebniserm. ○ Simulation Ist mit Plan

Planergebnisermittlung

☐ abrechnungsrelevante Version

Planversion:

Sperrperiode für Planergebniserm.: 0

Aufteilung Kostenarten ein

Technische Abgrenzungskostenart: * 610000

Abbildung 8.27: Abgrenzungsversion definieren

Istergebnisermittlung/WIP-Ermittlung

Im Block ISTERGEBNISERMITTLUNG/WIP-ERMITTLUNG legen Sie fest, ob es sich um eine ABRECHNUNGSRELEVANTE VERSION handelt. Das bedeutet, dass die errechneten Werte in CO-PA übergeben werden können. Für diesen Zweck ist standardmäßig die Version *0* vorgesehen. Sie können diese Einstellung nicht ändern und auch keine zusätzlichen Versionen als abrechnungsrelevant kennzeichnen – in CO-PA darf nur eine Version abgerechnet werden, um doppelte Werte zu vermeiden. Eine Ausnahme stellt die parallele Bewertung dar, in der Sie zusätzlich zur operativen noch weitere Versionen abrechnen können. Mit unterschiedlichen Versionen lassen sich zu demselben Auftrag verschiedene Bewertungsmethoden gleichzeitig anwenden – z. B. wenn Sie für dieselbe Bewertungsmethode (etwa »Ware in Arbeit nach HGB«) verschiedene Wertansätze benutzen wollen. Dies kann dann sinnvoll sein, wenn an den Auftrag verrechnete Tarife für interne Leistungsverrechnungen so ermittelt wurden, dass sie nicht kostendeckend sind, sondern eine interne Wertschöpfung enthalten. Diese Wertschöpfung darf nach HGB jedoch nicht mit Ware in Arbeit verrechnet werden. Daher setzen Sie in diesem Fall in einer Version für das externe Reporting die Stundensätze nur zu einem bestimmten Prozentsatz an und berücksichtigen in der Version für das interne Reporting die vollen Stundensätze.

Den Parameter WEITERLEITUNG IN DIE FINANZBUCHHALTUNG aktivieren Sie, wenn Sie die ermittelten Ergebnisse zur Ware in Arbeit in der Bilanz und GuV buchen möchten. Anders als bei der Abrechnung in CO-PA können Sie in FI mehrere Versionen weiterleiten, um z. B. die Ware in Arbeit nach unterschiedlichen Rechnungslegungsvorschriften fortzuschreiben.

Abhängigkeiten des Parameters »Weiterleitung in die Finanzbuchhaltung«

Wann immer Sie etwas an den Buchungsregeln in der Finanzbuchhaltung ändern wollen (siehe weiter unten in diesem Abschnitt), müssen Sie in der entsprechenden Abgrenzungsversion zunächst diesen Parameter deaktivieren. Denken Sie aber daran, diesen wieder einzuschalten, bevor Sie Ihre Änderungen ins Produktivsystem weitertransportieren!

Erweiterte Steuerung

Über den Button ERWEITERTE STEUERUNG EIN blenden Sie weitere Parameter ein, die Sie in den Blocks ERWEITERTE STEUERUNG bzw. PLANERGEBNISERMITTLUNG pflegen:

BILDUNG/VERBRAUCH TRENNEN bewirkt, dass Sie eine Erhöhung der Ware in Arbeit auf unterschiedlichen sekundären Kostenarten fortschreiben (und ggf. auch auf getrennten Konten in der Finanzbuchhaltung buchen).

Wir empfehlen Ihnen, den Parameter EINZELPOSTEN ERZEUGEN zu aktivieren, auch wenn dies zu einem erhöhten Belegaufkommen führt. Sie erzeugen auf diese Weise mit der Ergebnisermittlung Einzelposten, die Ihnen helfen, die Zahlen zurückliegender Perioden nachzuvollziehen und ggf. Fehler zu finden.

Wenn Sie ALTDATENÜBERNAHME aktivieren, können Sie bei der Ermittlung der Ware in Arbeit die Werte manuell ändern, um beim Produktivstart laufende Aufträge zu übernehmen. Wenn möglich, sollten Sie jedoch stattdessen vor der Datenübernahme alle Aufträge schließen und im SAP-System neu anlegen. Dies ist später einfacher nachzuvollziehen.

LÖSCHEN ERLAUBT bedeutet, dass Sie bereits ermittelte Werte zur Ware in Arbeit wieder löschen können. Dies kann zur Fehlerkorrektur im Produktivbetrieb manchmal hilfreich sein, weshalb wir Ihnen raten, diesen Parameter zu aktivieren.

Wenn Sie den Parameter ZUORDNUNG/ABGRSCHL. anklicken, müssen Sie bei der Zuordnung der Kostenarten zu den Zeilen-IDs alle Einstellungen für jeden Abgrenzungsschlüssel einzeln vornehmen. Lassen Sie diesen Parameter aus, nehmen Sie die Zuordnung lediglich je Kostenrechnungskreis und Version vor und können dieselben Einstellungen dann für alle Abgrenzungsschlüssel verwenden. Sie sollten dieses Kennzeichen also nur setzen, wenn Sie für unterschiedliche Abgrenzungsschlüssel auch verschiedene Zuordnungen treffen wollen.

Entsprechend können Sie auch die Fortschreibung der Zeilen-IDs auf sekundäre Kostenarten vom Abgrenzungsschlüssel abhängig machen oder darauf verzichten (Parameter FORTSCHR./ABGRSCHL.).

Wenn Sie den Parameter PLANWERTE SCHREIBEN aktivieren, schreibt das System neben den errechneten Kosten, der Ware in Arbeit und Ähnlichem auch die ermittelten Plankosten als Einzelposten fort. Diese stehen dann ebenfalls für nachträgliche Überprüfungen zur Verfügung.

Der Block WIP BZW. ERGEBNISERMITTLUNG RECHNEN FÜR ist nur relevant, wenn Sie bei Kundenauftrags- oder Projektfertigung mit unbewertetem Kundenauftragsbestand bzw. unbewertetem Projektbestand arbeiten. Sie stellen hier ein, wie mit nicht erlösführenden Innenaufträgen verfahren werden soll, die Kundenauftragspositionen oder Projekten zugeordnet sind. Sie können dabei entscheiden, ob Sie die Ware in Arbeit jeweils für die Aufträge selbst ermitteln wollen – also getrennt von eventuell übergeordneten Objekten –, oder ob Sie die Ergebnisermittlung für die Kundenauftragspositionen bzw. Projekte durchführen und die auf den untergeordneten Aufträgen aufgelaufenen Kosten dabei mit einbeziehen wollen.

Wenn Sie in den übergeordneten Kundenauftragspositionen oder Projekten keinen Abgrenzungsschlüssel eingetragen haben (also ohnehin keine Ergebnisermittlung auf der übergeordneten Ebene durchführen), brauchen Sie die Parameter in diesem Block nicht anzuklicken. Sind jedoch Abgrenzungsschlüssel auf einer übergeordneten Kundenauftragsposition oder in einem Projekt vorhanden, aktivieren Sie den Parameter AUFTRÄGE BEI KUNDENAUFTRAGSFERTIGUNG bzw. AUFTRÄGE BEI PROJEKTFERTIGUNG, und tragen Sie in den untergeordneten Fertigungsaufträgen einen Abgrenzungsschlüssel ein, um die Ergebnisermittlung zu den Fertigungsaufträgen separat durchzuführen.

Falls Sie nicht erlösführende Innen- bzw. Serviceaufträge einsetzen, die wiederum Kundenauftragspositionen oder Projekten zugeordnet sind, müssen Sie zusätzlich noch den Parameter NICHT ERLÖSF. INNEN- UND SERVICEAUFTRÄGE aktivieren, um Ware in Arbeit auf diesen Aufträgen separat zu ermitteln.

Der Parameter PRODAUFTRÄGE OHNE ABRECHNUNG AN MATERIAL ist nur für die veraltete Abwicklung von Fertigungsnetzen ohne Warenbewegung relevant.

Mittels der STATUSSTEUERUNG beeinflussen Sie, zu welchem Zeitpunkt eventuell aufgebaute Ware in Arbeit wieder abgebaut wird. Dazu zieht das System den Status des Objekts heran, für das die Ware in Arbeit ermittelt wurde. Für Fertigungsaufträge ist dieser Parameter nicht relevant. Es gelten dabei immer die Status ENDFAKTURIERT und GELIEFERT; ist einer dieser beiden aktiv, wird vorhandene Ware in Arbeit aufgelöst und keine neue mehr gebildet. Für Kundenaufträge können Sie hier jedoch entscheiden, ob Sie den Status automatisch anhand des Belegflusses ermitteln lassen oder manuell setzen wollen.

Den Parameter SPERRPERIODE F. ISTERGEBNISERM./WIP können Sie in aller Regel auf dem Vorschlagswert belassen. Sperrperiode bedeutet, dass Abgrenzungsdaten, die vor oder in der jeweiligen Periode errechnet wurden, nicht mehr nachträglich durch spätere Ermittlungen von Ware in Arbeit geändert werden dürfen. Die Sperrperiode wird im Produktivbetrieb jedes Mal, wenn Sie die Ware in Arbeit ermitteln, aktualisiert und auf die jeweilige Vorperiode gesetzt.

Die Parameter ISTERGEBNISERM., IST- UND PLANERGEBNISERM., SIMULATION IST MIT PLAN und der gesamte Block PLANERGEBNISERMITTLUNG sind nur für die Ergebnisermittlung von Projekten relevant, die Sie auch im Plan ausführen können. Für Innenaufträge steht nur die Ergebnisermittlung im Ist zur Verfügung.

Technische Kostenart eintragen

Zum Schluss müssen Sie noch eine *Technische Kostenart* angeben; diese dient dazu, die Rechenergebnisse der Ergebnisermittlung zwischenzuspeichern. Eine Kostenart, die Sie hier eintragen, muss vom Typ 31 (Auftrags-/Projektabgrenzung) sein; diese wird auch als *Abgrenzungskostenart* bezeichnet. Wenn Sie den Button AUFTEILUNG KOSTENARTEN EIN anklicken, können Sie für die jeweiligen einzelnen Zwischenergebnisse getrennte Kostenarten angeben. Sie können diese Zwischenergebnisse dann im Informationssystem auswerten; eine

Trennung in unterschiedliche Kostenarten ist in aller Regel nicht notwendig, da Sie die einzelnen Ergebnisse ebenfalls anhand der *Abgrenzungskategorie* auseinanderhalten können.

Bewertungsmethode

Bewertungsmethode definieren

Wenn Sie die Abgrenzungsversion angelegt haben, erstellen Sie als Nächstes über PROJEKTSYSTEM • ERLÖSE UND ERGEBNIS • AUTOMATISCHE UND PERIODISCHE VERRECHNUNGEN • ERGEBNISERMITTLUNG • ABGRENZUNGSSCHLÜSSEL UND -VERSIONEN • BEWERTUNGSMETHODEN FÜR ERGEBNISERMITTLUNG FESTLEGEN (Transaktion *OKG3*) eine *Bewertungsmethode*. Hierfür geben Sie den Kostenrechnungskreis, eine Abgrenzungsversion und einen Abgrenzungsschlüssel an. Über die ERGEBNISERMITTLUNGSMETHODE definieren Sie, auf welche Weise Sie die Ergebnisermittlung durchführen wollen, z. B. zur Bestimmung der Ware in Arbeit (siehe Abbildung 8.28).

Die grundlegende Methode ist die *Erlösproportionale Methode – Mit Gewinnrealisierung (01)*, die der Logik entspricht, die wir in Abschnitt 8.4.2 dargestellt haben. SAP stellt dazu noch einige Varianten zur Verfügung, wie eine Methode ohne Gewinnrealisierung, eine mengenproportionale Methode etc.

Im Block STATUSSTEUERUNG legen Sie fest, ab welchem Auftragsstatus die Ergebnisermittlung überhaupt durchgeführt wird (voreingestellter Status: FREIGEGEBEN) und ab wann eventuell noch offene Bestände und Rückstellungen wieder aufgelöst werden sollen (in der Regel: TECHNISCH ABGESCHLOSSEN).

Über die Parameter unter GEWINNBASIS steuern Sie, welche Zahlen als Planzahlen herangezogen werden. Für Innenaufträge benötigen Sie den voreingestellten Wert PLANWERT OBJEKT UND ABHÄNGIGE OBJEKTE.

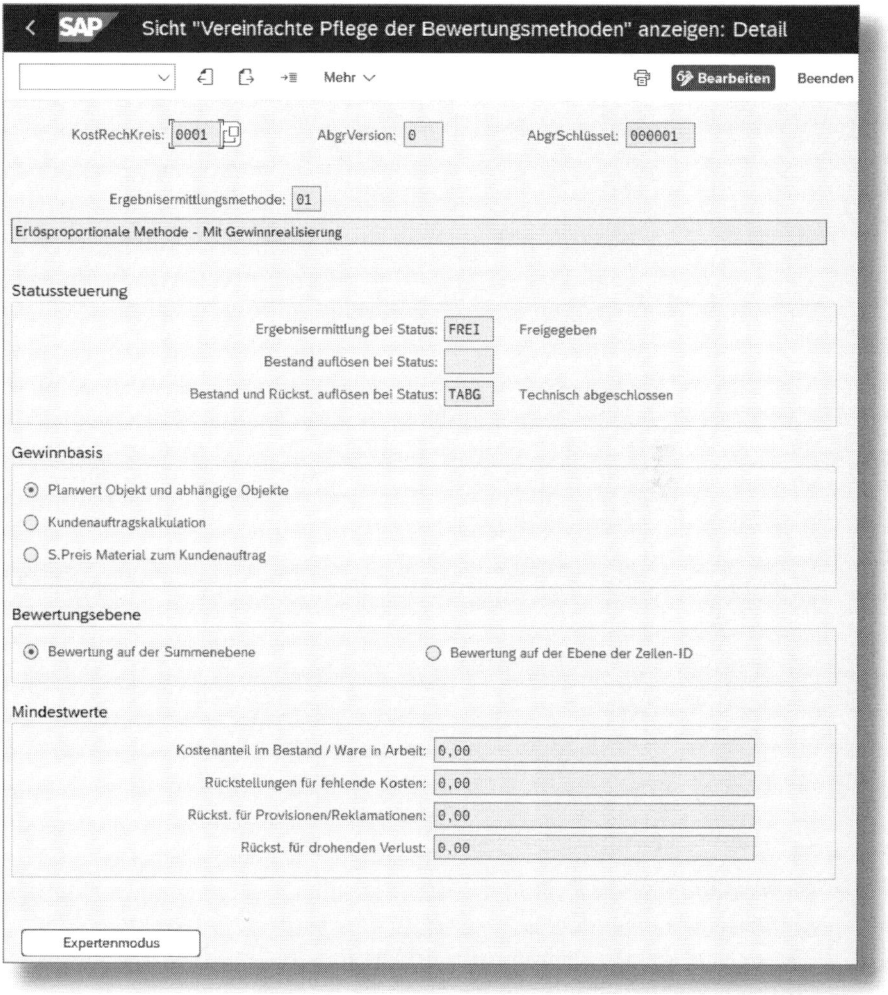

Abbildung 8.28: Bewertungsmethode festlegen

Bei der BEWERTUNGSEBENE haben Sie die Wahl, ob Sie alle Kosten als Gesamtheit betrachten und aktivieren wollen (BEWERTUNG AUF DER SUMMENEBENE) oder ob Sie in den folgenden Einstellungen Ihre Kosten weiter aufsplitten möchten (z. B. nach fixen und variablen Kosten: BEWERTUNG AUF DER EBENE DER ZEILEN-ID). Damit können Sie etwa Ihre

Kosten in Projektreports getrennt darstellen oder auch die Ware in Arbeit auf separate Konten buchen.

Schwellenwerte setzen

Unter MINDESTWERTE können Sie Schwellen setzen, ab denen bestimmte Rückstellungen oder Bestände überhaupt aufgebaut werden sollen. Tragen Sie hier einen sehr hohen Wert ein, verhindern Sie damit, dass z. B. Rückstellungen für drohende Verluste oder für Provisionen bzw. Reklamationen überhaupt gebildet werden.

Über den Button EXPERTENMODUS haben Sie die Möglichkeit, die Ergebnisermittlung noch wesentlich detaillierter einzustellen. Insbesondere über die Kombination aus ABGRENZUNGSART und GEWINNKENNZEICHEN stehen Ihnen weitaus mehr Differenzierungen zur Verfügung als in der vereinfachten Darstellung.

! Einmal Expertenmodus – immer Expertenmodus

Beachten Sie, dass Sie nicht mehr zur vereinfachten Darstellung zurückkehren können, wenn Sie im Expertenmodus eine Einstellung verändert haben.

Zeilenidentifikationen

Damit die Ergebnisermittlung erkennen kann, bei welchen Buchungen auf Ihren Aufträgen es sich um aktivierungspflichtige Kosten, nicht zu berücksichtigende Kosten oder Erlöse handelt, müssen Sie Ihre Kostenarten klassifizieren. Die Klassifikation erfolgt anhand von *Zeilenidentifikationen* (kurz: Zeilen-IDs), die Sie unter PROJEKTSYSTEM • ERLÖSE UND ERGEBNIS • AUTOMATISCHE UND PERIODISCHE VERRECHNUNGEN • ERGEBNISERMITTLUNG • ABGRENZUNGSSCHLÜSSEL UND -VERSIONEN • ZEILENIDENTIFIKATIONEN DEFINIEREN anlegen (siehe Abbildung 8.29).

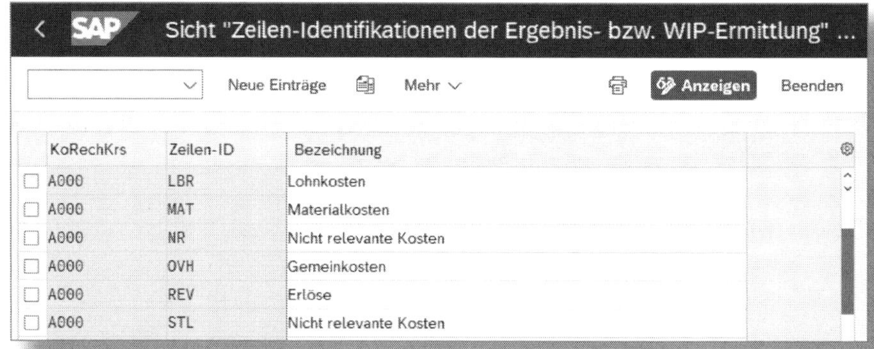

Abbildung 8.29: Zeilenidentifikationen festlegen

Sie legen je Kostenrechnungskreis die benötigten Klassifikationen fest. Im Beispiel haben wir die Zeilen-IDs so definiert, dass wir die Materialkosten von den Lohnkosten trennen können (Zeilen-IDs MAT und LBR); wir benötigen außerdem je eine Zeilen-ID für die Erlöse (REV) und nicht zu aktivierende Kosten (NR), um die Versandkosten auszuschließen.

Zuordnung für die Ergebnisermittlung

Nachdem Sie die Zeilen-IDs angelegt haben, ordnen Sie im nächsten Schritt über PROJEKTSYSTEM • ERLÖSE UND ERGEBNIS • AUTOMATISCHE UND PERIODISCHE VERRECHNUNGEN • ERGEBNISERMITTLUNG • ABGRENZUNGSSCHLÜSSEL UND -VERSIONEN • ZUORDNUNGEN FÜR ERGEBNISERMITTLUNG FESTLEGEN (Transaktion *OKG5*) Ihre Kostenarten ebendiesen Zeilen-IDs zu (siehe Abbildung 8.30). Die Einstellungen nehmen Sie pro Kostenrechnungskreis, Abgrenzungsversion und wahlweise pro Abgrenzungsschlüssel vor.

Für jede Kostenart bzw. Gruppe von Kostenarten entscheiden Sie, ob diese

- aktivierungspflichtig sind (also in den Bestand an Ware in Arbeit einfließen müssen),

- nur teilweise aktivierungspflichtig sind (womit nur ein Teil in die Ware in Arbeit eingeht, der andere Teil direkt in den Kosten des Umsatzes aufgeht) oder
- nicht aktivierungsfähig sind (also komplett direkt in die Kosten des Umsatzes eingehen).

Dazu tragen Sie in die entsprechende Spalte (AKTPFLICHT oder AKTWAHLR.) eine Zeilen-ID ein, unter der die Kostenart fortgeschrieben wird (in der nächsten Einstellung entscheiden Sie dann, was mit den Zeilen-IDs weiter passiert). Sofern eine Kostenart nur teilweise aktivierungspflichtig ist, legen Sie daneben den Prozentsatz fest, zu dem die Kostenart aktiviert werden soll. Wenn Sie die Spalte AKTWAHLR. verwenden, ist der Prozentsatz in der Spalte % AKTWAHLR. relevant. Entsprechend verfahren Sie mit teilweise nicht aktivierungsfähigen Kostenarten (siehe Spalten NICHT AKTFÄHIG und % NICHT AKTFÄHIG).

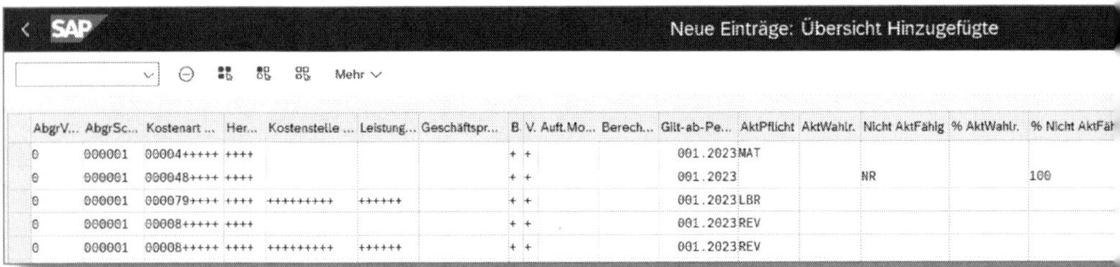

SAP — Neue Einträge: Übersicht Hinzugefügte

Mehr

AbgrV...	AbgrSc...	Kostenart ...	Her...	Kostenstelle ...	Leistung...	Geschäftspr...	B	V.	Auft.Mo...	Berech...	Gilt-ab-Pe...	AktPflicht	AktWahlr.	Nicht AktFähig	% AktWahlr.	% Nicht AktFäh
0	000001	00004+++++	++++				+	+			001.2023	MAT				
0	000001	000048++++	++++				+	+			001.2023			NR		100
0	000001	000079++++	++++	+++++++++	++++++		+	+			001.2023	LBR				
0	000001	00008+++++	++++				+	+			001.2023	REV				
0	000001	00008+++++	++++	+++++++++	++++++		+	+			001.2023	REV				

Abbildung 8.30: Zuordnung der Kostenarten zu Zeilen-IDs

In unserem Beispiel werden die Kostenarten für Materialkosten von 400000 bis 499999 unter der Zeilen-ID *MAT*, die Sekundärkostenarten für interne Leistungsverrechnung (790000 bis 799999) unter der Zeilen-ID *LBR* aktiviert. Die Erlöse (800000 bis 899999) haben wir mit der Zeilen-ID *REV* verknüpft. Die Versandkosten (Kostenarten 480000 bis 489999) sind unter der Zeilen-ID *NR* als zu *100* Prozent nicht aktivierungsfähig gekennzeichnet.

Die Kostenarten müssen Sie rechtsbündig eintragen und ggf. links mit Nullen auffüllen. Sie können ganze Bereiche abdecken, indem Sie sie mit dem *+*-Zeichen maskieren. Dabei haben detaillierte Einträge Vorrang vor allgemeineren.

Maskierte Einträge

In Abbildung 8.30 sollen alle Kostenarten, die mit vier beginnen, der Zeilen-ID *MAT* zugeordnet werden, mit Ausnahme der Untergruppe 480000 bis 489999 für die Versandkosten, die mit *NR* verknüpft sind. Dazu wurden die Einträge *00004+++++* und *000048++++* vorgenommen. Wird z. B. das Konto 4821000 gebucht, gilt der detailliertere der beiden Einträge, also *000048++++*, und das Konto wird der Zeilen-ID *NR* zugeordnet.

Sie können anhand der weiteren Spalten auch noch genauer spezifizieren und die Zuordnung z. B. von der Materialherkunft (Spalte HER...), der sendenden KOSTENSTELLE, der Leistungsart (Spalte LEISTUNG...) oder dem Soll-Haben-Kennzeichen (Spalte B: BE-Entlastungskennzeichen) abhängig machen.

Fortschreibung der Zeilen-IDs

Nachdem Sie Ihre Kostenarten mit den Zeilen-IDs verknüpft haben, entscheiden Sie im Punkt PROJEKTSYSTEM • ERLÖSE UND ERGEBNIS • AUTOMATISCHE UND PERIODISCHE VERRECHNUNGEN • ERGEBNISERMITTLUNG • ABGRENZUNGSSCHLÜSSEL UND -VERSIONEN • FORTSCHREIBUNG FÜR ERGEBNISERMITTLUNG FESTLEGEN (Transaktion *OKG4*), wie diese behandelt werden sollen (siehe Abbildung 8.31).

Sie tragen hier ein – abhängig vom Kostenrechnungskreis (Spalte KKRS), der Abgrenzungsversion (Spalte VER) und wahlweise dem Abgrenzungsschlüssel (Spalte ABGSL) –, wie die Zeilen-IDs klassifiziert sind. Für die Ergebnisermittlung zu Innenaufträgen sind die Einträge *N* (nicht relevant), *K* (Kosten) und *E* (Erlöse) entscheidend.

Nicht relevante Zeilen-IDs bleiben bei der Ergebnisermittlung unberücksichtigt, d. h., sie werden grundsätzlich nicht als Ware in Arbeit aktiviert, sondern stets direkt in den Kosten des Umsatzes ausgewiesen.

Neue Einträge: Übersicht Hinzugefügte

Mehr ∨ | Anzeigen | Beenden

KKrs	Ver	AbgSL	ZId			Bildung	Verbrauch	Kennzf	MEH
A000	0	000001	REV	E	Bestand				
					Rückstellung				
					Kost.d.Ums./Erl	975005			
A000	0	000001	MAT	K	Bestand	975003			
					Rückstellung	975003			
					Kost.d.Ums./Erl	975003			
A000	0	000001	NR	N	Bestand				
					Rückstellung				
					Kost.d.Ums./Erl				
A000	0	000001	LBR	K	Bestand	975004			
					Rückstellung	975004			
					Kost.d.Ums./Erl	975004			

Abbildung 8.31: Fortschreibung der Zeilen-IDs

Für Zeilen-IDs, die Sie als Kosten deklarieren, legen Sie fest, unter welcher Abgrenzungskostenart die ermittelten Werte für die Ware in Arbeit, Rückstellungen für fehlende Kosten und für Kosten des Umsatzes gespeichert werden. Wie in Bezug auf die Abgrenzungsversion bereits erwähnt, können Sie dieselbe Kostenart für alle drei Einträge verwenden, da Sie sie in Berichten anhand der Abgrenzungskategorie auseinandersteuern können. Nur falls Sie die Werte getrennt voneinander in CO-PA abrechnen wollen, sollten Sie hier jeweils eine unterschiedliche Kostenart eintragen.

Buchungsregeln

Zum Schluss bestimmen Sie noch, auf welche Konten in der Bilanz und GuV Sie die ermittelten Werte für Ware in Arbeit, Rückstellungen, erlösfähigen Bestand etc. verbuchen wollen. Dies erledigen Sie unter dem Punkt PROJEKTSYSTEM • ERLÖSE UND ERGEBNIS • AUTOMATISCHE UND PERIODISCHE VERRECHNUNGEN • ERGEBNISERMITTLUNG • ABGRENZUNGS-

SCHLÜSSEL UND -VERSIONEN • BUCHUNGSREGELN FÜR ABRECHNUNG AN DIE BUCHHALTUNG FESTLEGEN (Transaktion *OKG8*). Sie legen die Regeln je Kostenrechnungskreis, Buchungskreis und Abgrenzungsversion fest (siehe Abbildung 8.32).

Neue Einträge: Übersicht Hinzugefügte

Mehr Anzeigen

KoRech...	Buchungskreis	AbgrVersi...	Kategorie	Saldo/Bil...	Kostenart	Lfd. Satznr.	GuV-Konto	Bilanz-Konto
A000	1010	0	WIPA		975003		791000	891000
A000	1010	0	WIPA		975004		791100	891100
A000	1010	0	RFKA		975003		791000	891000
A000	1010	0	RFKA		975004		791100	891100
A000	1010	0	POCB		975003		791000	891000
A000	1010	0	POCB		975004		791100	891100
A000	1010	0	POCU		975003		791000	891000
A000	1010	0	POCU		975004		791100	891100

Abbildung 8.32: Buchungsregeln für Ergebnisermittlung eintragen

Sie können je Regel entweder die Abgrenzungskostenart angeben, unter der Sie die Werte im vorherigen Punkt fortgeschrieben haben, oder wie im Beispiel die Abgrenzungskategorie (Spalte KATEGORIE). Geben Sie dann jeweils an, auf welches GUV-KONTO und BILANZ-KONTO die Werte gebucht werden sollen. Im Beispiel haben wir die Werte für Ware in Arbeit *(WIPA)*, Rückstellungen für fehlende Kosten *(RFKA)*, erlösfähigen Bestand *(POCB)* und Erlösüberschuss *(POCU)* eingestellt.

Zudem sollten Sie daran denken, dass Sie in dieser Transaktion nur Einstellungen ändern dürfen, wenn Sie zuvor in der Abgrenzungsversion das Häkchen WEITERLEITUNG IN DIE FINANZBUCHHALTUNG deaktiviert haben (siehe den entsprechenden Hinweis bei der Abgrenzungsversion).

Die Verbuchung findet nicht bei der Ergebnisermittlung, sondern erst bei der Abrechnung statt.

Sie haben damit alle Customizing-Einstellungen zur Ergebnisermittlung kennengelernt. Wenn Sie diese Funktionalität nutzen, werden die

Ergebnisse anhand Ihrer Einstellungen auf den Abgrenzungskostenarten fortgeschrieben. Erst mit der Abrechnung werden auch tatsächlich Werte in der Finanzbuchhaltung und im Controlling gebucht. Die dafür notwendigen Einstellungen zeigen wir Ihnen im folgenden Abschnitt.

8.5 Abrechnung

8.5.1 Wozu dient die Abrechnung?

Die Abrechnung kombiniert mehrere Funktionen: Sie dient dazu, die aufgelaufenen Kosten und Erlöse eines Auftrags an *Abrechnungsempfänger* weiterzubelasten. Dies kann z. B. bei Gemeinkostenaufträgen eine Kostenstelle sein, die für den Auftrag verantwortlich ist. Die Kosten von Investitionsaufträgen können an eine Anlage als Zugang aktiviert werden. Wenn Sie die Ergebnisrechnung (CO-PA) einsetzen, werden Sie erlösführende Aufträge an Ergebnisobjekte abrechnen, um deren Ergebnis im Kontext mit Ihren definierten Marktsegmenten auszuwerten, wie z. B. nach Kunde, Produkt, Region. Darüber hinaus verbucht die Abrechnung in der Finanzbuchhaltung zuvor ermittelte Abgrenzungsdaten aus der Ergebnisermittlung.

Durch die Abrechnung sorgen Sie dafür, dass der Saldo des betroffenen Auftrags anschließend null beträgt, sodass sichergestellt ist, dass alle aufgelaufenen Beträge an die entsprechenden Abrechnungsempfänger weiterbelastet wurden. Ein Nullsaldo ist in der Regel auch eine Voraussetzung dafür, dass ein Auftrag archiviert werden kann. Über die Einstellungen im *Abrechnungsprofil* können Sie festlegen, dass ein Auftrag nicht abgeschlossen werden darf, wenn er noch einen Saldo ungleich null aufweist.

8.5.2 Was ist eine Abrechnungsvorschrift?

Den Abrechnungsempfänger bestimmen Sie anhand einer *Abrechnungsvorschrift*. Diese tragen Sie im abzurechnenden Objekt ein, um festzulegen, an welche Abrechnungsempfänger (z. B. Kostenstelle, Material, Anlage oder Ergebnisobjekt) es abgerechnet werden muss und wie die Aufteilung auf die einzelnen Objekte erfolgen soll. Abbildung 8.33 zeigt die Abrechnungsvorschrift in SAP GUI (Transaktion *KO03*), Abbildung 8.34 die Sichtweise in der SAP-Fiori-App »Innenaufträge verwalten«.

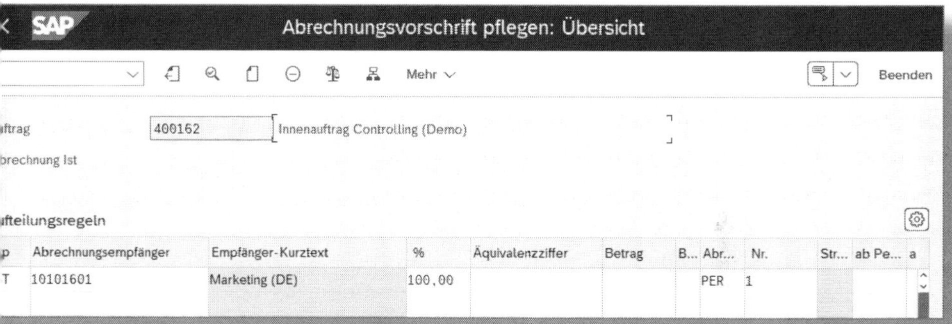

Abbildung 8.33: Beispiel für eine Abrechnungsvorschrift in SAP GUI

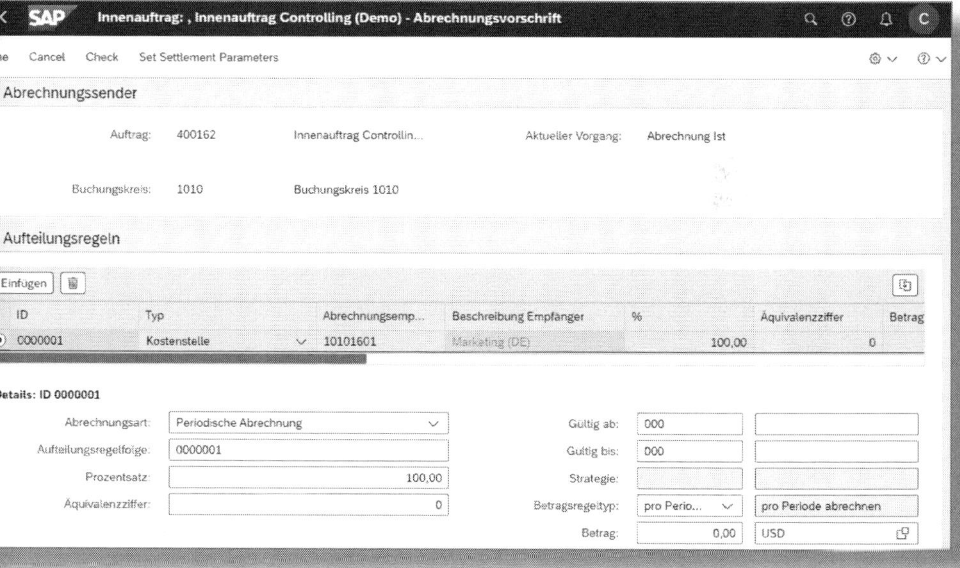

Abbildung 8.34: Beispiel für eine Abrechnungsvorschrift in SAP Fiori

Jeder Eintrag in der Abrechnungsvorschrift heißt *Aufteilungsregel*. Sie können Abrechnungsvorschriften entweder manuell erstellen oder anhand einer Strategie automatisch generieren.

8.5.3 Abrechnung über Äquivalenzziffern

Abhängig von den Customizing-Einstellungen im Abrechnungsprofil können Sie die Anteile je Aufteilungsregel *prozentual*, als *Äquivalenzziffern* oder als *Betrag* angeben. Die Angabe als Äquivalenzziffern bedeutet, dass Sie für jede Regel einen beliebigen Wert eintragen; das System ermittelt dann anhand dieser Werte die Proportionen zueinander und verteilt die Abrechnungsbeträge.

Abrechnung anhand von Äquivalenzziffern

Sie teilen die Abrechnungsbeträge mithilfe von Äquivalenzziffern auf mehrere Kostenstellen auf. Als Aufteilungskriterium tragen Sie das jeweilige Budget der Kostenstelle ein:

- Kostenstelle 500: Budget 50.000 EUR
- Kostenstelle 700: Budget 60.000 EUR
- Kostenstelle 800: Budget 90.000 EUR

Der Gesamtwert der Budgets beträgt 200.000 EUR. Der prozentuale Anteil der jeweiligen Kostenstelle errechnet sich wie folgt:

Kostenstellenbudget / Gesamtwert × 100

Damit wird der Auftrag zu folgenden Anteilen an die Kostenstellen abgerechnet:

- Kostenstelle 500: 25 %
- Kostenstelle 700: 30 %
- Kostenstelle 900: 45 %

Geben Sie einen Betrag an, wird an den entsprechenden Abrechnungsempfänger genau dieser Betrag abgerechnet. Beachten Sie, dass dies möglicherweise unerwartete Ergebnisse hervorruft:

- Haben Sie Kosten unter mehreren Kostenarten auf dem Auftrag gebucht, wird der feste Betrag auch unter ebendiesen Kostenarten abgerechnet. Der Anteil jeder Kostenart entspricht dabei ihrem Anteil an den Gesamtkosten des Auftrags.
- Sie gewährleisten durch eine Betragsabrechnung nicht, dass der Saldo des Auftrags anschließend null ist.
- Sind die Gesamtkosten niedriger als der angegebene Betrag, hat der Auftrag nach der Abrechnung sogar einen negativen Saldo.

8.5.4 Kostenartengerechte Abrechnung vs. Abrechnungskostenart

Die Abrechnung selbst kann entweder kostenartengerecht erfolgen oder über eine sekundäre Abrechnungskostenart (siehe Tabelle 8.3). Bei der kostenartengerechten Abrechnung wird der Auftrag unter genau denselben Kostenarten entlastet, die auch ursprünglich gebucht waren. Es wird dabei ein Buchungssatz je Kostenart geschrieben und mit umgekehrtem Vorzeichen auf dem Abrechnungsempfänger verbucht. Damit haben Sie auf dem Empfänger die gleiche Detaillierung Ihrer Kosten wie auf dem Auftrag – dort ist nach der Abrechnung der Saldo je Kostenart null. Beachten Sie, dass Sie Sekundärkostenarten (z. B. aus der internen Leistungsverrechnung oder von Gemeinkostenzuschlägen) nicht kostenartengerecht abrechnen können.

Abrechnungsart/ Buchungsschritt	Kostenartengerecht	Abrechnung über Abrechnungskostenart
Primärkosten	1.500 EUR Materialkosten 2.000 EUR ext. Dienstleistungen	1.500 EUR Materialkosten 2.000 EUR ext. Dienstleistungen
Interne Verrechnungen	kostenartengerechte Abrechnung von Sekundärkosten nicht möglich	**1.200 EUR interne Leistungen** 500 EUR Gemeinkostenzuschläge
Abrechnung	– 1.500 EUR Materialkosten **– 2.000 EUR ext. Dienstleistungen**	**– 5.200 EUR Auftragsabrechnung**
Ergebnis	0 EUR Materialkosten 0 EUR ext. Dienstleistungen 0 EUR	1.500 EUR Materialkosten **2.000 EUR ext. Dienstleistungen** **1.200 EUR interne Leistungen** 500 EUR Gemeinkostenzuschläge – 5.200 EUR Auftragsabrechnung 0 EUR

Tabelle 8.3: Kostenartengerechte Abrechnung vs. Abrechnung über Abrechnungskostenart

Darstellung von kostenartengerechter Abrechnung

Wenn Sie kostenartengerecht abrechnen, werden die meisten Berichte im Controlling zu den entsprechenden Kostenarten nichts bzw. einen Saldo von null anzeigen. Es ist jedoch möglich nachzuvollziehen, wie hoch die Auftragskosten sind und was abgerechnet wurde. Dazu müssen Sie im entsprechenden Report oder im Einzelpostennachweis nach dem Merkmal VORGANG trennen. Die Abrechnung hat den Vorgang KOAO.

Bei der Abrechnung über eine Abrechnungskostenart verbuchen Sie auf dem Sender wie dem Empfänger unter einer oder mehreren Sekundärkostenarten vom Typ 21. Dadurch bleiben die Salden der ursprünglich gebuchten Kostenarten unverändert, und es ist mit dieser

Methode auch möglich, auf dem Auftrag gebuchte Sekundärkostenarten abzurechnen. Im *Verrechnungsschema* legen Sie fest, welche ursprünglich gebuchten Kostenarten unter welcher Abrechnungskostenart abgerechnet werden sollen. So können Sie z. B. jeweils alle Kosten und alle Erlöse unter je einer Abrechnungskostenart zusammenfassen oder aber genauer aufteilen, beispielsweise nach fixen bzw. variablen Kosten oder nach Material- oder Personalkosten.

☛ Abrechnung nach CO-PA

Wenn Sie die kalkulatorische Ergebnisermittlung einsetzen und Ihre Auftragsergebnisse nach CO-PA abrechnen wollen, müssen Sie die Abgrenzungskostenarten abrechnen, unter denen die Ergebnisermittlung ihre Werte zwischenspeichert. Sie rechnen die Kosten des Umsatzes und den Umsatz gemäß Ihren Zuordnungen ab. Wenn Sie mittels der Ergebnisermittlung abgegrenzte Beträge abrechnen, können Sie das folglich nur über Abrechnungskostenarten tun und nicht kostenartengerecht.

Sie haben außerdem die Wahl zwischen *periodischer Abrechnung (PER)* und *Gesamtabrechnung (GES)*. Dies legen Sie in der Abrechnungsvorschrift in der »Abrechnungsart« (Spalte ABR, siehe Abbildung 8.33) bzw. im Feld ABRECHNUNGSART in SAP Fiori (siehe Abbildung 8.34) fest. Die *periodische Abrechnung* berücksichtigt jeweils nur die in der Abrechnungsperiode gebuchten Belege; Gesamtabrechnung bedeutet hingegen, dass Sie auch alle davor gebuchten, noch nicht abgerechneten Belege zugleich selektieren.

Wie die Abrechnung ablaufen soll, legen Sie über einige Parameter fest, die Sie in der Auftragsart hinterlegen. Aus der Pflege der Abrechnungsvorschrift im Auftrag heraus können Sie diese in SAP GUI über SPRINGEN • ABRECHNUNGSPARAMETER überprüfen bzw. ändern (siehe Abbildung 8.35).

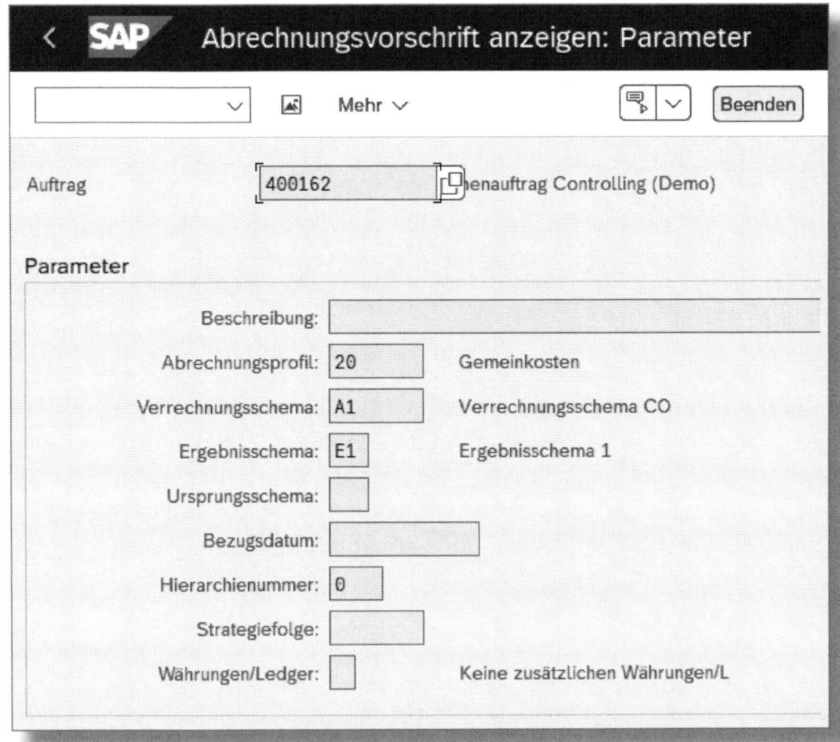

Abbildung 8.35: Abrechnungsparameter in der Abrechnungsvorschrift in SAP GUI

In der SAP-Fiori-App gelangen Sie zu den Abrechnungsparametern, indem Sie in der Pflege der Abrechnungsvorschrift auf SET SETTLEMENT PARAMETERS klicken (siehe Abbildung 8.36).

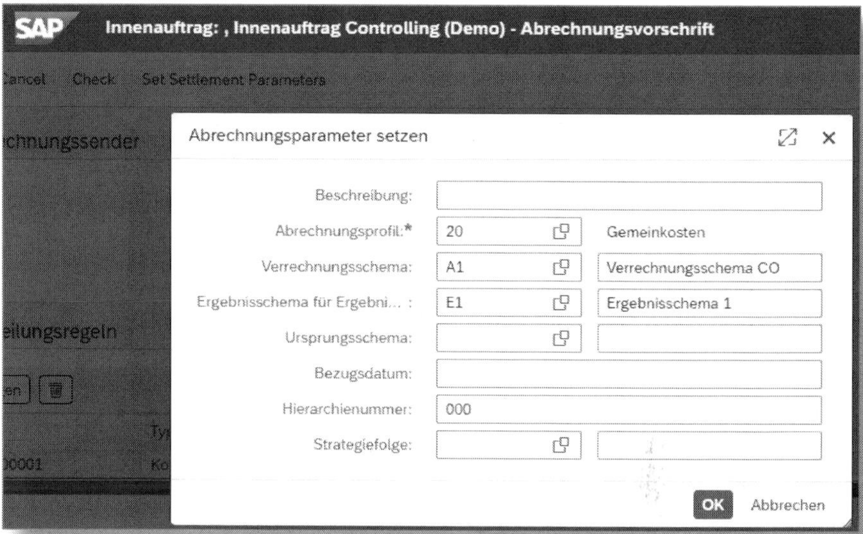

Abbildung 8.36: Abrechnungsparameter in der Abrechnungsvorschrift in SAP Fiori

8.5.5 Customizing zur Abrechnung

Im Customizing sind für die Abrechnung die nachstehend aufgeführten Einstellungen notwendig, die wir im Folgenden weiter erläutern werden:

- ein Verrechnungsschema für die Verknüpfung von zu verrechnenden Kostenarten mit Abrechnungskostenarten
- ein Ursprungsschema, um innerhalb einer Abrechnungsvorschrift verschiedene Kostenarten unterschiedlich zu behandeln; wird auch benötigt für die Abrechnung von Fertigungsaufträgen der Kuppelproduktion
- ein Ergebnisschema für die Abrechnung an die kalkulatorische Ergebnisrechnung (CO-PA)
- ein Abrechnungsprofil, das die genannten Parameter zusammenfasst und weitere Voreinstellungen enthält

- Selektionsvarianten für abzurechnende Innenaufträge
- Nummernkreise für Abrechnungsbelege
- Strategien für die automatische Ermittlung von Abrechnungsvorschriften

Verrechnungsschema

Wie bereits erläutert, dient das Verrechnungsschema der Verknüpfung von zu verrechnenden Kostenarten mit Abrechnungskostenarten. Sie pflegen ein Verrechnungsschema unter INNENAUFTRÄGE • ISTBUCHUNGEN • ABRECHNUNG • VERRECHNUNGSSCHEMATA PFLEGEN (siehe Abbildung 8.37).

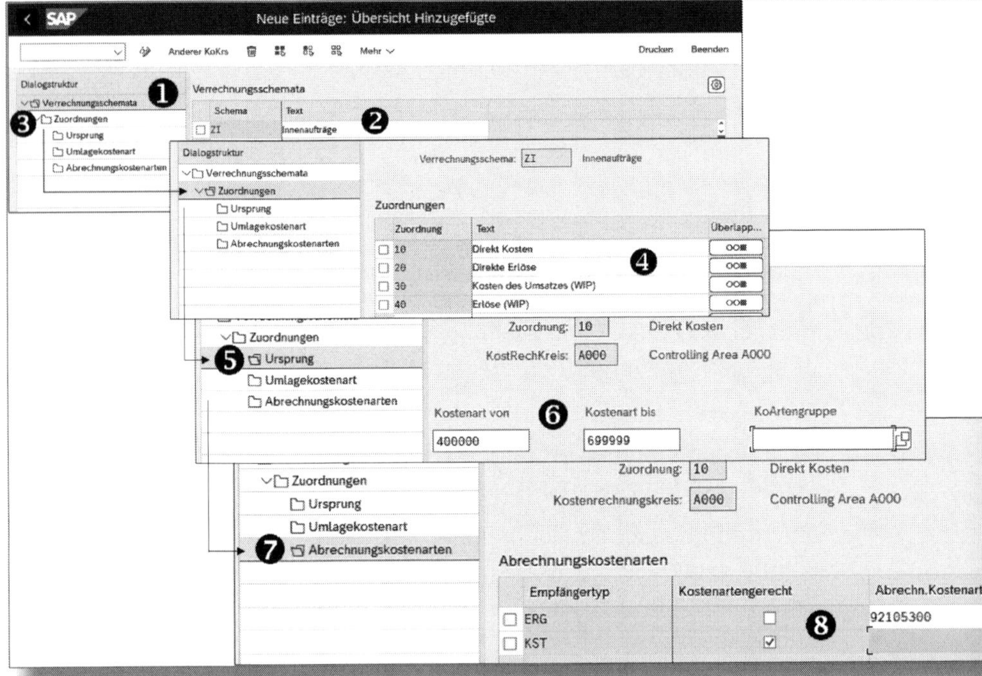

Abbildung 8.37: Verrechnungsschema anlegen

Legen Sie dort zunächst ein Schema an ❶, und vergeben Sie eine Bezeichnung ❷. Im nächsten Schritt tragen Sie dann ZUORDNUNGEN ❸ ein. Für jede Zuordnung können Sie Regeln festlegen ❹, wie bestimmte Kostenarten in der Abrechnung behandelt werden sollen.

Je Zeile tragen Sie dann unter dem Punkt URSPRUNG ❺ ein, welche KOSTENARTEN ❻ jeweils berücksichtigt werden sollen. In den Zeilen 10 und 20 wurden hier für die Kosten alle Kostenarten eingetragen, die auf Innenaufträgen anfallen können (also alle Primärkostenarten sowie die Sekundärkostenarten für die interne Leistungsverrechnung und Gemeinkostenzuschläge), und für die Erlöse alle Erlösarten. In den Zeilen 30 und 40 stehen die Abgrenzungskostenarten, die unter der Fortschreibung für die Ergebnisermittlung angegeben wurden.

Unter ABRECHNUNGSKOSTENARTEN tragen Sie ein ❼, an welche EMPFÄNGERTYPEN (Kostenstelle, Ergebnisobjekt etc.) die entsprechende Zeile abgerechnet werden darf ❽. Je Eintrag entscheiden Sie, ob die Zeile KOSTENARTENGERECHT abgerechnet werden soll und – falls nicht – unter welcher Abrechnungskostenart (ABRECHN.KOSTENART). Letztere müssen vom Kostenartentyp *21* sein.

Ursprungsschema

Wie wir bereits in Abschnitt 8.5.2 erwähnt haben, legen Sie in einer Abrechnungsvorschrift fest, an welches Empfängerobjekt (z. B. eine Kostenstelle) ein Senderobjekt (z. B. ein Innenauftrag) abgerechnet werden soll. Dabei können Sie auch mehrere Empfänger angeben und die abzurechnenden Kosten etwa prozentual aufteilen. Das System rechnet dann alle Kostenarten nach derselben Aufteilung ab. Wollen Sie jedoch die abzurechnenden Kostenarten unterschiedlich aufteilen, benötigen Sie dafür ein *Ursprungsschema*.

Um ein Ursprungsschema zu erstellen, navigieren Sie zum Customizing-Punkt INNENAUFTRÄGE • ISTBUCHUNGEN • ABRECHNUNG • URSPRUNGSSCHEMATA PFLEGEN (siehe Abbildung 8.38).

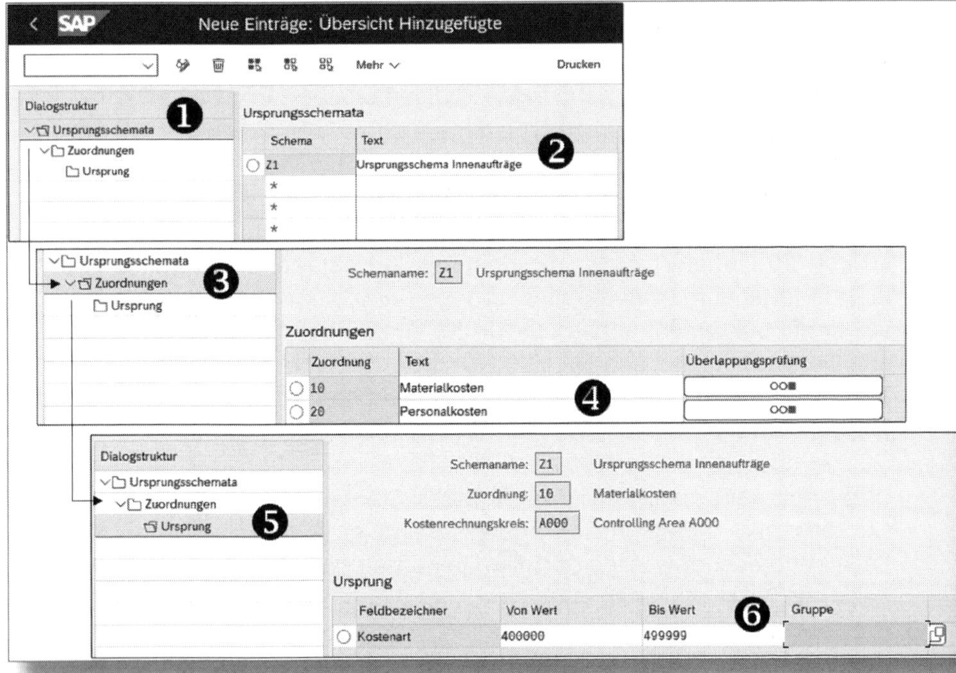

Abbildung 8.38: Ursprungsschema anlegen

Legen Sie unter URSPRUNGSSCHEMATA ❶ ein neues Schema an, und vergeben Sie eine Bezeichnung ❷. Navigieren Sie dann zum Eintrag ZUORDNUNGEN ❸, und pflegen Sie für jede Gruppe von Kostenarten, die Sie getrennt abrechnen wollen, eine Zuordnung ❹. Im Beispiel haben wir entsprechend je eine Zuordnung für die *Materialkosten* und eine für die *Personalkosten* erstellt. Unter URSPRUNG ❺ legen Sie dann Kostenarten fest, die unter der entsprechenden Zuordnung abgerechnet werden sollen ❻.

Abrechnung mit Ursprungsschema

Betrachten wir einen Innenauftrag, auf dem 1.000 EUR Materialkosten und 2.000 EUR Personalkosten angefallen sind. Die Materialkosten sollen zu 100 Prozent an Kostenstelle 500 abgerechnet werden, die Personalkosten zu 50 Prozent an Kostenstelle 500 und zu 50 Prozent an Kostenstelle 600. Dazu definieren Sie ein Ursprungsschema, in dem Sie in Zeile 10 die *Materialkosten* und in Zeile 20 die *Personalkosten* zuordnen. Sie pflegen dann die Abrechnungsvorschrift wie in Abbildung 8.39 bzw. Abbildung 8.40, wo Sie jeweils in der Spalte URSPRUNGSZUORDNUNG die Zeile des Ursprungsschemas angeben.

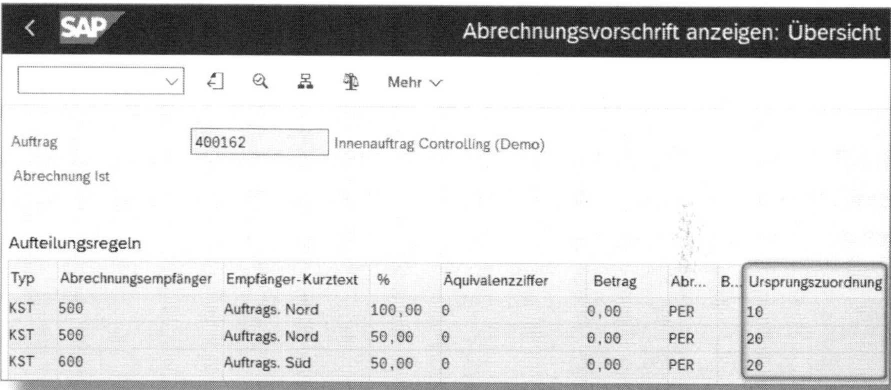

Abbildung 8.39: Beispiel für Abrechnungsvorschrift mit Ursprungsschema in SAP GUI

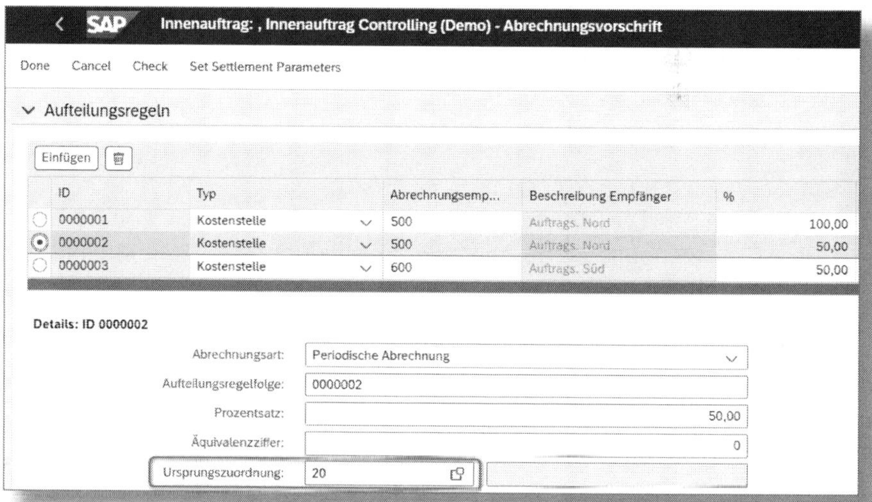

Abbildung 8.40: Beispiel für Abrechnungsvorschrift mit Ursprungsschema in SAP Fiori

In der Ansicht in SAP Fiori wird die URSPRUNGSZUORDNUNG nicht tabellarisch angezeigt, sondern einzeln je ID unterhalb der AUFTEILUNGSREGEL.

Ergebnisschema

Wenn Sie die kalkulatorische Ergebnisrechnung einsetzen und Innenaufträge (oder auch Kundenaufträge und Projekte) an Ergebnisobjekte abrechnen wollen, benötigen Sie zunächst ein Verrechnungsschema. Darin legen Sie fest, dass eine Abrechnung an Ergebnisobjekte überhaupt erlaubt ist und unter welcher Abrechnungskostenart dies geschehen soll. Für die kalkulatorische Ergebnisrechnung (kalk. CO-PA) müssen Sie aber zusätzlich noch bestimmen, welche Kostenarten an welches Wertfeld abgerechnet werden sollen. Darüber hinaus haben Sie auch die Möglichkeit, Abweichungen von Produktionsaufträgen an Ergebnisobjekte abzurechnen. Sie erstellen ein Ergebnisschema über INNENAUFTRÄGE • ISTBUCHUNGEN • ABRECHNUNG • ERGEBNISSCHEMATA PFLEGEN (Transaktion *KEI1*).

Ergebnisschema (kalkulatorische/buchhalterische CO-PA)

Bitte beachten Sie, dass Sie das Ergebnisschema nur für die kalkulatorische Ergebnisrechnung benötigen, da die Werte auf Wertfelder überführt werden. Die buchhalterische Ergebnisrechnung (Margin Analysis) basiert nicht auf Wertfeldern, sondern auf Sachkonten.

Definieren Sie nun, wie die Abrechnungskostenarten an Wertfelder verrechnet werden. Die Struktur des Ergebnisschemas ist sehr ähnlich wie die des Verrechnungsschemas (siehe Abbildung 8.37). Sie beginnen, indem Sie ein Ergebnisschema anlegen ❶ (siehe Abbildung 8.41).

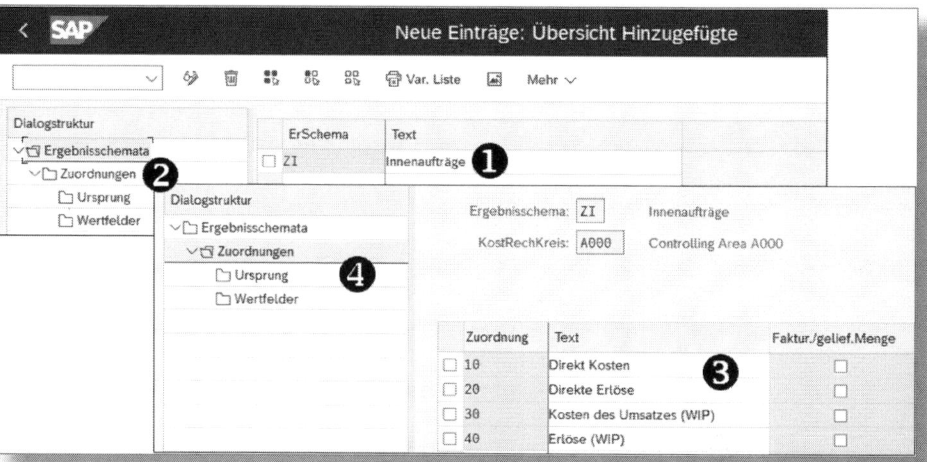

Abbildung 8.41: Ergebnisschema anlegen

Wie beim Verrechnungsschema legen Sie im nächsten Schritt Zuordnungen ❷ fest. Sie dienen der Gruppierung von Kostenarten ❸, die Sie gemeinsam einem Wertfeld zuordnen wollen.

☛ Gleiche Zuordnungsstruktur bei Verrechnungs- und Ergebnisschemata

Wir empfehlen Ihnen, bei Verrechnungs- und Ergebnisschemata, die gemeinsam verwendet werden, dieselben Zuordnungen zu benutzen. Sie können dadurch im Produktivbetrieb den Wertefluss wesentlich einfacher nachvollziehen.

Von den ZUORDNUNGEN aus verzweigen Sie über URSPRUNG ❹ zur Pflege der Ursprungskostenarten. Wie beim Verrechnungsschema definieren Sie hier, welche Kosten über die entsprechende Verrechnung verarbeitet werden (siehe Abbildung 8.42).

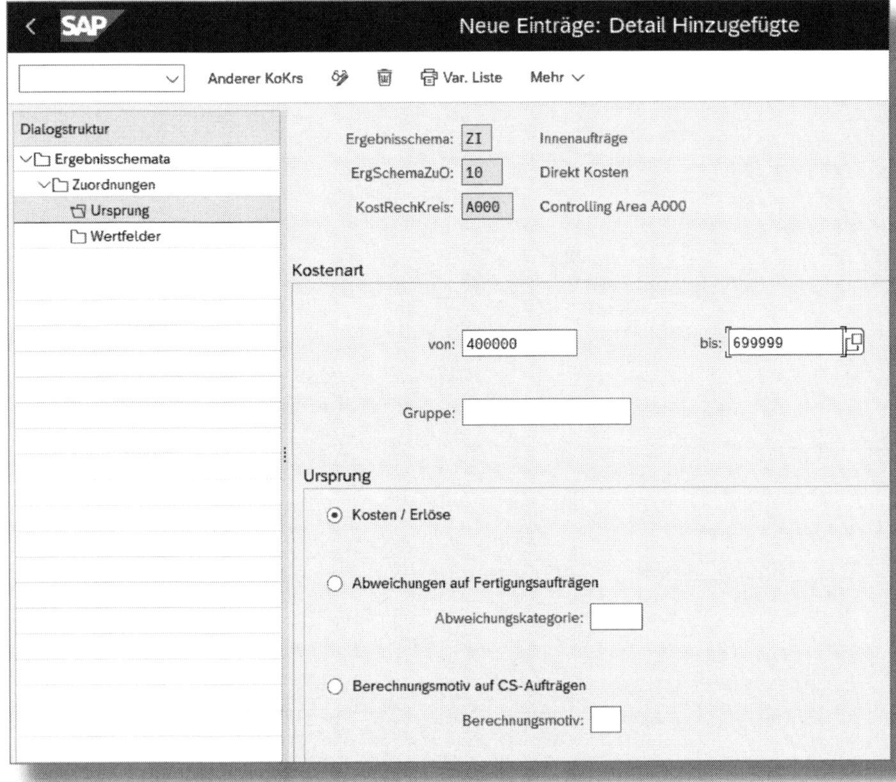

Abbildung 8.42: Ursprung zum Ergebnisschema definieren

Im Bereich URSPRUNG wählen Sie zunächst aus, welche Art von Kosten Sie verrechnen möchten: Wenn es sich um KOSTEN/ERLÖSE handelt, geben Sie weiter oben KOSTENARTEN an (über ein Intervall oder eine Kostenartengruppe). Der Parameter BERECHNUNGSMOTIV AUF CS-AUFTRÄGEN bezieht sich auf die aufwandsbezogene Fakturierung, die Sie für Serviceaufträge durchführen können, die wir aber im Rahmen dieses Buches nicht berücksichtigen.

Zum Schluss definieren Sie über WERTFELDER, an welches Wertfeld in der kalkulatorischen CO-PA die Kosten abgerechnet werden sollen, die Sie in der entsprechenden Zuordnung festgelegt haben.

Abrechnungsprofil

Schließlich erstellen Sie über INNENAUFTRÄGE • ISTBUCHUNGEN • ABRECHNUNG • ABRECHNUNGSPROFILE PFLEGEN ein Abrechnungsprofil. Im Block ISTKOSTEN/KOSTEN DES UMSATZES entscheiden Sie, ob der entsprechende Auftrag vollständig abzurechnen ist, abgerechnet werden kann oder nicht abzurechnen ist (siehe Abbildung 8.43).

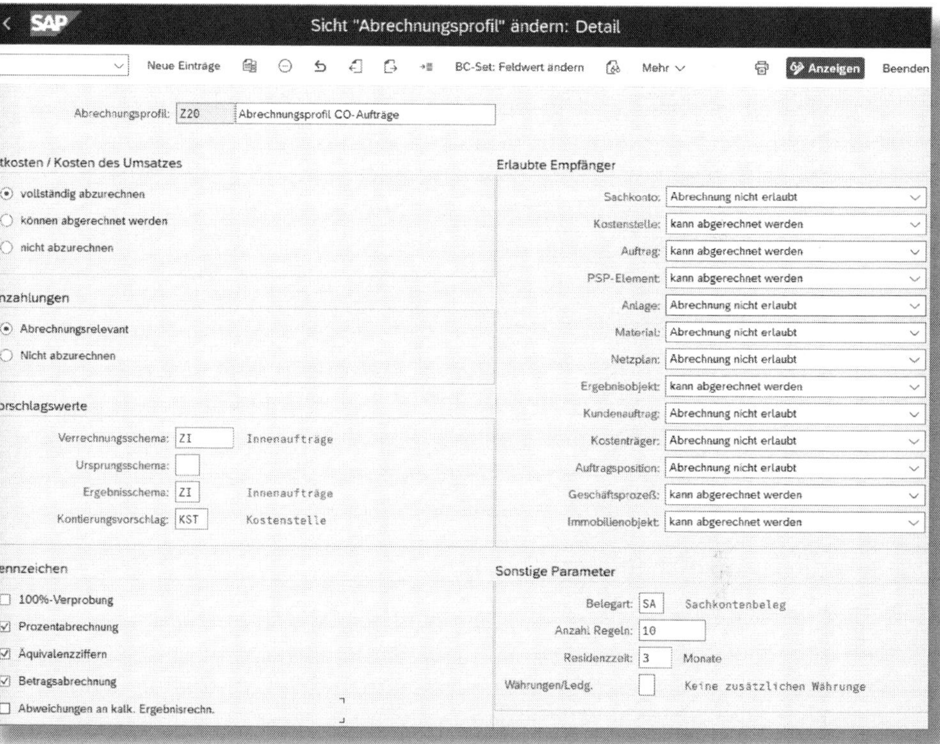

Abbildung 8.43: Abrechnungsprofil pflegen

Auf diese Weise steuern Sie, ob der Auftrag abgeschlossen werden darf, wenn er noch einen Nullsaldo aufweist: Mit VOLLSTÄNDIG ABZURECHNEN wirft das System eine Fehlermeldung aus, bei KÖNNEN ABGERECHNET WERDEN eine Warnmeldung, und wenn der Auftrag NICHT ABZURECHNEN ist, lässt er sich auch mit Saldo ganz einfach abschließen. Im letzteren Fall ist es nicht möglich, den Auftrag abzurechnen, auch wenn Sie eine Abrechnungsvorschrift eingetragen haben und die Abrechnung starten. Die Buchungen in die Finanzbuchhaltung aus der Ergebnisrechnung können jedoch trotzdem mit der Abrechnung verbucht werden.

Unter ERLAUBTE EMPFÄNGER tragen Sie ein, welche Abrechnungsempfängertypen für Aufträge mit diesem Abrechnungsprofil zugelassen sind. Sie können die einzelnen Objekte verbieten *(Abrechnung nicht erlaubt)*, optional erlauben *(kann abgerechnet werden)* oder erzwingen *(muss abgerechnet werden)*. Im Block VORSCHLAGSWERTE lassen sich Einstellungen vorbelegen, die dann in die Abrechnungsparameter von Aufträgen übernommen werden. Sie können z. B. ein VERRECHNUNGSSCHEMA oder ein ERGEBNISSCHEMA eintragen und auch unter KONTIERUNGSVORSCHLAG einen Abrechnungsempfängertyp vorschlagen. Unter KENNZEICHEN entscheiden Sie, wie Sie die Aufteilung bei mehreren Abrechnungsregeln einstellen: prozentual, mit ÄQUIVALENZZIFFERN oder als explizite Beträge. Bei den SONSTIGEN PARAMETERN legen Sie fest, unter welcher BELEGART Buchungen in der Finanzbuchhaltung gebucht werden sollen. ANZAHL REGELN bestimmt, wie viele Abrechnungsregeln Sie pro Abrechnungsvorschrift erfassen dürfen. RESIDENZZEIT gibt an, wie viele Monate die Abrechnungsbelege im System verbleiben, bevor sie gelöscht werden.

Selektionsvarianten für Abrechnung

Sie können die Abrechnung – wie auch die automatische Generierung von Abrechnungsvorschriften – in der Sammelbearbeitung starten. Dafür benötigen Sie eine Selektionsvariante, die Sie im Customizing über INNENAUFTRÄGE • ISTBUCHUNGEN • ABRECHNUNG • SELEKTIONSVARIANTEN FÜR ABRECHNUNG DEFINIEREN (Transaktion *OKOV*) erstellen.

Nummernkreise

Für Abrechnungsbelege benötigen Sie eigene Nummernkreise. Die Pflegetransaktion hierfür finden Sie unter INNENAUFTRÄGE • ISTBUCHUNGEN • ABRECHNUNG • NUMMERNKREISE FÜR ABRECHNUNG PFLEGEN (Transaktion *SNUM*). Weitere Informationen zu Nummernkreisen erhalten Sie in Abschnitt 3.2.

Automatische Generierung von Abrechnungsvorschriften

Automatische Abrechnungsvorschriften

Bei einer großen Anzahl an Innenaufträgen kann es sehr zeitaufwendig sein, manuell für jeden Auftrag eine Abrechnungsvorschrift zu pflegen. Wenn Sie erlösführende Aufträge an CO-PA abrechnen wollten, käme hinzu, dass Sie im Auftrag gar nicht alle Informationen zur Verfügung hätten, um ein Ergebnisobjekt auszufüllen. In der Regel werden Sie hier Angaben zu Kunden, Verkaufsorganisationen, Material etc. machen – allesamt Informationen, die im zugeordneten Kundenauftrag bereits vorhanden sind. Der Kundenauftrag selbst hingegen ist auf den Auftrag kontiert und kann somit nicht in CO-PA abgerechnet werden. Die Funktionalität zum automatischen Erstellen der Abrechnungsvorschrift schließt diese Lücke, indem sie Ihnen ermöglicht, für die Abrechnung des Auftrags ein Ergebnisobjekt zu generieren, das sich aus den Stammdaten des Kundenauftrags herleitet.

Strategien zur Ermittlung der Abrechnungsvorschrift

SAP bietet eine Anzahl an vordefinierten Strategien an, um für Aufträge Abrechnungsvorschriften zu erstellen. Sie können diese über INNENAUFTRÄGE • ISTBUCHUNGEN • ABRECHNUNG • AUTOMATISCHE GENERIERUNG VON ABRECHNUNGSVORSCHRIFTEN • STRATEGIEN FÜR AUTOMATISCHE ABRECHNUNGSVORSCHRIFTSERMITTLUNG ANZEIGEN (Transaktion *KSR1_ORC*) aufrufen (siehe Abbildung 8.44). Sie können diese Einträge nicht ändern; es ist jedoch möglich, eigene Strategien zu entwickeln. Dazu steht Ihnen die Erweiterung COOM0003 zur Verfügung, die Sie über die Transaktion *CMOD* implementieren. Weitere Informationen dazu finden Sie im Customizing unter INNENAUFTRÄGE • ISTBUCHUNGEN • ABRECHNUNG • AUTOMATISCHE GENERIERUNG VON ABRECHNUNGSVORSCHRIFTEN • EIGENE STRATEGIEN ZUR AUTOMATISCHEN ABRECHNUNGSVORSCHRIFTSGENERIERUNG.

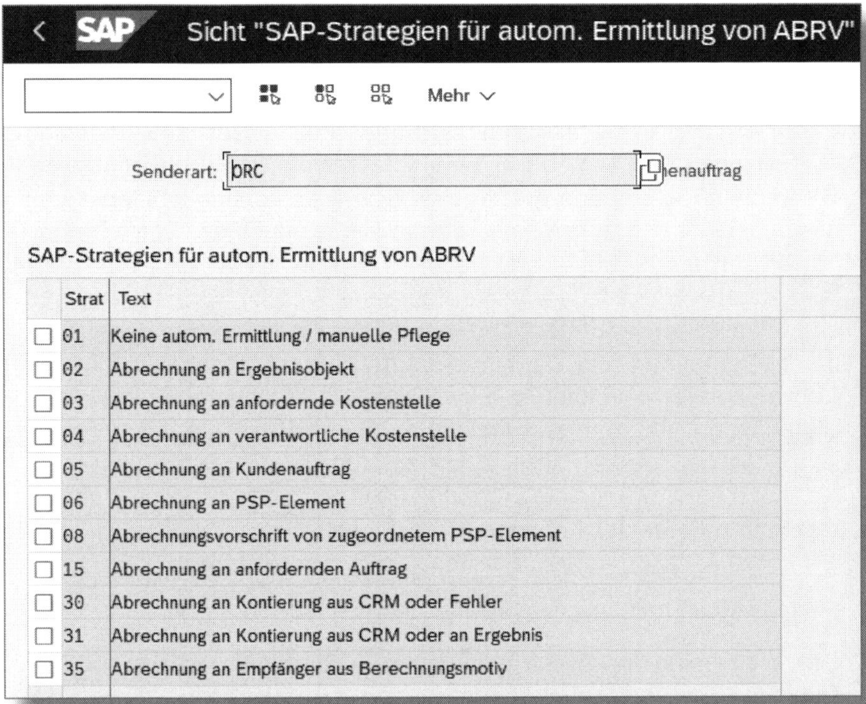

Sicht "SAP-Strategien für autom. Ermittlung von ABRV"

Mehr

Senderart: ORC ...nenauftrag

SAP-Strategien für autom. Ermittlung von ABRV

Strat	Text
01	Keine autom. Ermittlung / manuelle Pflege
02	Abrechnung an Ergebnisobjekt
03	Abrechnung an anfordernde Kostenstelle
04	Abrechnung an verantwortliche Kostenstelle
05	Abrechnung an Kundenauftrag
06	Abrechnung an PSP-Element
08	Abrechnungsvorschrift von zugeordnetem PSP-Element
15	Abrechnung an anfordernden Auftrag
30	Abrechnung an Kontierung aus CRM oder Fehler
31	Abrechnung an Kontierung aus CRM oder an Ergebnis
35	Abrechnung an Empfänger aus Berechnungsmotiv

Abbildung 8.44: SAP-Strategien für die Ermittlung von Abrechnungsvorschriften

Über INNENAUFTRÄGE • ISTBUCHUNGEN • ABRECHNUNG • AUTOMATISCHE GENERIERUNG VON ABRECHNUNGSVORSCHRIFTEN • STRATEGIEFOLGEN FÜR AUTOMATISCHE ABRECHNUNGSVORSCHRIFTSERMITTLUNG (Transaktion *KSR2_ORC*) bestimmen Sie dann, welche der dargestellten Strategien Sie für Ihre Aufträge anwenden wollen und in welcher Reihenfolge dies geschehen soll. SAP hat auch hier bereits eine Reihe von Strategiefolgen vorgegeben, die in der Regel für Ihre Anforderungen passen sollten. Zu einer Strategiefolge geben Sie unter STRATEGIEFOLGEN ❶ zunächst einen Schlüssel und eine Bezeichnung an ❷ (siehe Abbildung 8.45).

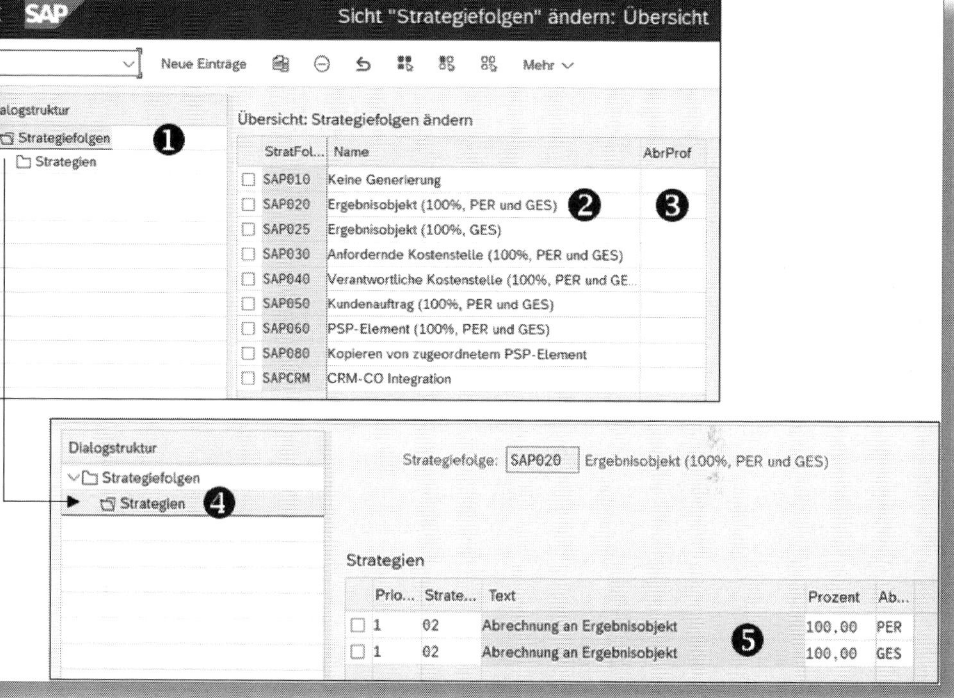

Abbildung 8.45: Strategiefolgen zur Ermittlung der Abrechnungsvorschriften

Sie können in der Spalte ABRPROF ❸ auch ein Abrechnungsprofil vorgeben; dieses wird bei der automatischen Generierung der Abrechnungsvorschriften in die Abrechnungsparameter der betroffenen Innenaufträge übernommen und übersteuert damit auch Ihre Einstellungen zur Auftragsart. Lassen Sie das Feld leer, wird das Abrechnungsprofil aus der Auftragsart übernommen.

Unter STRATEGIEN ❹ schließlich ordnen Sie die von SAP vorgegebenen Strategien zu ❺. Sie können dabei festlegen, zu wie viel Prozent der Senderauftrag abgerechnet werden soll und ob die Abrechnung periodisch *(PER)* oder gesamt *(GES)* erfolgen soll. Sie finden auf dieser Sicht außerdem einen Button EXPERTENMODUS AN, der noch weitere Einstellungsmöglichkeiten einblendet (siehe Abbildung 8.46).

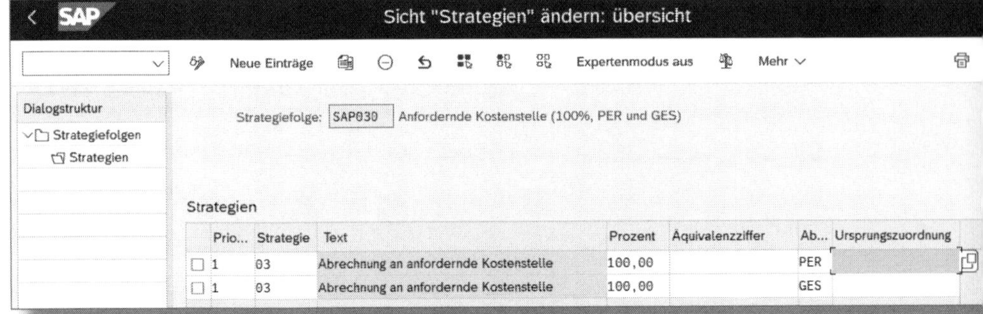

Abbildung 8.46: Pflege von Äquivalenzziffern und Ursprungszeilen

Im Expertenmodus haben Sie zusätzlich die Möglichkeit, anstelle von Prozentsätzen ÄQUIVALENZZIFFERN und eine URSPRUNGSZUORDNUNG anzugeben. Letzteres setzt voraus, dass Sie im verwendeten Abrechnungsprofil ein Ursprungsschema eingetragen haben (siehe weiter vorne in diesem Abschnitt).

Sie hinterlegen anschließend die gewünschte Strategie zur Ermittlung von Abrechnungsvorschriften in der Auftragsart (siehe Abschnitt 3.1) oder tragen sie über INNENAUFTRÄGE • ISTBUCHUNGEN • ABRECHNUNG • AUTOMATISCHE GENERIERUNG VON ABRECHNUNGSVORSCHRIFTEN • ZUORDNUNG STRATEGIEFOLGE ZU AUFTRAGSART TREFFEN (Transaktion *KSR3_ORC*) ein.

Wir schließen damit unsere Ausführungen zum Customizing ab und wenden uns dem Thema Reporting zu.

9 Reporting

In diesem Kapitel zeigen wir Ihnen verschiedene Optionen, wie Sie einen Report in SAP S/4HANA erstellen. Wir gehen darauf ein, wie Sie Innenauftragsgruppen in SAP Fiori zusammenstellen und diese in der Reporting-App »Innenaufträge – Istdaten« einbinden und verwenden. Zudem erläutern wir Ihnen die Analysemöglichkeiten des Abfrage-Browsers (Query Browser). Damit lässt sich beispielsweise ein Report im Controlling erstellen, der die Fähigkeit besitzt, das Ledger zu wechseln. Ferner erfahren Sie, wie Sie einen Einzelpostenbericht aufbauen. Wir stellen dar, wie sich die Verwendung der klassischen Report-Writer- und Recherche-Berichte im SAP-S/4HANA-Kontext gestaltet.

9.1 Überblick

Abbildung 9.1 verschafft Ihnen einen Überblick über die neuen Reporting- bzw. Analysefunktionen in SAP S/4HANA.

Wir werden uns in diesem Kapitel schwerpunktmäßig mit den Themen *multidimensionale Reports* und dem *Abfrage-Browser* beschäftigen.

Die Vorteile von multidimensionalen Reports sind:

- On-Demand-Filterung
- Erstellung von Reports mithilfe der Drag-and-drop-Funktion (Pivot-Tabellen-Logik)
- Möglichkeit, in andere Reports zu springen
- Übergabe des Kontextes an diese Anwendung beim Absprung in eine andere App

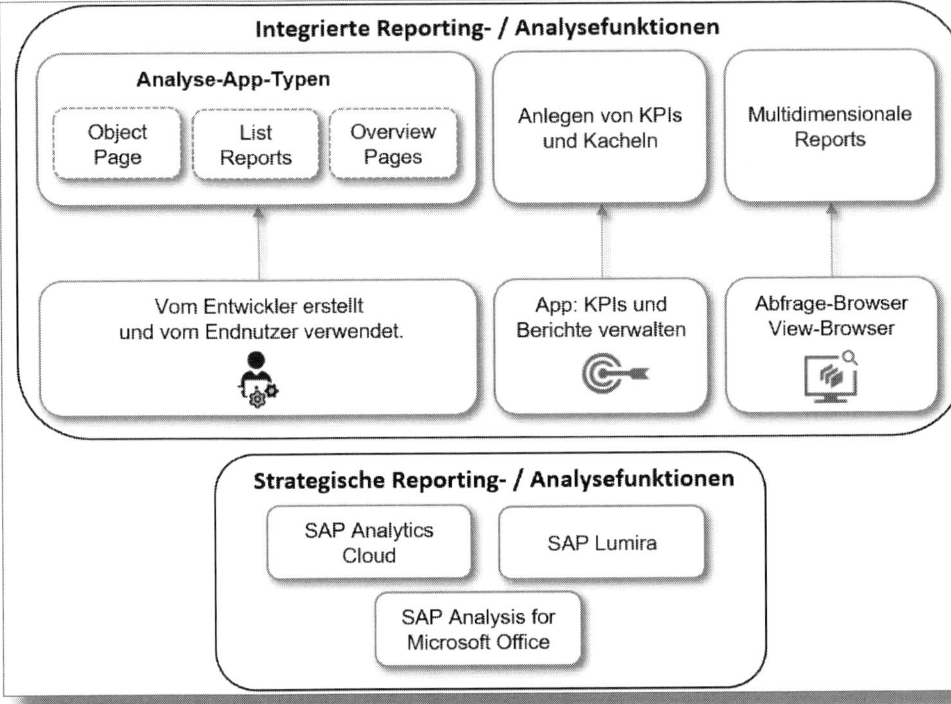

Abbildung 9.1: Überblick über die Reporting- bzw. Analysefunktionen in SAP S/4HANA

Folgende Reporting-Möglichkeiten sind voll in SAP S/4HANA integriert und können über das SAP S/4HANA Launchpad ausgeführt werden:

- *Analytische Apps* bereiten Daten aus unterschiedlichen Perspektiven auf. Diese Art von Fiori-Apps zeichnet sich insbesondere dadurch aus, dass sie grafische und tabellarische Daten zeigt, um komplexe Sachverhalte transparent darzustellen. Darüber hinaus eignen sich die analytischen Apps sehr gut, um Themen zu prüfen und zu steuern. Eine typische analytische App ist beispielsweise »WE/RE-Konten abstimmen«.
- *Transaktionale Apps* fokussieren sich auf aufgabenbasierte Tätigkeiten, wie das Anlegen oder Ändern von Stammdaten. Beispielsweise zeigt die App »Innenaufträge verwalten« sämtliche

Informationen wie Auftragsnummer, Auftragsart oder Status an. Zudem kann ein neuer Auftrag angelegt oder geändert werden.

- *Infoblatt-Apps* beziehen die Daten aus unterschiedlichen Quellen innerhalb des SAP-Systems. Diese Art von Apps, wie z. B. die App »Hausbanken anzeigen«, bietet eine tabellarische Rundumsicht auf einen Sachverhalt.

Die nachfolgend genannten strategischen Analysefunktionen bedürfen einer separaten Lizensierung:

- Die *SAP Analytics Cloud* ist eine Software-as-a-Service-Lösung (siehe Abschnitt 5.5).
- Der Fokus des Reporting-Tools *SAP Lumira* liegt auf der grafischen Darstellung.
- Das Microsoft-Excel-Add-in *SAP Analysis for Microsoft Office* bietet die Möglichkeit, auf der Basis von Daten aus SAP S/4HANA Berichte zu erstellen (siehe Abschnitt 5.4).

Wir beschäftigen uns im nachfolgenden Abschnitt mit dem Reporting in SAP Fiori.

9.2 Reporting in SAP Fiori

SAP Fiori umfasst eine große Sammlung an Apps, die auf den Regeln der SAP User Experience basieren. Typisch für jede von ihnen ist, dass sie jeweils nur einen einzigen Schritt eines komplexeren Prozesses abdeckt, wobei dieser Schritt von einem einzelnen Mitarbeiter in einer bestimmten Rolle ausgeführt wird. Man benötigt also mehrere Apps, um den gesamten Prozess abzubilden. Somit entsteht eine Verlagerung von monolithischen Lösungen zu aktivitätsbasierten Apps, die eine rollenbasierte Vereinfachung der Prozesse im Unternehmen ermöglichen. Durch die rollenbasierte Benutzererfahrung erhalten Sie alle Funktionen und Informationen, die Sie für die Arbeit brauchen.

Im Mittelpunkt von SAP Fiori steht das *SAP Fiori Launchpad*. Es fungiert als Rahmen zur Bereitstellung der Fiori-Apps. Das Launchpad können Sie über mobile Endgeräte ebenso wie auf Desktop-Computern nutzen. Sie starten es über einen Browser (siehe Abbildung 9.2).

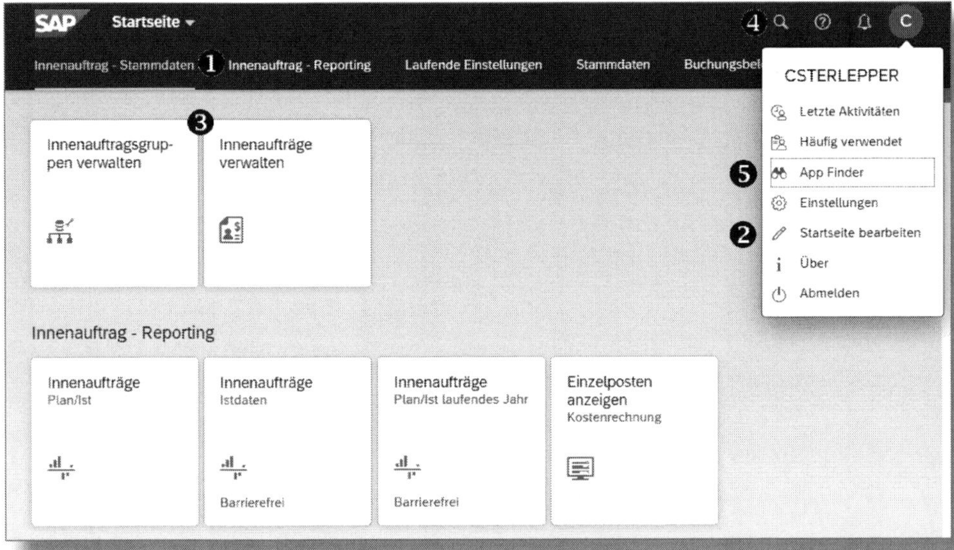

Abbildung 9.2: SAP Fiori Launchpad – Überblick

Sie sehen die *Kachelgruppen* INNENAUFTRAG – STAMMDATEN und INNENAUFTRAG – REPORTING ❶. Diese haben wir manuell über die Option STARTSEITE BEARBEITEN ❷ erstellt. Kachelgruppen befinden sich auf Ihrer Startseite des Fiori Launchpad. Sie können diese Gruppen nach Ihren Bedürfnissen gestalten. Im Prinzip erfüllen die Kachelgruppen die Funktion der Favoriten, die Sie höchstwahrscheinlich aus SAP GUI gewohnt sind.

Jede Fiori-App ❸ gehört zu einem *Katalog*, z. B. sind die Apps der Stammdaten im Standardkatalog »Gemeinkostenrechnung – Stammdaten Innenauftrag« enthalten, die aufgelisteten Reporting-Apps im Katalog »Gemeinkostenrechnung – Reporting Innenauftrag«. Sie können die Apps finden und aufrufen, indem Sie entweder auf die Lupe ❹ im SAP Fiori Launchpad klicken oder über den APP FINDER ❺ starten.

Die Lupe ermöglicht fernerhin das Suchen nach allen möglichen Objekten innerhalb des SAP-Systems, wie z. B. Apps, Abrechnungsbelege, Sachkonten oder Kostenstellen (siehe Abbildung 9.3).

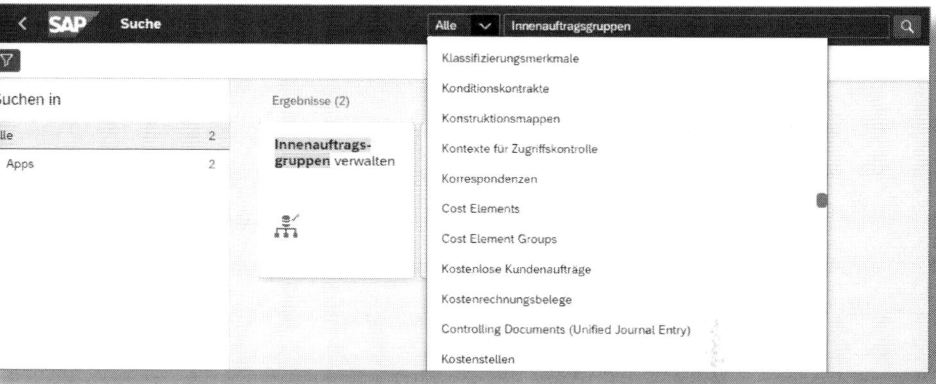

Abbildung 9.3: SAP Fiori Launchpad – Suchfunktion Lupe

Der *App Finder* ist auf Basis von Katalogen strukturiert. Sie können zum jeweiligen Katalog scrollen oder die Suchfunktion innerhalb des App Finder verwenden, um die gewünschte App zu finden (siehe Abbildung 9.4).

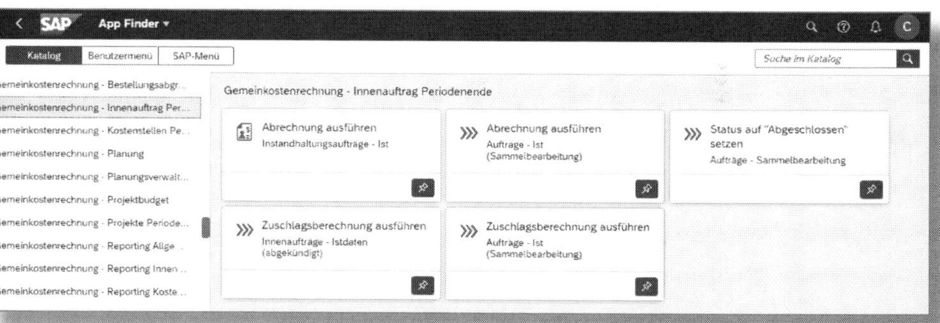

Abbildung 9.4: SAP Fiori Launchpad – Suchfunktion des App Finder

9.2.1 Innenauftragsgruppen verwalten

Mit *Innenauftragsgruppen* können Sie Ihre Aufträge zusammenfassen und gliedern. Diese Gruppen bzw. Hierarchien lassen sich wiederum in einer Reporting-App verwenden.

Zum Beispiel könnten Sie eine Innenauftragsgruppe erstellen und alle bisher durchgeführten und geplanten Messeaufträge zuordnen. Dann hätten Sie die Möglichkeit, im Reporting sehr schnell und transparent auf die Messeaufträge zuzugreifen.

Wir zeigen Ihnen nun, wie Sie mit der SAP-Fiori-App »Innenauftragsgruppen verwalten« eine Hierarchie erstellen und diese im Reporting verwenden.

Starten Sie die SAP-Fiori-App »Innenauftragsgruppen verwalten«; diese befindet sich im Katalog »Gemeinkostenrechnung – Stammdaten Innenauftrag«. Legen Sie zunächst eine neue Innenauftragsgruppe an.

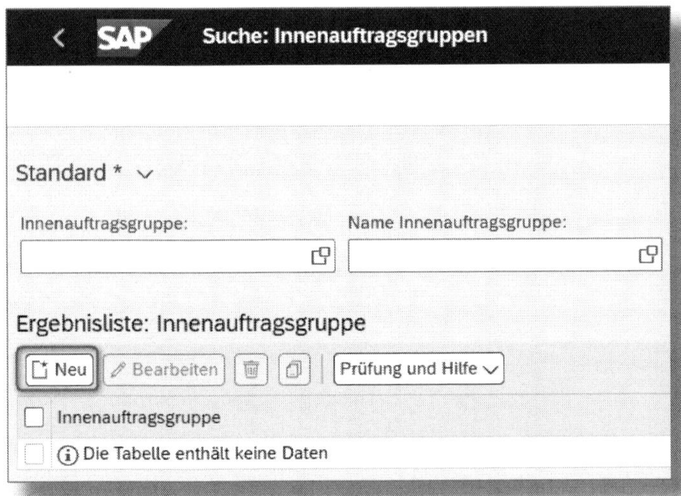

Abbildung 9.5: Innenauftragsgruppe anlegen

Sobald Sie auf die Schaltfläche Neu klicken (siehe Abbildung 9.5), gelangen Sie zur Ansicht aus Abbildung 9.6.

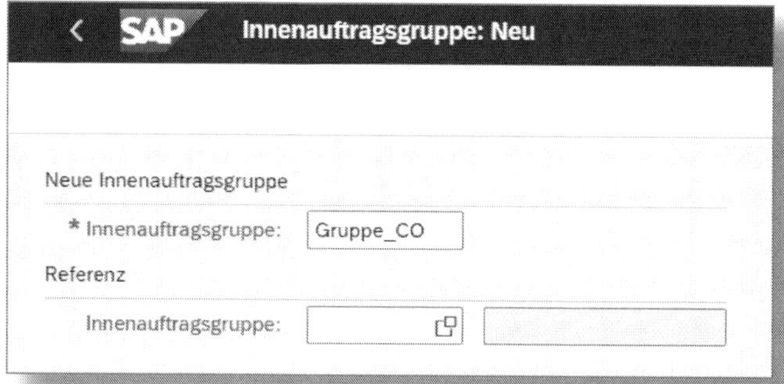

Abbildung 9.6: Innenauftragsgruppe anlegen – Namen vergeben

In unserem Beispiel haben wir die Hierarchie *Gruppe_CO* genannt. Vergeben Sie den gewünschten Namen, und klicken Sie auf Weiter.

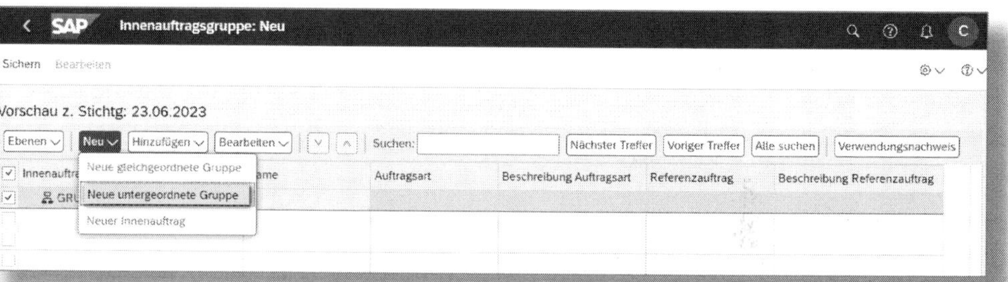

Abbildung 9.7: Untergeordnete Gruppe anlegen

Wie aus Abbildung 9.7 ersichtlich, können Sie die Hierarchie strukturieren, indem Sie NEUE UNTERGEORDNETE GRUPPEN einfügen.

Sobald Sie die Struktur erstellt haben, fügen Sie die gewünschten Innenaufträge in die Gruppenordner ein (❶ in Abbildung 9.8).

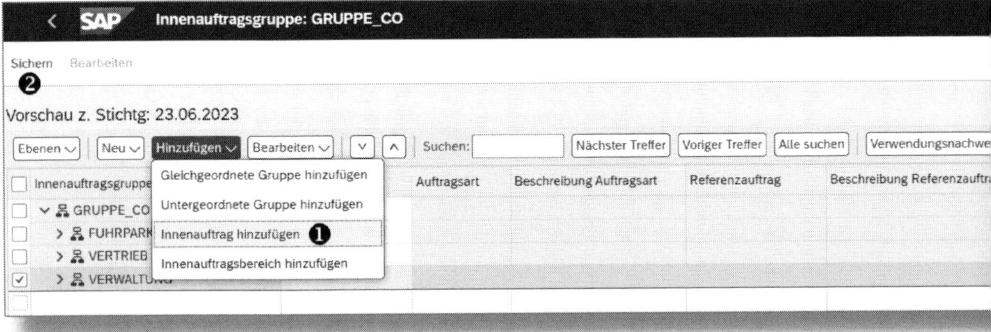

Abbildung 9.8: Innenaufträge zuordnen

Zuletzt speichern Sie die Innenauftragsgruppe ❷.

Im nächsten Abschnitt zeigen wir Ihnen, wie Sie einen Bericht individuell anpassen und wie Sie die soeben erstellte Gruppe in die SAP-Fiori-App »Innenaufträge – Istdaten« einbinden und verwenden.

Video zum Anlegen neuer Innenauftragsgruppen

In der Videosammlung »Innenaufträge in SAP S/4HANA – Customizing«, die Sie über den frei zugänglichen Bereich unserer SAP-Lernplattform aufrufen, lernen Sie im 2. Teil, »Neue Innenauftragsgruppe anlegen«, mehr zum Thema. Wie Sie den Zugang zum Video erhalten, haben wir im Vorwort beschrieben.

9.2.2 Reporting: Innenaufträge (Istdaten)

In SAP Fiori sind neue Möglichkeiten vorhanden, um einen Report im Controlling zu erstellen. Wahrscheinlich fühlt sich jeder Controller an Pivot-Tabellen in Excel erinnert, sobald er die SAP-Fiori-App »Innenaufträge – Istdaten« aufruft (siehe Abbildung 9.9). Tatsächlich verhält sich die App auch ähnlich, wie wir es von Excel gewohnt sind. Die Apps, die wir Ihnen hier vorstellen, sind Web-Dynpro-Apps. Diese werden derzeit und zukünftig von der SAP weiterentwickelt.

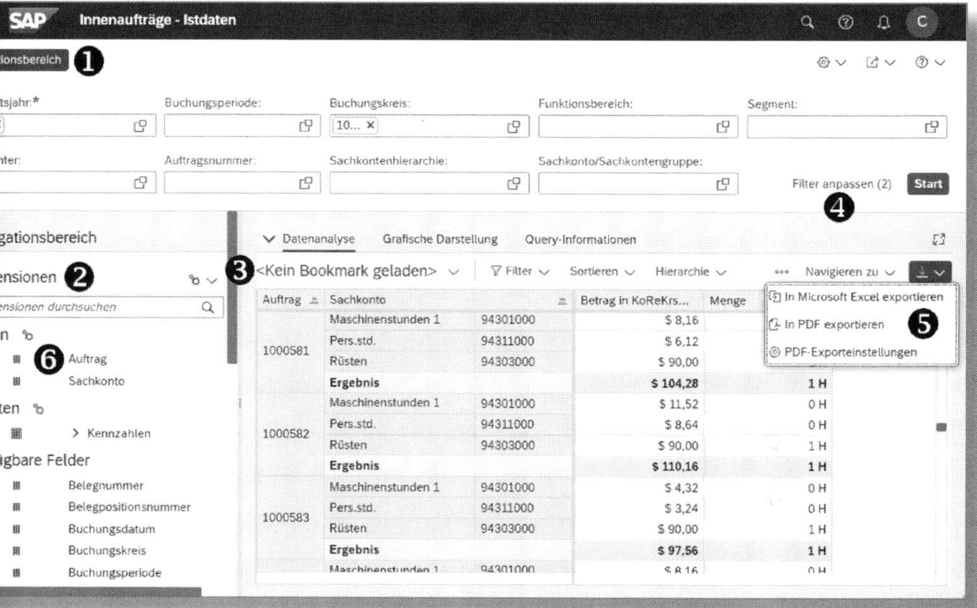

Abbildung 9.9: SAP-Fiori-App »Innenaufträge – Istdaten«

Durch einen Klick auf den Button NAVIGATIONSBEREICH ❶ blenden Sie den Navigationsbereich ein und aus. Er dient der Verwaltung der DIMENSIONEN ❷. Diese enthalten sogenannte Entitäten, z. B. Auftrag, PSP-Element, Kostenstelle, Sachkonto oder die Kennzahl. Die Entitäten können Sie einer Zeile oder Spalte zuordnen. Sobald Sie dies getan haben, verändert sich der Aufbau des Reports in Echtzeit. Wenn Sie die getätigten Einstellungen speichern möchten, können Sie ein Lesezeichen anlegen (BOOKMARK) ❸. Es speichert sämtliche Veränderungen des Reports, sodass Sie diese nicht bei jedem Aufruf der App neu einstellen müssen. Darüber hinaus können Sie Filter definieren ❹. Filter wirken sich global auf den gesamten Report aus, beispielsweise lässt er sich so auf einen bestimmten Zeitraum eingrenzen. Ferner können Sie den Report als PDF-Datei oder als Excel-Datei exportieren ❺.

Im vorherigen Abschnitt haben wir eine Innenauftragsgruppe erstellt. Diese Hierarchie können Sie in den Report einbinden, indem Sie mit der rechten Maustaste auf AUFTRAG ❻ klicken.

Anschließend öffnet sich ein Kontextmenü (siehe Abbildung 9.10).

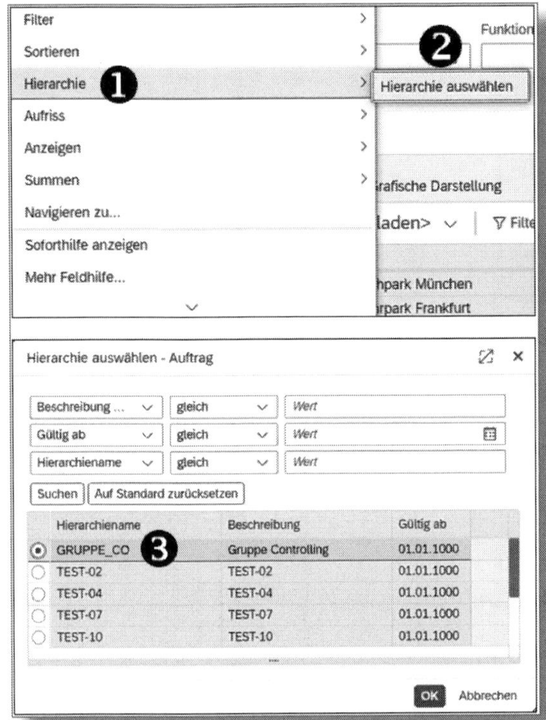

Abbildung 9.10: SAP Fiori – Hierarchie einbinden

Navigieren Sie in dem Menü zu HIERARCHIE ❶, und klicken Sie auf HIERARCHIE AUSWÄHLEN ❷. Anschließend öffnet sich die Ansicht HIERARCHIE AUSWÄHLEN • AUFTRAG.

Sobald Sie auf die Schaltfläche [Suchen] klicken, werden Ihnen sämtliche verfügbaren Hierarchien angezeigt ❸. Selektieren Sie die Hierarchie und klicken auf den Button [OK]. Anschließend wird die Innenauftragsgruppe in den Report eingebunden (siehe Abbildung 9.11).

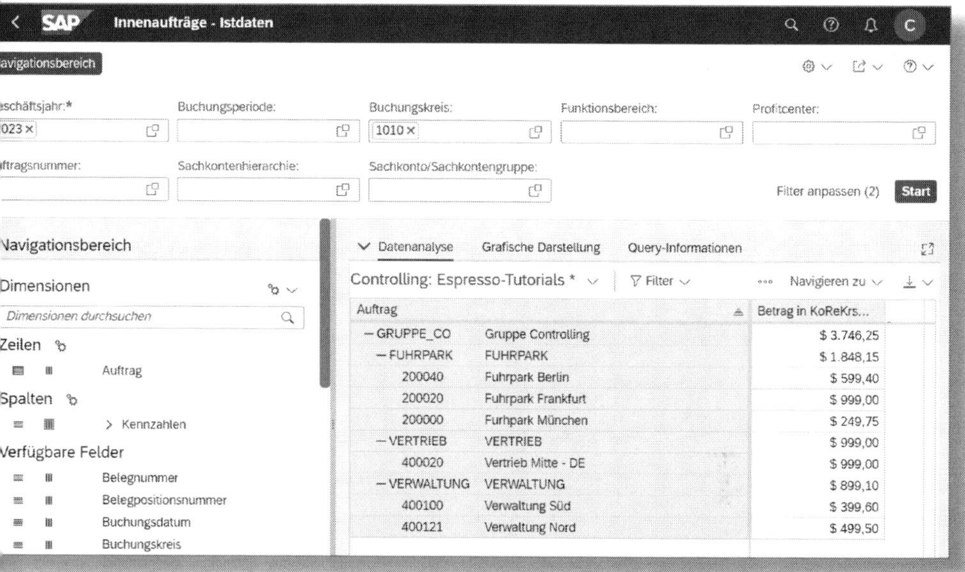

Abbildung 9.11: SAP Fiori – Innenauftragsgruppe einbinden

Berichtrelevanz festlegen

Falls Ihnen die Innenauftragsgruppe nicht angezeigt werden sollte, kann der Grund dafür sein, dass die Gruppe nicht als »Report-relevant« gekennzeichnet wurde. Prüfen Sie in den SAP-Fiori-Apps »Reportrelevanz festlegen« und »Berichtrelevanz festlegen«, ob das Kennzeichen gesetzt wurde. Alternativ können Sie auch die Transaktion *HRY_REPRELEV* verwenden. Standardmäßig sind die Apps so eingerichtet, dass die Hierarchien sofort repliziert werden.

Automatisiert per Knopfdruck können Sie auch eine grafische Darstellung Ihres Reports erstellen (siehe Abbildung 9.12).

Abbildung 9.12: SAP-Fiori-App »Innenaufträge – Istdaten« – grafische Darstellung

Springen Sie einfach in die Registerkarte GRAFISCHE DARSTELLUNG ❶. Falls Sie einen anderen Diagrammtyp wünschen, können Sie das über die Schaltfläche mit dem Zahnradsymbol ❷ ändern. Es stehen die Diagrammtypen Heatmap, Kreis, Linien, Ring, Treemap und Wasserfall zur Auswahl.

> **Video zum Reporting der Istdaten**
>
> In der Videosammlung »Innenaufträge in SAP S/4HANA – Customizing«, die Sie über den frei zugänglichen Bereich unserer SAP-Lernplattform aufrufen, lernen Sie im 3. Teil, »Reporting Innenauftrag«, mehr zum Thema »Reporting der Istdaten«. Wie Sie den Zugang zum Video erhalten, haben wir im Vorwort beschrieben.

9.2.3 Reporting: Abfrage-Browser

Der *Abfrage-Browser (Query Browser)* ist in SAP Fiori standardmäßig enthalten. Es ist also keine gesonderte Installation erforderlich.

Diese Fiori-App befindet sich in einem eigenen Katalog namens »SAP_CA_BC_VDM (Analysen Abfrage-Browser)«. Beachten Sie, dass der Abfrage-Browser nicht Teil der Default-Sicht im SAP Fiori Launchpad ist.

Für das Reporting zu Innenaufträgen ist diese App sehr interessant, da sie uns ermöglicht, ausgesprochen komplexe Reports zu erstellen.

Zum Beispiel könnte die Anforderung sein, dass uns ein Report die Sicht des nicht führenden Ledger in Bezug auf die Innenaufträge zeigt.

Egal ob Sie die *Kontenlösung* oder *Ledger-Lösung* im Einsatz haben, lediglich das führende Ledger ist grundsätzlich mit dem Controlling verbunden. Falls Sie die Kontenlösung verwenden, bilden Sie die Rechnungslegung über gemeinsame Konten und rechnungslegungsspezifische Konten in einem Ledger ab. Hier könnten Sie auch im Controlling über eine Kostenarten- bzw. Sachkontenhierarchie auf eine nicht führende Rechnungslegung zugreifen. Dennoch gilt, dass grundsätzlich das führende Ledger stets mit dem Controlling verbunden ist. Im Rahmen von SAP S/4HANA wachsen das Finanzwesen und das Controlling immer stärker zusammen (Stichwort: Universal Journal – ACDOCA). Aus diesem Grund ist es möglich, im Controlling auf nicht führende Ledger zuzugreifen.

Wir zeigen Ihnen nun, wie Sie sich einen Controlling-Bericht erstellen, in dem Sie auch die Werte für das nicht führende Ledger einsehen können. Abbildung 9.13 zeigt das Einstiegsbild des Abfrage-Browsers. Insgesamt sind 1.149 Views verfügbar.

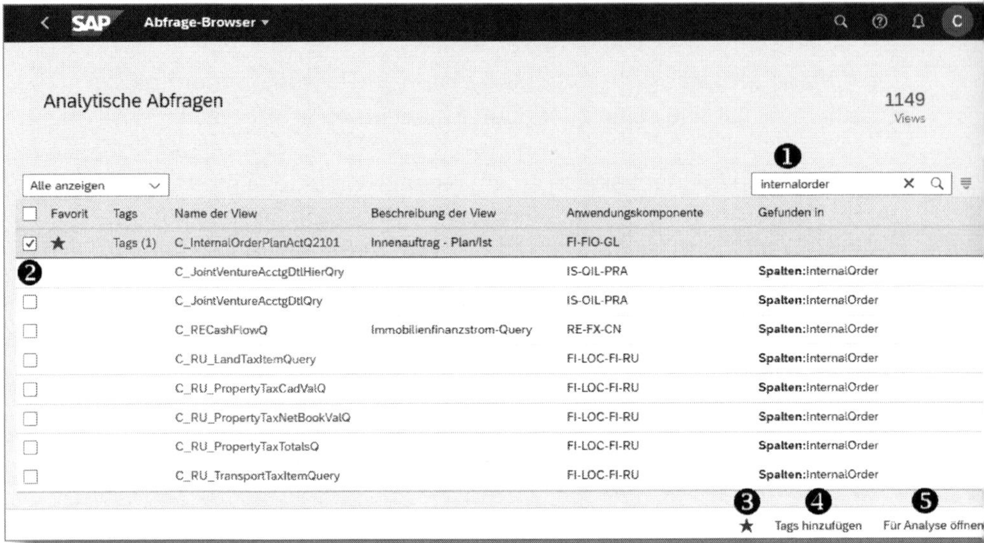

Abbildung 9.13: SAP-Fiori-App »Abfrage-Browser« – View Auswahl

Geben Sie *internalorder* in die Suchleiste ein ❶. Anschließend wird Ihnen die Consumption-View C_INTERNALORDERPLANACTQ2101 angezeigt. Markieren Sie diesen Eintrag durch Setzen des Hakens ❷. Nun ist es möglich, diese View als Favoriten hinzuzufügen ❸ oder ein TAG zu erstellen ❹. Diese beiden Optionen erleichtern es Ihnen, diese View später wiederzufinden. Wir möchten diese FÜR ANALYSE ÖFFNEN ❺.

Nun startet der mehrdimensionale Web-Dynpro-Bericht (siehe Abbildung 9.14). Die Anpassung des Berichts funktioniert wie in Abschnitt 9.2.2 beschrieben, jedoch steht Ihnen jetzt eine größere Auswahl an Entitäten zur Verfügung. Zudem beinhaltet der Filter nun das Element LEDGER.

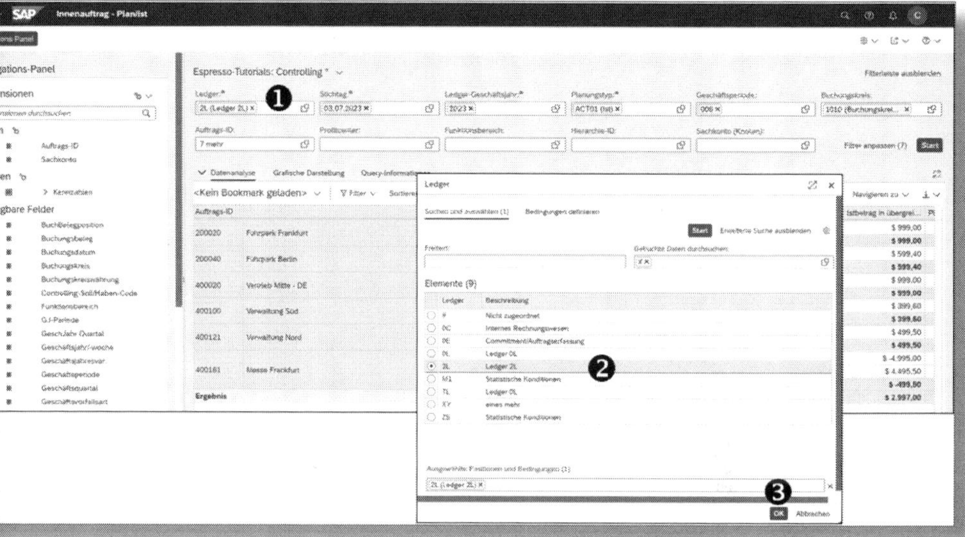

Abbildung 9.14: SAP-Fiori-App »Abfrage-Browser« – Ledger-Selektion

Klicken Sie auf den Button ❶. Anschließend erscheint eine Liste selektierbarer Ledger. Das Ledger 0L ist das führende. Wählen Sie das gewünschte nicht führende Ledger aus ❷, und bestätigen Sie die Auswahl mit der Schaltfläche OK ❸. Nun werden Ihnen die Werte der Rechnungslegung des nicht führenden Ledger angezeigt.

Zuletzt können Sie diesen Report als Kachel bzw. App speichern, sodass Sie ihn schnell über das Fiori Launchpad starten können (siehe Abbildung 9.15).

Hierzu klicken Sie auf die Schaltfläche und wählen ALS KACHEL SICHERN ❶. Danach öffnet sich ein weiteres Fenster ❷, in dem Sie TITEL, UNTERTITEL und BESCHREIBUNG eingeben. Zudem können Sie die GRUPPE auswählen, in der die neue Kachel auf Ihrem Launchpad gespeichert werden soll. Zuletzt bestätigen Sie Ihre Eingabe bitte mit OK ❸.

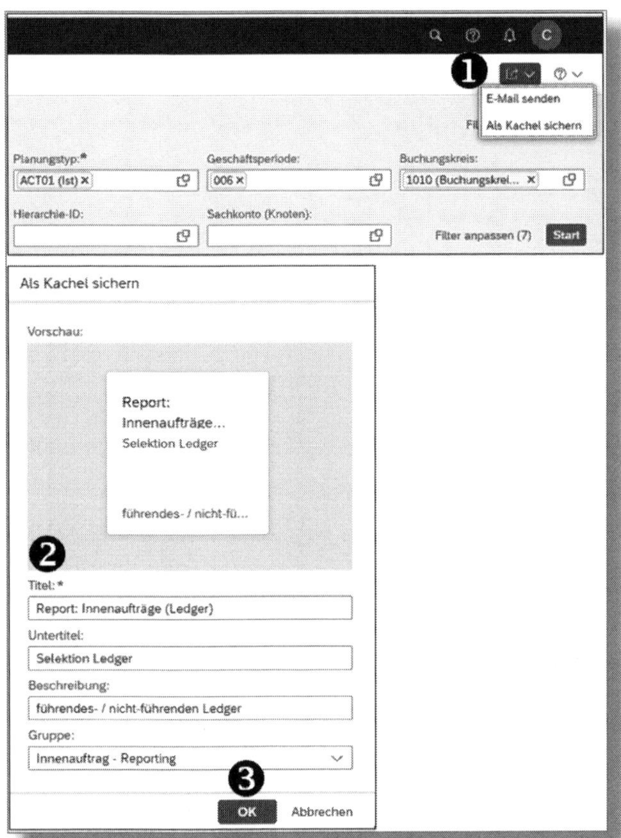

Abbildung 9.15: SAP-Fiori-App »Abfrage-Browser« – Kachel speichern

Video zum Reporting der Istdaten

In der Videosammlung »Innenaufträge in SAP S/4HANA – Customizing«, die Sie über den frei zugänglichen Bereich unserer SAP-Lernplattform aufrufen, lernen Sie im 3. Teil, »Reporting Innenauftrag«, mehr zum Thema »Innenaufträge Istdaten«. Wie Sie den Zugang zum Video erhalten, haben wir im Vorwort beschrieben.

9.2.4 Reporting: Einzelposten

In diesem Abschnitt zeigen wir Ihnen, wie Sie die Einzelposten der Innenaufträge in SAP Fiori einsehen. Hierfür empfehlen wir Ihnen die Fiori-App »Einzelposten anzeigen – Kostenrechnung« (ID: F4023). Sie ermöglicht es, die Einzelposten nach verschiedenen Kriterien zu filtern und zu sortieren. Standardmäßig werden Einzelposten in dieser App nach Kostenstellen gruppiert. Wir zeigen Ihnen nun, wie Sie die Gruppierung auf den Auftragstyp umstellen und welche Möglichkeiten die Fiori-App bietet.

Starten Sie die im Katalog »Gemeinkostenrechnung – Reporting Allgemein« befindliche App »Einzelposten anzeigen – Kostenrechnung« (siehe Abbildung 9.16).

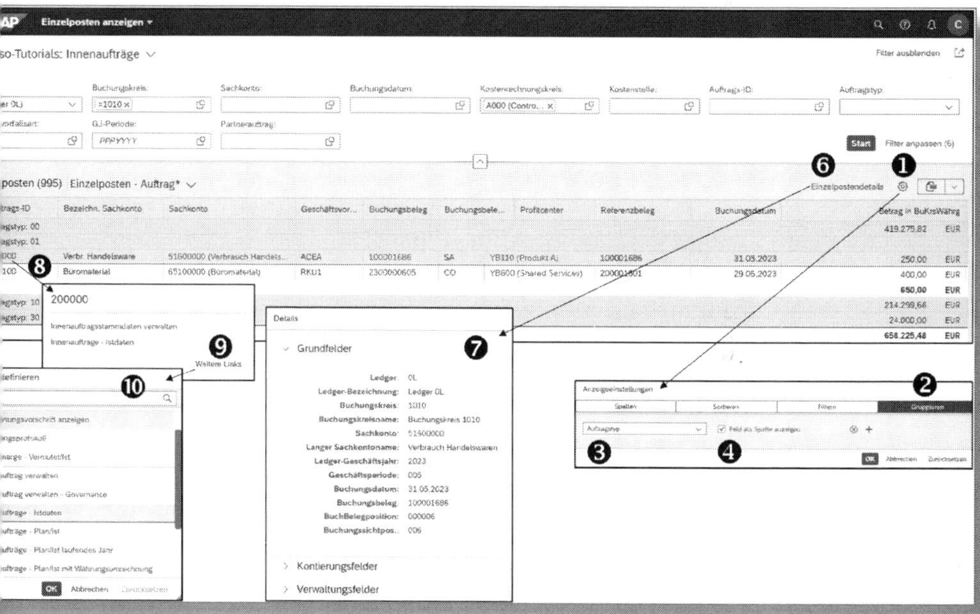

Abbildung 9.16: SAP-Fiori-App »Einzelposten anzeigen«

Um die Gruppierung im Auftragstyp zu ändern, klicken Sie auf das Zahnrad ❶. Danach erscheinen die ANZEIGEEINSTELLUNGEN. Gehen Sie in die Rubrik GRUPPIEREN ❷. Öffnen Sie das Drop-down-Menü und wählen *Auftragstyp* anstatt KOSTENSTELLE ❸ aus. Stellen Sie sicher, dass der Haken FELD ALS SPALTE ANZEIGEN ❹ gesetzt ist, und bestätigen Sie die Einstellungen mit der Schaltfläche OK. Anschließend werden die Einzelposten nach dem Auftragstyp selektiert. Wenn Sie Einzelpostendetails einsehen möchten, markieren Sie die gewünschte Zeile durch einen Linksklick ❺ und drücken anschließend auf den Button EINZELPOSTENDETAILS ❻. Nun werden Ihnen die Details zum selektierten Einzelpostenbeleg angezeigt ❼.

Darüber hinaus ist es möglich, kontextbasiert beispielsweise in die Stammdatenverwaltung oder in eine beliebige andere App zu springen. Dies bedeutet, dass Filtereinstellungen und Auftragsnummern mit übernommen werden. Klicken Sie auf die jeweilige Auftragsnummer ❽, und wählen Sie die gewünschte App aus. Über WEITERE LINKS ❾ können Sie zu einer Vielzahl weiterer Apps springen ❿. Ferner ist zu erwähnen, dass Sie auch in dieser App die Möglichkeit haben, in den Filtereinstellungen das Ledger zu wählen.

9.3 Klassisches Reporting

Die neuen Funktionen des Reportings, die Sie in den vorangehenden Abschnitten kennengelernt haben, bieten zahlreiche interessante Analysemöglichkeiten. Kein Unternehmen stellt jedoch sein Berichtswesen über Nacht um. Daher ist es nützlich, dass die alten Berichte, die in SAP ERP genutzt wurden, weiterhin verwendet werden können.

Jeder, der in der Finanzbuchhaltung oder im Controlling in SAP R/3 und ERP gearbeitet hat, kennt zwangsläufig Report-Writer-/Report-Painter-Berichte. Dieses Werkzeug stellt Berichte in SAP GUI in einem festen Format bereit. SAP liefert Hunderte von Standardberichten aus (wenn Sie sich hierüber einen Überblick verschaffen wollen, rufen Sie die Berichtgruppen in der Transaktion *GR55* auf). Zudem haben viele Unternehmen eigene Reportvarianten definiert. Grundsätzlich können die Berichte weiterhin im On-Premise-Umfeld in SAP S/4HANA verwendet werden. Technisch wird im Hintergrund über *Compatibility Views* (Kompatibilitäts-Views) die Datenstruktur aus dem Universal Journal zurück in die alte Form aus SAP ERP transferiert, sodass die transaktionalen Berichte wie gewohnt funktionieren.

Wie bereits erwähnt, sind im Controlling viele Berichte sogenannte Report-Writer-Berichte. Wenn Sie in SAP ERP neue Berichte erstellen oder vorhandene anpassen, erledigen Sie dies mit dem *Report Writer* oder *Report Painter*. Beide Tools greifen direkt auf die SAP-Tabellen zu. Im Report Painter kann der Bericht über ein grafisches Layout (ohne Programmierkenntnisse) erstellt werden. Der Report Writer hingegen ist technisch weitaus anspruchsvoller.

Abbildung 9.17 zeigt einen klassischen Plan-Ist-Bericht für Innenaufträge. Die Transaktion lautet *S_ALR_87012993* und befindet sich im SAP-Menübaum unter RECHNUNGSWESEN • CONTROLLING • INNENAUFTRÄGE • INFOSYSTEM • BERICHTE ZU INNENAUFTRÄGEN • WEITERE BERICHTE.

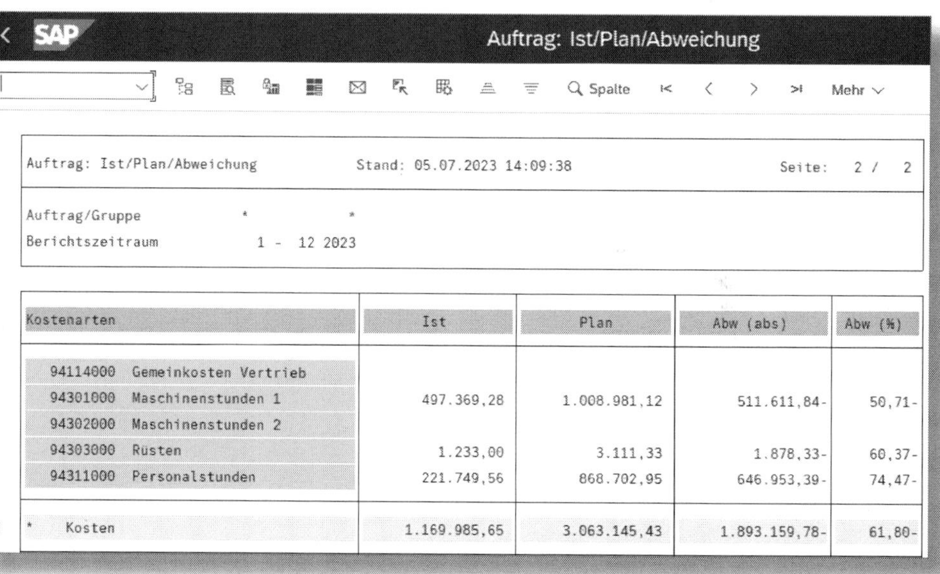

Auftrag: Ist/Plan/Abweichung Stand: 05.07.2023 14:09:38 Seite: 2 / 2

Auftrag/Gruppe * *
Berichtszeitraum 1 - 12 2023

Kostenarten	Ist	Plan	Abw (abs)	Abw (%)
94114000 Gemeinkosten Vertrieb				
94301000 Maschinenstunden 1	497.369,28	1.008.981,12	511.611,84-	50,71-
94302000 Maschinenstunden 2				
94303000 Rüsten	1.233,00	3.111,33	1.878,33-	60,37-
94311000 Personalstunden	221.749,56	868.702,95	646.953,39-	74,47-
* Kosten	1.169.985,65	3.063.145,43	1.893.159,78-	61,80-

Abbildung 9.17: Report-Writer-Bericht – Auftrag: Ist-Plan-Abweichung

Wenn Sie diesen Bericht mit einem neuen Report auf Basis des Universal Journal vergleichen, stellen Sie u. a. fest, dass statt Konten nun Kostenarten angezeigt werden (auf das Design gehen wir nicht weiter ein). Die Datenbasis ist stets das Universal Journal (Tabelle ACDOCA), das nur Konten enthält. Die alten Strukturen werden jedoch übersetzt, sodass die Kostenarten wie gewohnt in den Berichten erscheinen.

Beachten Sie bitte, dass die aus diesem Bericht ersichtlichen Planwerte nicht aus der S/4HANA-Tabelle ACDOCP, sondern aus den Planungstabellen von SAP ERP gelesen werden. Wie Sie eine Synchronisation der Plandaten zwischen den alten SAP-ERP-Berichten und den neuen Berichten im Universal Journal einrichten, haben wir in Abschnitt 5.3.3 detailliert erläutert.

10 Einsatz von Innenaufträgen in drei Beispielfirmen

In diesem Kapitel zeigen wir Ihnen anhand von Beispielen, wie Innenaufträge umgesetzt werden können. Zunächst geht es jedoch um einige grundsätzliche Überlegungen.

10.1 Grundüberlegungen

Die folgenden Überlegungen wurden in den Beispielunternehmen zur Abbildung der Innenaufträge in SAP angestellt:

Welche Auftragsarten werden benötigt? Und für welche Zwecke sollen diese eingesetzt werden? Welche davon sollen statistisch sein, welche erlösführend? Gibt es Szenarien, in denen sich statistische Aufträge anbieten (wie z. B. die in Abschnitt 1.2 genannten Beispiele im Fuhrpark oder in der Entwicklung)? Werden erlösführende Aufträge benötigt, um kleinere Kundenprojekte abzubilden?

Wie soll die Planung durchgeführt werden? Transaktional, in SAP Fiori oder in der SAP Analytics Cloud? Auf Basis der jeweiligen Anforderungen an die Planung muss die Grundsatzentscheidung für eine Lösung getroffen werden. Falls SAP Fiori gewählt wird, ist sicherzustellen, dass die Plandatenprogramme eingerichtet werden, sodass auch in den transaktionalen Anwendungen eine identische Plandatenbasis vorhanden ist. Diese Empfehlung gilt ebenso, falls SAP GUI via Easy Cost Planning zur Anwendung kommt oder die Planung manuell durchgeführt wird. Die Plandatenprogramme funktionieren, wie in Abschnitt 5.3.3 erläutert, in beide Richtungen.

Werden Budgetierung und Verfügbarkeitskontrolle benötigt? Die Budgetierung dient dazu, eine strikte Kostenüberwachung durchzuführen und Überschreitungen zu verhindern. Eine solche Vorgehensweise ist nur dann sinnvoll, wenn ein eventueller Stopp des Innenauftrags aufgrund einer Budgetüberschreitung Ihre betriebswirtschaftlichen Abläufe nicht negativ beeinflusst. Bei einem Kundenprojekt ist eine Budgetierung in der Regel nicht wünschenswert, und auch bei Forschungsprojekten ist es häufig ungünstig, wenn ein Projekt wegen Kostenüberschreitung nicht zu Ende geführt werden kann. Zu bedenken ist außerdem, dass sich die Verfügbarkeitskontrolle negativ auf die Systemperformance auswirkt.

Soll die Obligofortschreibung aktiviert werden? Informationen über Obligo können vor allem bei Kundenprojekten hilfreich sein, bei denen es darum geht, die noch zu erwartenden Kosten abzuschätzen.

Welche Formen der Verrechnung sollen eingesetzt werden? Als Verrechnungsmethode für Innenaufträge ist in der Regel die Abrechnung zu bevorzugen, da sie einfacher zu konfigurieren ist als z. B. eine periodische Umbuchung. Letztere bietet sich nur in komplexen Szenarien an. Insbesondere wenn die Ergebnisermittlung im Einsatz ist, muss auch abgerechnet werden.

Wird die Verzinsung benötigt? Da diese Funktionalität den Kapitalbedarf verdeutlicht, ist sie speziell bei solchen Aufträgen sinnvoll, die eine lange Laufzeit und/oder eine hohe Kapitalbindung haben. Auch im Zusammenhang mit Kundenprojekten ist zu überlegen, ob man Aufträge verzinst und die Verzinsung dem Kunden weiterberechnet.

Soll die Ergebnisermittlung eingesetzt werden? Die Möglichkeit, Ware in Arbeit zu ermitteln, benötigt man nur bei Kundenprojekten, die über eine längere Zeit laufen und bei denen zwischen der Entstehung von Kosten und der Faktura mindestens ein Monatsabschluss liegt.

10.2 Einsatz der Innenaufträge bei einem Produktionsunternehmen

Beim Spielzeughersteller »Kinderspiel« werden Innenaufträge für Messestände sowie für die Forschung und Entwicklung eingesetzt.

In beiden Fällen wird lediglich die manuelle Planung genutzt, da keine komplexen Anforderungen bestehen. Die Messeaufträge rechnet man periodisch an die beteiligten Kostenstellen im Vertrieb und Marketing ab, während die Aufträge in der F&E per periodischer Umbuchung in CO-PA verrechnet werden.

Die Funktionalitäten Budget, Obligo, Verzinsung und Ergebnisermittlung werden nicht eingesetzt.

10.3 Einsatz der Innenaufträge bei einem Großhändler

Unser Beispielunternehmen »Hightechhandel« verwendet Innenaufträge zum einen, um Marketingbudgets zu verwalten, für die es von den Herstellern der von ihm vertriebenen Produkte Zuschüsse erhält. Da diese knapp bemessen sind, wird die Budgetierung eingesetzt, um zu gewährleisten, dass die Kostenlimits nicht überschritten werden. Mithilfe der Verfügbarkeitskontrolle behalten die Verantwortlichen stets den genauen Überblick über die bereits verwendeten Mittel. Die Marketinginnenaufträge werden an die Ergebnisrechnung abgerechnet.

Der zweite Anwendungsfall in diesem Unternehmen ist die IT. Die internen IT-Berater verrechnen ihre Leistungen über Tarife weiter an die Abteilungen, die ihre Dienste in Anspruch nehmen. Neben den Leistungen werden auf die IT-Aufträge auch Primärkosten für Dienstreisen oder externe Berater verbucht. Die IT-Aufträge belastet das Unternehmen mittels einer Abrechnungsvorschrift an diejenigen Kostenstellen weiter, die den Auftrag veranlasst haben. Budgetierung, Verfügbarkeitskontrolle, Obligo, Verzinsung und Ergebnisermittlung werden nicht verwendet.

Für beide Auftragsarten wird die Planung in SAP GUI durchgeführt, und das Reporting findet in SAP Fiori statt. Mittels eines Plandatenübernahmeprogramms werden die Plandaten synchronisiert.

10.4 Einsatz der Innenaufträge bei einem Dienstleistungsunternehmen

Bei »International Consulting« werden Innenaufträge für den Fuhrpark und für Kundenprojekte genutzt. Da das Unternehmen eine große Anzahl an Leasingfahrzeugen unterhält, nutzt man statistische Innenaufträge, um die aufgelaufenen Kosten je Fahrzeug zu überwachen. Die statistischen Innenaufträge sind der Kostenstelle des Fuhrparks zugeordnet, sodass die Kosten im Ist ebendort verbucht werden. Für die Fuhrpark-Aufträge erfolgt keine Kostenplanung.

Das Kerngeschäft des Unternehmens, die Durchführung von Beratungsprojekten bei externen Kunden, bildet man mithilfe erlösführender Innenaufträge ab, um die aufgelaufenen Kosten und die fakturierten Erlöse einander gegenüberzustellen und somit den Erfolg der Projekte zu ermitteln. Kosten fallen sowohl über interne Leistungsverrechnung an, in Form von Beraterstunden, als auch über Primärkosten für Reisekosten oder Unterlieferanten. Die Innenaufträge werden mit Kundenaufträgen verknüpft, sodass die Erlöse aus Rechnungen an die Kunden direkt auf den Innenaufträgen fortgeschrieben werden.

Die Kostenplanung für die Kundenprojekte wird über das Easy Cost Planning durchgeführt. Ein Plandatenübernahmeprogramm sorgt für den Transfer der Daten in die Tabelle ACDOCP. Budgetierung und Verfügbarkeitskontrolle werden nicht benutzt, wohl aber die Obligoverwaltung. Da häufig ein längerer Zeitraum zwischen der Entstehung von Kosten und den Erlösen liegt, wird die Ergebnisermittlung eingesetzt, um monatlich die Ware in Arbeit zu ermitteln. Die Aufträge werden anschließend an die Ergebnisrechnung abgerechnet.

11 Zusammenfassung

Wir haben Ihnen in diesem Buch gezeigt, wofür Innenaufträge verwendet werden können und wie Sie Auftragsarten für verschiedene Anforderungen einrichten. Zudem haben wir Ihnen unterschiedliche Innenauftragsszenarien dargelegt. Sie haben die Planungsmöglichkeiten für Innenaufträge kennengelernt und wissen nun, wie Sie ein Plandatenübernahmeprogramm einrichten. Des Weiteren ist Ihnen bekannt, wie Sie die Budgetierung und Verfügbarkeitskontrolle sowie die Obligoverwaltung aktivieren. Im Zusammenhang mit den Istbuchungen haben wir Ihnen die verschiedenen Verrechnungsmöglichkeiten zum Periodenabschluss vorgestellt, die Ihnen für Innenaufträge zur Verfügung stehen. Mit dem Thema Verzinsung haben wir einen kleinen Ausflug in das Customizing des Projektsystems unternommen, denn einige Einstellungen können nur dort vorgenommen werden. Darüber hinaus haben wir die Ergebnisermittlung und die Abrechnung im Detail erläutert. Schließlich haben wir Ihnen Möglichkeiten an die Hand gegeben, wie Sie ein Reporting in SAP S/4HANA via SAP Fiori aufbauen. Zuletzt haben wir Ihnen noch einige praktische Anwendungsmöglichkeiten in unseren Beispielunternehmen vorgestellt.

An dieser Stelle möchten wir Ihnen noch unsere Dankbarkeit für Ihre Zeit und Aufmerksamkeit ausdrücken. Die SAP-Welt ist komplex, aber wir hoffen, dass Ihnen dieses Buch geholfen hat, sie besser zu verstehen und zu meistern.

Möge dieses Buch Ihnen nicht nur als Informationsquelle, sondern auch als praktischer Leitfaden dienen, der Sie bei der kontinuierlichen Verbesserung Ihres Innenauftrags-Controllings unterstützt.

Wir wünschen Ihnen viel Erfolg bei der Umsetzung und hoffen, dass Sie und Ihr Unternehmen von den erworbenen Erkenntnissen profitieren.

A Die Autoren

Christian Sterlepper erwarb nach seinem Studium in Gießen-Friedberg (DE), Bergamo (IT) und Charlotte (NC, USA) den akademischen Grad eines »Master of Business Administration (MBA)«. Er ist seit 2016 als SAP-Berater im Bereich des Rechnungswesens tätig, zertifizierter SAP Berater und auf das Modul Controlling spezialisiert. Durch die erfolgreiche Realisierung von SAP-Projekten im Greenfield-, Brownfield- und Bluefield-Ansatz in verschiedenen europäischen Regionen erweitert er kontinuierlich seine SAP-Fachkenntnisse.

Martin Munzel ist seit mehr als 20 Jahren im SAP-Umfeld tätig und hat in verschiedenen Positionen als Berater und Inhouse-Berater einen breiten praktischen Erfahrungsschatz erworben. Er hat erfolgreich SAP-Projekte in Europa, Asien und Nordamerika durchgeführt und hält regelmäßig Vorträge bei internationalen SAP-Konferenzen. Martin Munzel ist Mitgründer und Geschäftsführer von Espresso Tutorials, einem jungen Verlag für SAP-Fachbücher. Vor seiner beruflichen Laufbahn studierte er Betriebswirtschaftslehre und Wirtschaftsinformatik in Göttingen, Paderborn und Nottingham.

B Index

A

Abfrage-Browser 259
Abgrenzungsauftrag 96
Abgrenzungskostenart 231
Abrechnung 137, 226
- Abrechnungskostenart 16, 229, 231, 235
- Abrechnungsprofil 53, 241
- Abrechnungsvorschrift 226, 243, 244, 246
- Äquivalenzziffer 228
- Aufteilungsregel 228
- Ergebnisschema 238, 242
- Erweiterung 243
- Gesamtabrechnung 231
- kostenartengerecht 229
- Nummernkreis 242
- periodisch 231
- Selektionsvariante 242
- Ursprungsschema 235
- Verrechnungsschema 231, 234, 242

Abrechnungsprofil 226
Analytische Apps 248
Anwenderstatus 61
Anzahlungen 173
App Finder 250
Äquivalenzziffer 228
Auftragsarten 21, 49, 50, 70, 71
Auftragslayout 55, 68
Auftragstyp 51
Ausschöpfungsgrad 156
Automatische Kontierung 171

B

Berichtrelevanz festlegen 257
Bestellanforderung 120
Bestellung 120
Bewertungsmethode 218
Bewertungsvariante 116
Bildschirmgestaltung 68
Buchungskreis 25, 49
Buchungskreisdaten
- anzeigen 27

Buchungskreis definieren 26
Buchungsperiode 33, 34
Budget 151
- Budgetprofil 53, 151, 152, 155
- Budgetverantwortliche 157
- Verfügbarkeitskontrolle 151, 154

C

CO-PA 231
CO-Version 135

E

Easy Cost Planning 119
- Elementeschema 122
- Gemeinkostenzuschlag 123
- Kalkulationsmodell 124
- Kalkulationsschema 123
- Kalkulationsvariante 120
- Merkmal 125

Einkaufsorganisation 25
Einzelkalkulation 114

Elementeschema 122
Erfassungsvariante Istbuchungen 174
Ergebnisermittlung 206, 231
- Abgrenzungsschlüssel 211, 215
- Abgrenzungsversion 212
- Bewertungsmethode 218
- Buchungsregeln 224
- Fortschreibung der Zeilen-IDs 223
- Zeilen-ID 210, 220
- Zeilenidentifikationen 220
- Zuordnung der Zeilen-IDs 221

Ergebnisschema 238
Erlösbuchungen 54
Erlösführender Innenauftrag 18
Erlösproportionale Methode 207
Errechnete Kosten 207
Erweiterung 73
- Abrechnung 243
- Verzinsung 205

Execution Profil 53
Execution Services 120, 132
Execution-Services-Profil 133
Expertenmodus 220

F

Feldauswahl 56
Fiori-Apps
- Finanzplandaten importieren 135

Funktionsbereich 53
- ableiten 44

G

Gemeinkostenzuschlag 119, 123, 177
Geschäftsbereich 35
Geschäftsjahr 25, 33
Geschäftsjahresvariante 33, 34, 35
- jahresabhängig 34

H

Hauptbuchkonto 30

I

IFRS 42
Infoblatt-Apps 249
Innenauftrag
- Definition 15

Innenauftragsgruppe 252
Investitionsauftrag 87
- Anlagen im Bau 87
- Investitionsprofil 87, 90

K

Kachelgruppe 250
Kalkulationsart 116
Kalkulationsmodell 120, 124
Kalkulationsschema 123
Kalkulationsvariante 116, 120, 121
Katalog 250
Kategorie 135
Klassifizierung 83
Kompatibilitäts-View 264

Kontenplan 25, 30
- Einstellungen 30
- operativ 30
- zuordnen 31

Kostenart 30, 32
- Abgrenzungskostenart 210, 217, 224
- Abrechnungskostenart 229, 231, 235
- Defaultkostenarten für Anzahlungen 173
- primär 32
- sekundär 32

Kosten des Umsatzes 208
Kostenrechnungskreis 49
- definieren 36
- pflegen 39
- zuordnen 38, 40

Kostenstelle
- Bewertungsvariante 116
- Erfassungsvariante 173
- Kalkulationsart 116
- Planerprofil 115
- Planungslayout 115

Kostenstellen-Standardhierarchie 39
Kurstyp 108

L

Leistungsaufnahme 120
Leistungsverrechnung 120

M

Manuelle Planung 113
Materialnummer 120
Merkmal 125
Mittelbindung 159
- Belegarten 162
- Feldauswahlleiste 165
- Feldstatusgruppe 163, 165
- Feldstatusvariante 164
- Nummernkreis 161

Musterauftrag 53, 70, 71

N

Nummernkreis 52, 57, 58, 171
- Abrechnung 242
- Verfügbarkeitskontrolle 155

O

Objektklasse 53
Obligo 54, 159
- aktivieren 160

Operativer Kontenplan 30
Organisationseinheiten 25, 29

P

Periodische Umbuchung 119, 180, 191
Plandatenübernahme 136, 144
Planintegration 54
Planprofil 53, 116
Planungselement 120
Primärkostenplanung 113
Produktkalkulation
- Bewertungsvariante 116
- Kalkulationsart 116
- Kalkulationsvariante 120

Profitcenter-Rechnung 42
- EC-PCA 42
- Standardhierarchie 42

Projekt 20

Q

Query Browser 259

R

Report Painter 265
Report Writer 265
Reservierung 120
Residenzzeit 54

S

Sachkontennummer 30
Sachkonto 30
SAP Analytics Cloud (SAC) 148
SAP Fiori 249
SAP Fiori Launchpad 250
Segment 36
  definieren 36
Segmentberichterstattung 42
Selektionsvariante 74
Senderregel 185
Soll=Ist-Verfahren 98
Sparte 46
Statistischer Innenauftrag 17
Status 19, 218
Statusschema 59, 67
Statusselektionsschema 81
Statusverwaltung 55
Steuerungskennzeichen 54
Substitution 44, 46
System Landscape Optimization (SLO) 47

T

Template 129
Toleranzgrenze 156
Transaktionale Apps 248

U

Umsatzkostenverfahren (UKV) 42
Universal Journal 21, 31, 42
Ursprungsschema 236

V

Verarbeitungsgruppe 82
Verbrauch 185
Verfügbarkeitskontrolle 151
  Ausnahmekostenarten 157
  Neuaufbau 158
  Nummernkreis 155
  Toleranzgrenze 156
Verkaufsorganisation 25, 46
Verrechnungsschema 231, 234
Version 109
  Abgrenzungsversion 212
Verteilungsschlüssel 116
Vertriebsweg 46
Verzinsung 193
  Buchungsschema 203
  Erweiterung 205
  Wertkategorie 201, 202
  Zinskennzeichen 194
  Zinssätze 196
  Zinsschema 198, 199

W

Ware in Arbeit (WIP) 206, 221
Warenausgang 120
Werk 25, 46

Z

Zeilen-ID 219
Zuschlagsschema 100

Zuschlagsverfahren 98
Zyklus 181, 182, 185, 186
Empfängerbezugsbasis 181, 189, 190
Empfängergewichtungsfaktor 187
Empfängerregel 188
Kopfdaten 183
Kostenrechnungskreiswährung 185
Objektwährung 185
Senderregel 187
Senderwerte 187
Transaktionswährung 185

C Disclaimer

Die in diesem Werk wiedergegebenen Gebrauchsnamen, Handelsnamen, Warenbezeichnungen usw. können auch ohne besondere Kennzeichnung Marken sein und als solche den gesetzlichen Bestimmungen unterliegen. Sämtliche in diesem Werk abgedruckten Bildschirmabzüge unterliegen dem Urheberrecht der SAP SE, Dietmar-Hopp-Allee 16, 69190 Walldorf.

In dieser Publikation wird auf Produkte der SAP SE Bezug genommen. SAP®, ABAP®, ExpenseIt®, Joule, OpenSAP®, SAP ActiveAttention®, SAP® Adaptive Server® Enterprise, SAP® Advantage Database Server®, SAP® AppGyver®, SAP Ariba®, SAP Business ByDesign®, SAP® Business Explorer®, SAP® Bex, SAP® BusinessObjects, SAP® BusinessObjects Explorer®, SAP® BusinessObjects Web Intelligence®, SAP Business One®, SAP Business Workflow®, SAP BW/4HANA®, SAP Concur®, SAP® Crystal Reports®, SAP EarlyWatch®, SAP® Emarsys®, SAP Fieldglass®, SAP Fiori®, SAP Garden®, SAP® Global Trade Services (SAP® GTS®), SAP HANA®, SAP® Jam, SAP Lumira®, SAP MaxAttention®, SAP® MaxDB®, SAP NetWeaver®, SAP® PartnerEdge®, SAP® Sapphire®, SAP® PowerBuilder®, SAP® PowerDesigner®, SAP® R/3®, SAP® Replication Server®, SAP® Roambi®, SAP S/4HANA®, SAP S/4HANA® Cloud, SAP Signavio®, SAP® SQL Anywhere®, SAP Strategic Enterprise Management® (SAP® SEM®), SAP SuccessFactors®, SAP Vora®, Taulia®, The Best Run SAP®, TripIt® und weitere im Text erwähnte SAP-Produkte und -Dienstleistungen sowie die entsprechenden Logos sind Marken oder eingetragene Marken der SAP SE in Deutschland und anderen Ländern. Die Angaben im Text sind unverbindlich und dienen lediglich zu Informationszwecken. Produkte können länderspezifische Unterschiede aufweisen.

Der SAP-Konzern übernimmt keinerlei Haftung oder Garantie für Fehler oder Unvollständigkeiten in dieser Publikation. Der SAP-Konzern steht lediglich für SAP-Produkte und -Dienstleistungen nach der Maßgabe ein, die in der Vereinbarung über die jeweiligen Produkte und Dienstleistungen ausdrücklich geregelt ist. Aus den in dieser Publikation enthaltenen Informationen ergibt sich keine weiterführende Haftung.

Weitere Bücher von Espresso Tutorials

Andreas Unkelbach, Martin Munzel:

Abschlussarbeiten im Gemeinkosten-Controlling in SAP S/4HANA®

- Stammdaten im Gemeinkosten-Controlling
- Neu in S/4HANA: die Universelle Verrechnung
- Verwaltung der Allokationszyklen
- Koordination der Abschlussarbeiten

http://5360.espresso-tutorials.de

Christoph Theis, Stefan Eifler:

Werteflüsse in die SAP®-Ergebnisrechnung (CO-PA) unter S/4HANA®

- Werteflüsse anhand des logistischen Verkaufs- und Produktionsprozesses
- Vergleich der kalkulatorischen mit der buchhalterischen Ergebnisrechnung
- Darstellung der Änderungen im Wertefluss im Vergleich zu SAP ERP
- Durchgehendes Zahlenbeispiel bis hin zu den Abschlusstätigkeiten

http://5394.espresso-tutorials.de

Rudolf Poppenberger:

Konzernbewertung mit SAP S/4HANA® Material-Ledger

- Betriebswirtschaftliche Erklärung der Konzernbewertung
- Zahlenbeispiel mit erforderlichen Customizing-Einstellungen
- Fallbeispiel zu Stock-in-Transit mit Customizing-Einstellungen
- Getrennter Ist-Lauf für legale und Konzernbewertung (AVR)

https://es-tu.de/nQAf

Stefan Eifler:

Schnelleinstieg in die SAP®-Ergebnisrechnung (CO-PA) – 2., erweiterte Auflage

- Den Wertefluss in CO-PA definieren
- Wesentliche Unterschiede zwischen kalkulatorischer Ergebnisrechnung und Margin Analysis
- SAP-Planungswerkzeuge effizient einsetzen
- Abstimmmöglichkeiten für die kalkulatorische Ergebnisrechnung

https://es-tu.de/WAuw52